개는 천재다

The Genius of Dogs

개는 천재다

The Genius of Dogs

브라이언 헤어·버네사 우즈   김한영 옮김   디플롯

한국은 개를 사랑하는 나라다. 거의 세 가구 중 한 곳에 개가 있으며, 가장 흔히 볼 수 있는 반려동물이 개인 국가다.

개가 없는 세상은 상상할 수도 없다. 개와 인간의 관계는 문자가 발명되기 이전, 농업과 문명이 탄생하기 이전으로 거슬러 올라간다. 먼 옛날 개는 늑대를 닮은 조상의 어둑한 위장을 벗어던지고 선명한 빛깔의 코트로 바꿔 입었다. 인간의 쓰레기 더미를 뒤져 더 불쾌한 쓰레기를 찾는 동안(사람의 변便이 닭고기만큼 단백질 함량이 높다는 걸 알고 있는가?) 귀가 축 처지고 꼬리가 말려 올라간 것이다.

개와 우리의 관계는 많은 단계를 거쳤다. 개는 우리와 함께 사냥하는 동료, 잠자리를 따뜻하게 해주는 보온기였고, 먹을 게 정 없을 땐 음식이 되어주었다. 개가 우리 가정에 들어와 주방 조리대를 물색하고 소파에서 잠을 자는 동안, 개를 바라보는 우리의 초점은 자연스럽게 변화했다.

한국에서 애견은 상당히 새로운 문화다. 1990년대 호황기를 누리기 전에는 반려견을 소유하는 것이 비교적 드문 일이었다. 그 시기에 출판된 반려견 서적은 대부분 개를 어떻게 고르고, 어떻게 훈련시키고, 어떻게 돌봐야 하는가에 관한 것이었다.

하지만 밀레니엄 시대에는 달라졌다. 서울을 비롯한 도시 지역에서 가정에 반려견을 들이는 젊은 세대가 늘어나고, 배우자나 아이 혹은 연인을 대하듯 개를 돌보고 사랑하고 있다. 개는 진정한 반려동물, 삶을 공유하고 함께 경험하는 존재가 되었다. 많은 한국인이 개를 가족의 일원으로 생각한다(64.3퍼센트[1]).

《개는 천재다》를 쓸 때 우리는 개의 내적 생활, 특히 개의 마음에 관심을 기울였다. 타인의 마음을 답사할 때 우리는 '마음 이론'이라는 연구 분야로 들어간다. 타인의 생각과 느낌과 믿음에 관한 나의 생각과 느낌과 믿음, 이것이 마음이론이다. 마음 이론은 거의 모든 인간 경험의 근원이다. 예를 들어, '그녀도 나를 사랑할까? 그는 무슨 의미로 나를 그렇게 바라보았을까? 내가 사라지면 그녀는 나를 그리워할까?' 같은 의문이 들지 않는다면 사랑은 실체 없는 환영에 불과하다.

지난 몇십 년 동안 개의 마음을 탐구하는 이론은 그 어느 때보다 다양하고 풍부해졌다. 우리는 개와 함께 더 많은 시간을 보낼수록 그들의 특이한 행동에 더 많이 웃고, 그들의 천재성에 더 많이 감탄하고, 그들이 아무 이유도 없이 우리를 지그시 바라볼 때 도대체 무슨 말을 하고 싶어 저러는 걸까 궁금해하는 시간이 늘어나게 된다. 바라건대, 새로운 연구를 통해 더 많은 진실이 발견된다면 우리도 저 귀엽고 사랑스러운 아이가 무엇을 느끼고 무엇을 생각하는지를 더욱 잘 이해하게 될 것이다.

2022년 5월

브라이언 헤어와 버네사 우즈

차례

갓 태어난 아기를 병원에서 집으로 데려왔을 때, 우리의 반려견 태시는 딜레마에 부딪혔다. 강아지일 때 보호소로부터 입양된 그날부터 태시는 바구니에 가득 담긴 봉제 장난감을 소유했다. 자라면서 태시가 좋아한 놀이는 장난감을 물어뜯어 그 잔해를 집 안 곳곳에 흩뜨려놓는 일이었다. 우리는 이따금 새 장난감을 바구니에 채워 태시가 다시 물어뜯을 수 있게 해주었다.

새로 태어난 아기 말루에게도 봉제 장난감 바구니를 선물했다. 태시의 것과 거의 똑같은 바구니였다. 말루가 기어 다니기 시작하면서부터 바구니에서 장난감을 끄집어내 집 안 곳곳에 흩뜨려놓는 습관이 생겼다.

태시의 딜레마는 이러했다. 태시는 수십 개의 장난감 중에서 물어뜯어도 되는 것을 구분해야 했고, 그러지 못한다면 이번엔 말루가 쌓여 있는 잔해 더미에서 자신의 애착 인형을 발견하게 될지 몰랐다. 그건 곤란한 일이었다.

태시는 그 곤란한 일을 곧잘 해냈다. 물론 우리는 태시에게 그러한 기술이 있으리라고 기대했다. 독일 막스플랑크 진화인류학 연구소Max Planck Institute for Evolutionary Anthropology에서 브라이언과 함께 일하는 동료, 줄리안 카민스키Juliane Kaminski가 리코라는 이름의 개를 연구하고 있었는데, 리코가 그와 비슷한 문제를 해결한 적이 있었기 때문이다.[1] 어느 날 카민스키는 대단히 친절한 독일 여성으로부터 전화를 받았다. 부인의 설명에 따르면, 그녀가 기르는 보더콜리가 독일 단어 200개 이상을 알아듣는데, 주로 장난감 이름이라고 했다. 인상적이긴 하지만 처음 들어보는 일은 아니었다. 보노보, 병코돌고래bottlenose dolphin, 아프리카 회색앵무도 언어 훈련을 하면 그와 비슷한 수의 사물 이름을 학습한다.[2] 리코는 무엇이 다르고, 그 이름을 **어떻게** 터득했을까?

만일 아이에게 빨간색 블록과 초록색 블록을 보여준 다음 "빨간 블록 말고 크롬 블록"을 가져오라고 요구하면, 아이들은 **크롬**이라는 단어가 초록빛을 가리킬 수 있다는 걸 몰라도 초록색 블록을 가져온다. 아이가 사물의 이름을 **추론**한 것이다.

카민스키는 리코에게 그와 비슷한 테스트를 시행했다. 리코가 지금까지 본 적이 없는 새로운 물체를 다른 방에 놓았는데, 그 방에는 리코가 이미 이름을 아는 장난감 일곱 개가 있었다. 카민스키는 가령 '지그프리트'같이 리코가 처음 듣는 새로운 단어를 말한 다음, 장난감을 가져오라고 요구했다. 그런 뒤 새로운 물체와 단어 수십 쌍으로 그 과정을 되풀이했다.

아이들처럼 리코 역시 새로운 단어는 새로운 장난감을 가리 킨다고 추론했다.

훈련을 하지 않았음에도 태시는 말로의 장난감을 물어뜯지 않았다. 태시와 말루의 장난감이 마룻바닥에 뒤섞여 있어도 태시는 조심스럽게 자기 장난감을 끄집어내 갖고 놀았고, 말루의 장난감에는 갈망하는 눈빛을 보낼지라도 냄새 한번 맡고는 고개를 돌렸다. 첫아기와 함께하는 삶에 우리보다 태시가 더 빨리 적응한 셈이다.

지난 10년 사이에 개의 지능에 관한 연구에 혁명과도 같은 일이 일어났다. 지난 세기보다 그 10년 사이에 개가 어떻게 생각하는지를 더 많이 알게 된 것이다.

이 책은 인지과학이 그 어떤 첨단 장비가 아니라 장난감, 컵, 공처럼 차고에서 쉽게 찾을 수 있는 물건으로 실험적인 게임을 해서 개의 천재성을 이해하게 된 과정을 이야기하고자 한다. 우리는 이렇게 소박한 도구들을 가지고 개의 풍부한 인지적 세계를 들여다보았고, 개가 어떻게 추론하면서 새로운 문제를 유연하게 풀어내는지를 이해할 수 있었다.

개의 천재성에 관해서 생각하면 개의 삶이 풍부해질 뿐 아니라 인간 지능에 관한 우리의 생각도 넓어진다. 개의 지능을 연구할 때 쓰이는 많은 개념이 인간에게도 적용되고 있다. 어쩌면 개가 우리에게 건넬 가장 큰 선물은 우리 자신을 더 잘 이해할 수 있는 황금 열쇠일지 모른다.

개가 왜 영리smart한지에 대한 견해는 누구나 하나쯤 가지고 있다. 오늘날 개의 심리를 조사한 방대한 과학 문헌은 그러한 견해를 뒷받침하기도 하고, 하지 않기도 한다. 최근에 발표된 과학적 사실이 무엇을 의미하는가에 관한 모든 애견인의 논의를 돕기 위해 이 책은 개의 인지dog cognition, 즉 '도그니션dognition'을 폭넓게 검토하고자 한다.

우리는 개의 인지와 관련된 연구 논문을 수천 편 읽었고, 그중 가장 중요하고 흥미로운 논문 600여 편을 참고문헌에 수록했다. 관심이 있다면 그 글들을 직접 찾아보고 읽을 수 있을 것이다.[3]

우리의 검토는 포괄적이지만 과학적으로 연구된 영역들만 포괄했다. 흥미로운 주제라고 할지라도 어떤 과학자도 발표하지 않은 영역은 다룰 수가 없었다. 하지만 그 반대편에서는 여러분이 한 번도 상상해보지 못했을 수많은 도그니션 연구가 여러분을 매혹할 것이다.

우리는 이 문헌을 공정하게 다루고자 최선을 다했지만, 모든 과학자들이 우리가 발표하는 모든 것에 동의하진 않을 것이다. 가능할 때마다 우리는 대안적인 관점이나 경쟁하는 데이터를 본문에 싣고 강조했다. 하지만 가독성을 위해 우리는 중요한 세부 사항과 대안적인 연구 결과를 참고문헌에 함께 실었다.

과학에서 이견과 논쟁은 건강하고 흥미롭다. 이견은 종종 우리의 이해를 넓혀주는 연구에 동력을 불어넣는다. 과학자들은 의심과 경험적인 논쟁에 의지해서 진리로 나아간다. 그러니 우리가 제시하는 어떤 증거가 여러분의 직관이나 관찰 결과에 비추어 미심쩍어 보일지라도 놀라지 않길 바란다. 그 순간 당신은 좋은 과학자인 셈이니.

마지막 책장을 넘길 때 여러분이 직접 관찰한 결과와 새로운 지식을 결합한다면 다른 애견인들과 유익하고 흥미로운 토론을 할 수 있을 것이다. 그와 같은 논의를 통해서 우리는 개들과 더욱 풍부한 관계를 맺는 법을 배우게 된다. 또한 더 깊은 이해가 필요한 영역이나 과학자가 질문조차 제대로 하지 못하는 영역을 발견할 수도 있다. 그 또한 이 책을 읽는 재미의 일부일 것이다.

확실한 것은 모든 개 하나하나의 인지적 세계가 생각보다 훨씬 복잡하고 흥미롭다는 것이다. 우리는 또한 개들이 거둔 성공의 비밀을 어렴풋하게나마 들여다보고 있다. 그리고 이제는 개가 가진 천재성의 본질을 똑바로 겨눌 수 있다.

브라이언은 운 좋게도 이 발견의 이야기가 펼쳐지는 과정에서 중요한 역할을 했다. 그가 어릴 적부터 기르던 개 오레오와 함께……

앞으로 펼쳐질 이야기 중에는 아무리 박식한 견주라도 깜짝 놀랄 내용이 있다. 개는 언제 어디서나 추론능력을 보이거나 다

른 동물보다 더 큰 융통성을 보이진 않는다. 하지만 어쨌든 당
신의 직관은 정확하다. 발밑에서 꼬리를 흔들고 있는 당신의 개
는 **진짜** 천재다.

1부

브라이언의 개

1

개가 천재?

나는 제정신일까? 이 제목이 말이 되는가? 거의 모든 개가 앉아서 기다리는 것밖에 하지 못하고, 목줄을 한 채로는 얌전히 산책도 하지 못한다. 다람쥐가 나무 위로 사라지면 미쳐 날뛰면서 나무 주위를 빙글빙글 돌고, 목이 마르면 변기 물을 마시면서 꼬리를 흔든다. 이건 전형적인 천재의 모습이 아니다. 그러니 셰익스피어의 소네트, 우주비행, 인터넷은 잊어주길 바란다. 천재에 관한 진부한 정의를 적용한다면 이 책은 몇 페이지만에 끝날 것이다.

나는 제정신이며 수백 건의 연구와 조사가 내 뒤를 받쳐주고 있다. 위와 같은 제목이 가능한 이유는 인지과학에선 동물의 지능을 약간 다르게 생각하기 때문이다. 과학자가 동물의 인지를 평가할 때 가장 먼저 보는 것은 그 동물이 최대한 많은 장소에서 얼마나 성공적으로 생존하고 번식했는가이다. 어떤 종들, 예를 들어 바퀴벌레 같은 경우에 성공은 지능과 별 상관이 없다. 놀라울 정도로 강인한 번식 전문가인 탓에 성공했을 뿐이다.

하지만 다른 동물들의 경우 살아남기 위해서는 약간 더 높은 지능 그리고 매우 특수한 지능이 필요하다. 예를 들어, 당신이 도도새라면 소네트를 잘 지어봤자 이로울 게 전혀 없다. 정작 생존에 필요한 지능은 갖추지 못했으니까. (도도새에게는 새로운 포식동물, 특히 배고픈 선원을 피할 줄 아는 지능이 필요했다.)

이 사실을 우리의 출발점으로 삼는다면, 개는 분명 인간을 제외하고 지구에서 가장 성공한 동물이다. 개는 우리 가정, 심지어 우리 침대에 이르기까지 전 세계 곳곳으로 퍼져나갔다. 지구상의 포유동물은 대부분 인간 활동의 여파로 개체수가 급감했지만, 개만큼은 지금보다 더 많은 적이 없다. 산업화된 세계에서 인간은 그 어느 때보다 아이를 적게 낳고 있지만, 갈수록 늘어나는 반려견들에게는 점점 더 호사스러운 삶을 제공하고 있다.

한편, 개도 그 어느 때보다 일을 더 많이 한다. 보조견은 몸이나 마음이 불편한 장애인을 도와주고, 군견은 폭발물을 찾아내고, 경찰견은 경비나 보초를 서고, 세관견은 불법 수입물을 탐지하고, 자연보호견은 위기에 처한 동물의 개체수와 이동을 추정할 수 있도록 동물의 똥을 찾아내고, 빈대탐지견은 호텔에 문제가 있을 때 침대를 수색하고, 암탐지견은 흑색종이나 대장

암을 탐지하고, 치료견은 요양원과 병원을 방문해서 기운을 돋우고 회복을 앞당겨준다.

나는 개에게 그런 성공을 가져다준 지능에 매혹을 느낀다. 그 종류가 무엇이든 간에, 그건 개의 천재성이 분명하다.

천재성이란 무엇인가?

어렸을 때 우리는 시험을 치러 그 점수로 우리가 어떻게 배웠는지를 평가받고 어느 대학에 들어갈지를 결정했다. 20세기 초에 최초로 표준화된 지능검사법을 고안한 사람은 알프레드 비네Alfred Binet였다. 비네의 목적은 프랑스에서 학계의 관심과 자원을 추가로 받아야 할 학생을 가리는 것이었다. 그가 고안한 최초의 검사는 스탠포드-비네 지능검사로 발전했고, 이것이 오늘날 IQ검사로 알려져 있다.[1]

IQ검사는 천재성을 아주 좁게 정의한다. 다들 기억하겠지만 IQ검사, GRE적성검사, SAT시험(대학입학자격시험) 같은 검사법들은 읽기, 쓰기, 분석 능력 같은 기초 기술에 초점을 맞춘다. 우리 사회가 그런 검사법을 선호하는 이유는 교육 성취도를 **평균적으로** 예측할 수 있기 때문이다. 하지만 각 개인의 모든 능력을 전반적으로 측정하진 않는다. 그런 검사법은 테드 터너 Ted Turner, 랠프 로렌Ralph Lauren, 빌 게이츠Bill Gates, 마크 주커버그 Mark Zuckerberg를 설명하지 못한다. 이들은 모두 대학을 중퇴하고 억만장자가 되었다.[2]

스티브 잡스Steve Jobs를 생각해보자. 한 전기작가는 이렇게 말했다. "그는 영리한가? 아니, 특별히 영리하진 않았다. 대신에 그는 천재였다."[3] 잡스는 대학을 중퇴하고, 인도로 건너갔으며, 1985년에는 판매가 부진하자 공동 창립한 회사 애플에서 쫓겨 나기도 했다. 그가 생을 마감할 즈음에 얼마나 크게 성공했을지 를 예측한 사람은 거의 없었다. "다르게 생각하라Think different" 는 그의 지도하에 예술과 과학기술을 융합한 다국적 거대 기업 의 슬로건이 되었다. 잡스는 많은 영역에서 평균이나 평범함에 머물렀을지 모르지만, 남다른 비전과 다르게 생각하는 능력은 그를 천재로 만들기에 충분했다.

인지적 접근법은 다양한 종류의 지능을 찬양한다. 천재성은 개인이 한 가지 종류의 인지적 재능을 타고났으면서 다른 재능 에서는 평균적이거나 그 이하일 수 있음을 의미한다.

콜로라도주립대학교의 템플 그랜딘Temple Grandin은 자폐증 을 앓고 있지만,《동물은 우리를 인간으로 만든다Animals Make Us Human》를 비롯한 몇 권의 책을 발표하고 동물 복지를 위해 누구 보다 많은 일을 해왔다. 비록 그랜딘은 사람의 감정과 사회적 단 서를 읽는 데 어려움을 겪지만 동물을 이해하는 특별한 능력으 로 수많은 농장 동물의 스트레스를 줄여주고 있다.[4]

인지혁명은 지능에 관한 우리의 사고방식을 변화시켰다. 인 지혁명은 모든 분야에서 혁명이 일어난 1960년대에 시작되었 다.[5] 컴퓨터 기술이 급속히 발전한 덕에 과학자들은 뇌 그리고 뇌가 문제를 풀어내는 방식을 다르게 생각할 수 있었다. 뇌는 지능이 반쯤 차 있거나 가득 차 있는 포도주잔 같은 것이 아니라, 다양한 부분이 협력해서 일하는 컴퓨터에 더 가깝다. USB 포트, 키보드, 모뎀은 환경으로부터 새로운 정보를 들여오고, 프로세서는 정보를 이해하고 수정해서 유용한 포맷으로 만들고, 하드드라이브는 나중에 쓸 중요한 정보를 저장한다. 신경과학자들은 뇌도 컴퓨터처럼 여러 부분이 각기 다른 문제를 해결하도록 전문화되어 있음을 알게 되었다.

신경과학과 컴퓨터 기술은 지능을 일차원적으로 평가할 수 있다는 생각에 치명적 결함이 있음을 밝혀냈다. 지각계가 잘 조율된 사람은 운동선수나 예술가로서 재능을 발휘할 가능성이 크고, 감정 체계가 덜 예민한 사람은 전투기 조종 같은 고위험 직종에서 성공할 확률이 높으며, 기억력이 남다른 사람은 의사가 되면 일을 잘할 것이다. 정신질환에서도 같은 현상을 관찰할 수 있다. 이처럼 다른 재능들과 상호 의존하지 않는 인지적 재능은 무수히 많다.[6]

인지능력 중 가장 깊이 연구된 분야가 기억이다. 흔히 우리는 사실과 숫자를 특별히 잘 기억하는 사람을 천재로 생각한다. 하지만 지능의 유형이 다양한 것처럼 기억의 유형도 다양하다. 사건 기억, 얼굴 기억, 길 찾기 기억, 최근에 일어난 일 또는 오래전에 일어난 일에 대한 기억 등 자세히 열거하자면 끝이 없다. 한 영역의 기억이 좋다고 해서 다른 영역의 기억도 그와 똑같이

좋다고는 말하기 어렵다.[7]

예를 들어, AJ라는 여자는 자서전적 기억이 탁월했다. 살면서 경험한 수많은 일이 언제 어디에서 일어났는지를 기억했다. 실험자들이 다양한 날짜를 지정하자 그녀는 중요한 개인적인 사건과 공적인 사건을 섬뜩하리만치 정확하게, 심지어 일어난 시각까지 보고했다.[8] 하지만 놀라운 기억력은 자서전적 사건에 그쳤다. 그녀는 특별히 뛰어난 학생이 아니었고 기계적 암기에는 애를 먹었다.

다른 연구에서 신경과학자들은 런던 택시운전사들을 연구했다. 운전사들은 해마라는 뇌 부위에서 뉴런의 밀도가 더 높게 나타났다. 해마는 길 찾기에 관여하며, 뉴런의 밀도가 높다는 것은 저장능력이 뛰어나고 처리가 빠르다는 걸 의미한다. 그런 까닭에 택시운전사들은 랜드마크 사이를 누벼야 하는 새로운 공간 문제를 특히 잘 해결한다.[9]

AJ와 택시운전사는 천재로 불려도 손색이 없지만, 그들의 천재성은 표준적인 IQ검사로는 나타나지 않는다. 그들이 천재라면 그건 특화된 놀라운 기억력 때문이다.

대중문화에는 서로 경쟁하는 지능의 정의가 여럿 존재한다. 하지만 내 연구를 이끈 동시에 이 책을 관통하는 정의는 정말 단순하다. 개―이 문제라면, 사람을 포함하여 모든 동물―의 천재성은 두 가지 기준으로 결정된다.

1. 동일 종種 안에서나 가까운 종들 안에서 **남들보다 뛰어난** 지적능력.
2. 자연발생적인 **추론**능력.

동물의 천재성─모든 동물이 춤추고 노래하진 않는다

북극제비갈매기Arctic tern는 길 찾기의 천재다. 이들은 해마다 북극에서 남극으로 날아간 뒤 다시 북극으로 돌아온다. 북극제 비갈매기가 5년 동안 여행하는 거리는 달까지 여행하는 거리와 맞먹는다.[10] 고래들은 기발한 방법으로 힘을 합쳐 물고기를 잡는다. 거품으로 거대한 벽을 만들어 물고기 떼를 가둔 후, 혼자 사냥할 때보다 훨씬 더 풍족한 만찬을 즐긴다.[11] 꿀벌은 다른 벌들에게 어디로 가야 싱싱한 꽃이 있는지를 알려주기 위해 그들만의 춤을 진화시켰다.[12] 춤으로 생계를 꾸리다니, 진정 천재라 할 만하다.

천재성은 항상 상대적이다. 어떤 사람은 특별한 종류의 문제를 남보다 잘 풀기 때문에 천재로 여겨진다. 하지만 동물을 볼때 연구자들은 주로 각 개체가 아니라 종 전체가 무엇을 할 줄아는가에 관심을 기울인다.

동물은 말을 할 줄 모르지만 우리는 동물에게 퍼즐을 내서 그들만의 특별한 천재성을 찾아낸다. 그 퍼즐을 풀기 위해서는 말을 해야 하는 것이 아니라 그냥 선택하기만 하면 된다. 그 선택이 동물의 인지능력을 드러내 보인다. 각기 다른 종에게 같은

퍼즐을 제시하면 각기 다른 천재성을 확인할 수 있다.[13]

어떤 새라도 지렁이와 비교하면 길 찾기의 천재처럼 보일 테니, 서로 가까운 종들을 비교하는 것이 도움이 된다. 이때 어떤 종이 자기와 가까운 종에겐 없는 특별한 능력을 지니고 있다면 우리는 그 종의 천재성을 확인할 수 있을 뿐 아니라, 더욱 흥미롭게도 그 천재성이 왜, 그리고 어떻게 생겨났는지를 물을 수 있다.

예를 들어, 클라크잣까마귀Clark's nutcrackers의 공간기억은 모범 운전기사에 쉽게 필적한다. 이 새는 미국 서부 고산 지대에 산다. 여름에 각 개체는 10만 개 정도의 씨앗을 자신의 영토 곳곳에 숨긴다. 그리고 겨울이 오면 9개월 동안 숨겨놓았던 바로 그 씨앗을 정확히 찾아 먹는다.[14] 대지가 눈에 덮여 있어도 문제없다.

친척뻘 되는 까마귀들과 비교할 때, 클라크잣까마귀는 숨겨놓은 음식을 되찾는 분야에서 단연 선수권자다.[15] 혹독한 겨울 환경에 적응하다 보니 공간기억의 천재가 되었다. 하지만 클라크잣까마귀라 해도 모든 기억 게임에서 친척들을 제압하진 못한다.

캘리포니아덤불어치Western scrub-jay도 까마귀과에 속하고 종종 먹이를 숨긴다. 하지만 남의 음식을 훔치지 않고 단독으로 사는 까마귀들과 달리, 이 새는 상습적으로 빵을 훔친다. 어치는 다른 새가 음식을 숨기면 유심히 지켜보다가 나중에 돌아와 음식을 훔친다. 다른 새들의 음식 창고에 대한 기억력을 테스트했을 때 클라크잣까마귀는 서툴기 짝이 없는 반면,[16] 캘리포니아덤불어치는 똑같은 상황에서 달인의 솜씨를 발휘한다.[17] 치열한 경쟁 속에서 캘리포니아덤불어치는 사회적 기억의 천재가 되었다. (캘리포니아덤불어치는 도둑질을 잘할 뿐 아니라, 엿보는 눈을 잘 막아내기도 한다. 이 새 역시 자신의 음식을 은밀한 곳에 저장하는데, 음식을 숨길 때 다른 새가 보고 있으면 나중에 그 음식을 회수해서 새로운 장소에 다시 숨기고, 심지어 남들이 보지 못하도록 더 어두운 장소에 숨긴다.[18])

이 가까운 종들에게 다양한 기억 테스트를 진행함으로써 과학자들은 각자의 고유한 천재성을 식별할 수 있었다. 또한 각자가 야생에서 부딪히는 문제를 관찰함으로써 왜 그 두 종에게서 서로 다른 천재성이 나타나는지를 이해할 수 있었다.

하지만 사람과 마찬가지로, 어떤 종이 한 분야에서 천재처럼 보인다고 해서 그 종의 구성원들이 다른 분야에서도 천재라고 말하긴 어렵다. 예를 들어, 몇몇 개미 종은 힘을 합쳐 난관을 극복하는 모습이 인상적이다. 군대개미는 물 위에 살아 있는 다리를 만들어 다른 개체들이 등을 밟고 건너가게 한다.[19] 다른 개미 종은 일개미와 보모개미를 보호하기 위해 전쟁을 하고, 심지어 다른 개미를 '노예'로 부리거나 다른 곤충을 '애완동물'로 기르는 개미도 있다.

하지만 개미에겐 심각한 한계가 하나 있다. 융통성이 형편없다는 것이다. 대부분의 개미는 앞에 있는 냄새 자취를 따라가도록 프로그래밍 되어 있다. 열대지방에 가면 '앤트밀ant mill'이란 걸 볼 수 있다. 수십만 마리의 개미가 완벽한 원을 그리며 걷는 것이 마치 꼬물거리는 블랙홀 같다. 사람이 관찰한 앤트밀 중에 가장 큰 것은 지름이 120피트(약 36.5미터)에 달해서 한 바퀴 완주하는 데 두 시간 반이 걸린다. 앤트밀은 '개미의 죽음 나선'이라는 또 다른 이름으로 불리는데, 아무 생각 없이 서로의 뒤를 따라 빙빙 돌다가 탈진해서 죽는 일이 왕왕 있기 때문이다. 앞에 가는 친구의 페로몬을 충성스럽게 좇은 결과는 죽음이다.

이제 천재성의 두 번째 정의로 가보자. 천재성은 추론하는 능력이다. 셜록 홈즈가 천재인 건 미스터리의 해답이 불분명해 보여도 일련의 추론을 통해 해답을 반드시 찾아내기 때문이다.

인간은 끊임없이 추론한다. 교차로를 향해 달려가고 있다고 상상해보자. 신호등을 보지 않아도 교차로에서 사거리로 진입하고 있는 차가 보이면 우리는 지금 신호등이 빨간색이라고 추론한다.

자연은 교통보다 예측하기가 훨씬 더 어렵다. 동물은 예고 없이 닥치는 일들에 대처해야 한다. 개미는 보통 페로몬 냄새를 따라가면 실패할 염려가 없다. 하지만 페로몬 자취가 둥근 원이 되었을 때 페로몬 자취를 따라가면 같은 곳에서 맴돌기만 한다는 것을 개미는 깨닫지 못한다.

야생에서 어떤 문제에 부딪힐 때 동물은 대개 시행착오를 통해 천천히 답을 모색할 시간이 없다. 한 번의 실수가 삶과 죽음을 가른다.[20] 따라서 동물은 추론을, 그것도 신속히 해야 한다. 정확한 해결책이 **보이지** 않을지라도 다른 해결책을 **상상**하고 그중에서 하나를 선택할 수 있다. 이 능력이 바로 융통성이다. 그럴 때 동물은 전에 봤던 문제의 새로운 유형을 해결하거나 심지어 전에 보지 못한 새로운 문제를 자연발생적으로 해결할 줄 안다.[21]

우간다의 은감바 아일랜드 침팬지보호소에 요요라는 이름의 침팬지가 살고 있다. 어느 날 요요가 지켜보는 가운데 실험자는 길고 투명한 튜브의 입구에 땅콩을 집어넣었다. 바닥에 부딪힌 땅콩이 살짝 튀어 올랐다. 요요의 손가락은 너무 짧아 땅콩에 닿지 않았고, 땅콩을 꺼내는 데 쓸 막대기도 주위에 없었다. 튜브가 고정된 탓에 거꾸로 뒤집어서 빼낼 수도 없었다. 이에 굴하지 않고 요요는 추론했다. 그리고 식수대에서 물을 입에 담아 튜브에 흘려 넣기 시작했다. 마침내 땅콩이 위로 떠오르자 요요는 행복한 표정으로 맛있게 먹어치웠다. 해법을 생각한 끝에 요요는, 비록 어떤 물도 눈에 보이진 않았지만 튜브에 그걸 채우면 땅콩이 떠오른다는 걸 인식했다.[22] 야생에서 이 같은 요요의 추론능력은 배부른 식사와 초라한 굶주림의 차이로 이어질 수 있다.

은퇴한 심리학 교수 존 필리John Philley는 체이서라는 이름의 보더콜리를 입양했다. 생후 8주인 체이서는 보더콜리답게 가축을 쫓아 한데 모으길 좋아하고, 시각적 집중력이 뛰어났으며, 두드려주고 칭찬해주는 걸 좋아하고, 무한 에너지를 과시했다. 필리는 카민스키가 연구한 보더콜리 리코가 독일어 단어 200개 이상을 알아듣는다는 것을 이미 문헌을 읽고 알고 있었기에, 개가 배울 수 있는 이름의 수에 한계가 있는지를 확인해보고 싶었다. 혹은 체이서가 새로운 사물의 이름을 학습하다가 전에 학습한 사물을 잘 기억하지 못할 수도 있었다.

체이서는 장난감 이름을 하루에 한두 개씩 학습했다. 필리는 장난감을 들고서 이렇게 말했다. "체이서, 이건 ~야, 아빠가 숨긴다. 자, 체이서, ~을 찾아." 필리는 동기부여를 위해 음식을 사용하지 않았다. 대신에 정확히 찾아내면 칭찬하고 안아주고 놀아주는 것으로 보상했다.

3년에 걸쳐 체이서는 봉제 장난감 800여 개, 공 116개, 프리스비(플라스틱 원반) 26개, 플라스틱 물건 100여 개의 이름을 터득했다. 중복되는 물건은 없었고, 크기, 무게, 질감, 디자인, 재료가 모두 달랐다. 체이서는 모두 합쳐 1000여 가지 이름을 학습했다. 필리는 하루도 빠짐없이 훈련을 진행했고, 한 달에 한 번 테스트를 볼 때는 사람에게 힌트를 얻어 '커닝'할 수 없도록 필리와 훈련사들이 안 보이는 다른 방에서 물건을 가져오게 하는 블라인드 테스트를 시행했다.

1000개 이상의 단어를 학습한 후에도 새로운 단어를 학습하는 속도는 줄지 않았다. 더욱 놀랍게도 물건들은 체이서의 마음에 다양한 범주로 체계화되었다. 물건마다 형태와 크기가 모두 달랐지만, 체이서는 전혀 훈련받지 않았음에도 장난감인 물건과 장난감이 아닌 물건을 구분했다.[23]

이 같은 연구에 대해서는 6장에서 자세히 살펴보기로 하자. 지금으로서는 리코와 체이서가 유아와 비슷한 방식으로 단어를 학습하는 것처럼 보인다면 그것으로 충분하다. 새로운 단어는 새로운 장난감을 가리킨다고 추론한 것이다. 리코와 체이서는 익숙한 장난감에는 이미 이름이 있으므로 새로운 단어는 익숙한 장난감을 가리킬 수 없다는 걸 알고 있었다. 이름 없는 장난감, 그것이 정답의 유일한 후보였다.

이 추론 과정은 개가 어떻게 생각하는지를 이해하는 데 결정적이다. 게임으로 이루어진 실험에서 실험자는 개에게 컵 두 개를 보여주었다. 한 컵으로 장난감을 숨긴 상태에서 개에게 그 장난감을 찾을 기회가 주어졌다. 장난감을 숨기지 않은 컵을 실험자가 보여주자 어떤 개들은 장난감이 다른 컵에 있어야 한다고 자연발생적으로 추론했다.[24] 실험이 아닌 정상적인 상황에서는 많은 개가 이런 방식으로 추론한다.

결론적으로 첫째, 우리는 한 종을 다른 종과 비교하는 방식으로 동물의 천재성을 찾는다. 야생에서는 종에 따라 다른 과제가 주어지기 때문에 천재성의 종류가 다를 수밖에 없다. 어떤 동물은 춤을 추고, 어떤 동물은 먼 길을 찾아가고, 어떤 동물은 다른 종과 외교적인 관계를 맺을 줄 안다. 둘째, 우리는 추론을 통해 새로운 문제를 해결하는 융통성을 테스트함으로써 동물의 천재성을 찾는다. 어떤 동물은 한 번도 보지 못한 문제를 스스로 해결한다.

최근까지도 과학은 개의 천재성을 진지하게 여기지 않았다. 체이서와 리코처럼 새로운 단어를 학습하는 개의 능력은 일찍이 1928년에 발견될 수도 있었다. 그해에 C. J. 워든Warden과 L. H. 워너Warner는 펠로우라는 이름의 셰퍼드에 관해 보고했다.[25] 펠로우는 꽤 유명한 영화배우였는데, 가장 기억할만한 배역은 〈우두머리Chief of the Pack〉라는 영화에서 물에 빠진 아이를 구하는 연기였다.

리코의 주인이 나의 동료 줄리안 카민스키와 접촉했듯이, 펠로우의 주인도 과학자들과 접촉했다. 그리고 펠로우가 거의 400개에 달하는 단어를 학습했다고 보고하면서, 펠로우가 "똑같은 상황에서 어린아이가 이해할만한 방식으로 단어를 이해한다"고 언급했다. 견주는 펠로우를 거의 태어난 직후부터 길렀고, 어린아이와 대화하듯 펠로우에게 말했다.

워든과 워너는 즉시 펠로우를 조사하러 갔다. 그들은 펠로우의 주인에게 욕실에서 명령을 내리게 했다. 펠로우에게 무의식중에 다른 단서를 주지 않도록 하기 위해서였다. 그리고 결국 펠로우가 최소한 68개의 명령어를 알아듣는다는 것을 발견했다(그중 일부는 영화에 출연하는 개에게 도움이 되는 명령어였다). 예를 들어, "짖어" "아줌마 옆에 서 있어" "방을 한 바퀴 돌아"가 있었고, "저 방에 가서 장갑을 가져와"처럼 상당히 인상적인 명령어도 있었다.

두 과학자는 펠로우의 능력이 어린아이에는 크게 못 미치지만, 개의 이런 지능을 이해하려면 더 연구할 필요가 있다고 결론지었다. 하지만 애석하게도 이 주제는 관심 밖으로 밀려났고, 2004년에 줄리안 카민스키가 리코를 연구할 때까지 구석에서 먼지를 뒤집어쓰고 있었다.

그 후로 75년 동안 개는 거의 주목받지 못했다.[26] 1970년대에 동물 인지 연구가 시작할 때 과학자들은 주로 우리의 영장류 친척에게 관심을 기울였다. 그리고 마침내 과학자들의 열정은 돌고래부터 까마귀에 이르기까지 다른 동물로 확대되었다. 개는 가축이 되었다는 이유로 방정식에서 제외되었다. 가축은 인간이 인위적으로 번식시킨 산물로 여겨졌다. 일단 가축화 domestication가 되면 야생에서 생존하는 데 필요한 기술과 지능을 잃어버리기 때문에 동물의 지능이 무뎌질 수밖에 없다고 과학자들은 가정했다. 1950년부터 1995년까지 개의 지능을 평가한 연구 프로젝트는 단 두 건이었고, 둘 다 개는 특별할 것이 없다고 결론지었다.

그 무렵, 1995년에 나는 부모님의 차고에서 나의 개를 실험하고 새로운 일을 시작했다.[27] 그리고 우리의 충직한 친구가 가축화로 멍청해진 것이 아니라, 오히려 우리와의 관계 속에서 특별한 지능을 갖게 되었음을 발견했다. 거의 같은 시기에 지구 반대편에서 아담 미클로시Ádám Miklósi도 나와 비슷한 연구를 수행하고 내 연구와 상관없이 똑같은 결론에 도달했다.[28]

우리의 연구는 개의 인지 분야에 기폭제가 되었다.[29] 갑자기 모든 학과의 사람들이 그동안 내내 코앞에 있었던 사실을 깨달았다. 개는 우리가 연구할 수 있는 가장 중요한 동물 중 하나라는 것을. 그리고 그 이유는 야생의 사촌과 비교할 때 유순하고 상냥해졌기 때문이 아니라, 찬바람 부는 바깥에서 집 안으로 들어와 가족의 일원이 될 정도로 영리했기 때문이다.

생물학의 가장 큰 신비는 아마도 우리와 개의 있을 법하지 않은 관계가 어떻게 시작되었는가일 것이다. 수천 년에 걸쳐 모든 대륙의 모든 문화에는, 호주의 딩고*에서부터 아프리카의 바센지에 이르기까지, 개가 포함되어 있었다. 개의 천재성을 새롭게 이해함으로써 우리는 이 충직한 친구에 관한 다음과 같은 중요한 질문에 답할 수 있게 되었다. 이 강력한 관계는 언제, 어떻게, 왜 맺어졌을까? 우리 자신의 기원에 대해 생각할 때 그것은 무엇을 의미하는가? 그리고 똑같이 중요한 질문으로서, 당신과 사랑하는 반려견의 관계에서 그것은 무엇을 의미하는가?

처음으로 우리는 위와 같은 질문에 답할 수 있게 되었다. 여정에 첫발을 들여 그러한 관계가 어떻게 생겨났는지를 이해하기 위해서는, 먼저 수백만 년을 거슬러 개가 존재하지 않았던 때로 올라가야 한다. 늑대와 인간이 마주치지 않았던 시절로…….

---

* 갯과의 포유류로 호주에 분포한다.

늑대 사건

세계를 정복한 뒤 다시 전부를 잃은 동물

매우 확실한 고고학과 유전학 정보에 따르자면, 개는 1만 2000년 전에서 4만 년 전 사이의 어느 시기에 늑대로부터 진화하기 시작했다.[1] 우리는 이 관계를 당연히 여기지만 자세히 들여다보면 그건 좀처럼 일어나기 힘든 놀라운 일이다. 사람들은 우리의 조상이 늑대 새끼를 받아들였고, 입양된 늑대가 시간이 지남에 따라 가정견이 되었다고 말한다.[2] 그 밖에도 늑대와 인간이 함께 사냥하기 시작했다고 주장한다. 하지만 어느 이론도 앞뒤가 전혀 맞지 않는다.

늑대와 인간은 특별히 우호적인 관계를 맺은 적이 없으며, 오히려 지나칠 정도로 일방적인 적대감이 존재한다. 물론 인간이 늑대에게 입양되어 그 밑에서 자랐다는 해피엔딩 이야기가 있다. 나중에 로마를 건설한 로물루스와 레무스, 러디어드 키플링 Rudyard Kipling의 소설 《정글북》의 모글리가 그렇다. 하지만 대부분의 경우에는 역사를 통틀어 어떤 동물도 그렇게 모든 곳에서 악당으로 묘사되진 않았다.

성서는 늑대가 순수를 파괴하는 탐욕스러운 존재라고 묘사했다. 아이슬란드 신화에는 달과 태양을 삼킨 늑대 두 마리가 나온다. 늑대를 가리키는 고대 독일어 단어, 바르크*warg*는 '살인자' '교살자' '악령'을 뜻하기도 한다. 바르크로 낙인찍힌 사람은 사회에서 추방되어 황무지에서 살아야 한다. 추방자는 더 이상 인간으로 여겨지지 않기 때문에 어떤 사람들은 늑대인간의 신화가 거기서 비롯되었다고 생각한다.[3] 어릴 적에 우리는 《빨간 망토》와 《아기 돼지 삼형제》를 읽으며 자랐다. 여기에서 늑대는 한 수 앞선 전략으로 처단해야 할 교활한 악당이다.

늑대를 매도하는 관행은 신화와 우화에 그치지 않았다. 늑대와 접촉해온 거의 모든 문화가 한두 번쯤은 늑대를 박해했고, 그러한 박해는 종종 늑대의 전멸로 이어졌다. 늑대의 멸종을 보고한 최초의 글은 기원전 6세기에 아테네의 정치가이자 시인인 솔론이 살해한 늑대의 머릿수에 따라 포상금을 제시했다는 기록이다.[4] 이를 시작으로 길고 체계적인 대학살이 이어지더니 결국 지구상에서 가장 크게 성공하고 널리 퍼져나갔던 이 포식동물은 1982년 세계자연보전연맹International Union for Conservation of Nature에 의해 멸종 위기에 처한 종으로 분류되었다. (2004년에 회색늑대의 지위는 '최소 관심'으로 업그레이드되었다.)[5]

일본인은 늑대를 숭배하면서 야생멧돼지와 사슴으로부터

농작물을 보호해달라고 늑대에게 기도를 올렸다. 1868년에 일본이 3세기에 걸친 쇄국주의를 끝냈을 때 일본에 들어온 서양인들은 모든 늑대를 독살해서 가축을 보호하라고 일본인에게 충고했다.[6] 1905년에 세 남자가 이국적인 동물을 수집하는 미국인에게 늑대 사체를 가져와 돈을 요구했다. 장작더미 근처에서 사슴을 쫓던 중 살해된 늑대였다. 수집가는 남자들에게 돈을 지불한 뒤 가죽을 벗기고 모피를 영국으로 보냈다. 이것이 일본의 마지막 늑대였다.[7]

영국에서는 16세기 헨리 7세의 명령으로 마지막 늑대가 살해되었다. 스코틀랜드에서는 나무로 뒤덮인 풍경 때문에 늑대를 살해하기가 어려웠다. 이에 대응하여 스코틀랜드인들은 숲에 불을 질렀다. 프랑스의 샤를마뉴 대제는 루베테리louveterie라는 기사단을 창설했는데, 그들의 기본 임무는 늑대 사냥이었다. 프랑스에서 마지막 늑대는 1934년에 발견되었다. 중국과 인도에서는 80퍼센트의 지역에서 늑대가 사냥당했고, 몽고에서도 개체수가 극적으로 감소했다.

미국에서도 늑대는 좋은 대접을 받지 못했다. 일부 원주민 부족은 늑대를 존중하고 경외했지만, 모피를 위해 사냥을 하고 덫을 놓지 않을 정도는 아니었다.[8] 유럽에서 건너온 초기 정착민은 편견을 안은 채 들어왔고, 늑대와의 전쟁을 신속하고 철저하게 진행했다. 1609년 버지니아에 가축이 처음 도착하자 이내 늑대 머리에 포상금이 걸렸다. 한 세기가 지나기 전에 덫, 스트리키니네(맹독 알칼로이드)를 이용한 독살, 모피 무역 때문에 늑대는 뉴잉글랜드에서 자취를 감추었다.

1915년에 늑대 박멸은 정부 사업이 되어, 미 대륙에서 늑대를 제거하는 일에 전념하는 공무원이 생겨났다. 그들은 맡은 바 임무를 잘 수행했다. 1930년대에 들어서자 인접한 48개 주에 늑대가 한 마리도 남지 않았다.

그 후로 옐로스톤 국립공원과 아이다호주에 늑대가 복원된 상태지만, 보호구역을 둘러싼 지역사회의 주민들은 가끔 가축이 죽는다는 이유로 의원들에게 로비를 벌여 늑대를 사냥할 수 있게 되었다.[9]

지난 수백 년 동안 늑대를 대하는 우리의 행동이 이러했다면, 당혹스러운 문제 하나가 고개를 든다. 인간이 두려워하고 증오한 이 동물이 어떻게 유순한 개로 진화할 만큼 오랫동안 인간에게 묵인되었을까?

가축화되려면 여러 세대에 걸친 유전적 변화가 필요한데, 개의 초기 조상은 생김새가 늑대―인간이 수백 년 동안 사냥하고 박해해온 바로 그 동물―와 비슷했다. 인간과 늑대는 언제 처음 만났을까? 그리고 인간은 어떤 연유로 우리가 예로부터 두려워하고 경멸하는 야수가 좋은 애완동물이 될 거라고 확신하게 되었을까?

이 질문에 답하기 위해서는 그 일이 시작된 출발점으로 되돌아갈 필요가 있다.

대략 600만 년 전, 지구가 서늘해지기 시작했다. 남극과 그린란드에 빙상이 형성되었고, 북미와 북유럽에도 대륙 빙하가 쌓이기 시작했다.[10]

동아프리카에서는 숲에 거주하던 영장류의 일부가 나무를 떠나 개방된 초원으로 이주했다. 그들은 똑바로 서서 걷도록 진화하기 시작했고, 그 덕에 해부학적 구조에 수많은 변화가 일어났다. 그들은 불을 다스렸고, 사냥하거나 사냥당했으며, 수백만 년에 걸쳐 우리가 거울 속에서 마주하는 얼굴을 갖게 되었다.

우리 조상이 나무에서 내려온 것과 같은 시기에 지구 반대편인 북미에서 살았던 최초의 갯과 동물이 화석 형태로 발견된다.[11] 카니스 페록스*Canis ferox**는 크기는 작은 코요테만 했지만 더 다부진 몸과 큰 머리를 가지고 있었다.[12]

600만 년 전에 지구를 방문한 외계인이 우연히 우주선 밖으로 이 두 종을 관찰했다면 그들의 앞길이 그토록 밀접하게 뒤얽히리라고는 짐작하지 못했을 것이다. 지구상의 어떤 관계도 부럽지 않게 끈끈한 유대를 맺을 두 종을 골라야 한다면, 여러분은 그보다 더 긴 진화사를 공유한 두 종을 선택할지 모른다. 그 종들은 크기가 비슷하고 해부학적 구조도 비슷하며 심지어 같은 장소에서 출현했을 것이다. 여러분은 아프리카의 요람에서

---

*   600만 년 전에 존재했던 갯과의 북아메리카 고유종.

두 발로 뒤뚱거리던 우리 조상과 지구 반대편에서 송곳니로 사냥하던 작은 육식동물을 연결할 수 있을까? 그러기엔 분명 거리가 너무 멀었다.

그런 뒤 50만 년 전에 빙상의 증가, 지질구조판 이동, 지구 공전 궤도의 미세한 변화로 인해 빙하기가 도래했다. 그리고 채 20만 년이 흐르지 않는 동안 지구의 기후는 따뜻하고 온화한 열대와 온대에서 모든 것이 얼어붙은 냉대로 급변했다.[13] 높이가 1.2마일(1.9킬로미터)이나 되는 거대한 빙상이 북미를 뒤덮고 대양으로 무너져 내렸지만, 또다시 형성되면서 유실분을 만회했다. 거대한 빙산들이 북대서양을 가득 채우자 온도가 더 가파르게 떨어졌다. 남미 대륙과 북미 대륙 사이에 육교가 생겨나 대서양과 태평양을 갈라놓았다. 북극 바다와 남극 바다는 대서양을 차갑게 유지하고, 적도의 따뜻한 해류로부터 대서양을 고립시켰다.[14]

혹독한 조건에서도 이따금 간빙기라 불리는 따뜻한 시기가 찾아왔다. 간빙기의 기후는 지금과 흡사했다. 빙하-간빙기 주기는 중간중간에 변화를 보이면서 약 4만 년 동안 이어졌다. 하지만 빙하기가 최악일 때는 살아남기가 쉽지 않았다. 숲은 얼음에 뒤덮여 파괴되었다. 땅은 꽁꽁 얼어 있었다. 여름이 되면 지표면이 몇 피트까지 녹아 틈이 생겼지만, 겨울이 오면 다시 얼어붙었다. 식물의 절반이 사라졌다.[15] 빙하는 지표에 거대한 길을 내면서 풍경을 바꾸고 강줄기를 돌려놓았다. 혹독한 추위에 더하여 공기마저 건조하고 먼지투성이였다. 동물과 식물은 전진하는 빙상을 뒤로 하고 적도 쪽으로 퇴각했다. 그런 뒤 간빙기가 오면 전에 살던 서식지로 돌아와 다시 거주했다.[16]

170만 년 전과 190만 년 전 사이 그토록 살기 힘든 환경에서 늑대가 나타났다. 카니스 에트루스쿠스*Canis etruscus*, 즉 에트루리아 늑대는 현대 늑대의 조상으로 추정된다. 그때까지 갯과 동물은 북아메리카에 고립되어 있었지만, 지질구조판이 융기해서 베링 육교가 북미와 아시아를 이어주자 갯과 동물은 빠르게 아시아로 건너왔고,[17] 그런 뒤 유럽과 아프리카로 퍼져나갔다.

에트루리아 늑대는 현대 늑대보다 작은 몸에다[18] 체격이 호리호리하고 두개골이 미국 코요테와 비슷했다.[19] 인상적인 것은 비교적 작은 이 늑대가 유럽 곳곳으로 퍼져나가 대륙을 완전히 정복했다는 점인데, 우리는 이를 '늑대 사건Wolf Event'이라 부른다.[20]

그때 다른 포식동물도 있었다. 파키크로쿠타 브레비로스트리스*Pachycrocuta brevirostris*는 고생물학 기록을 볼 때 지구에서 가장 큰 하이에나였다. 현대 사자만큼 거대한 이 하이에나는 강력한 두개골 안에 있는 거대한 어금니로 뼈를 으스러뜨릴 수 있는 당대의 유일한 포식동물이었다.[21] 하지만 에트루리아 늑대는 하이에나의 4분의 1에 불과한 크기로 그들과 경쟁했을 뿐 아니라 당시에 가장 성공한 포식동물이 되어 후손들의 성공을 예고했다.

늑대가 유럽을 정복하는 동안 초기 인류는 처음으로 아프리카를 벗어나고 있었다. 호모 에렉투스*Homo erectus*는 큰 뇌와 재빠른 팔다리를 가졌으며,[22] 이제 막 복잡한 도구를 만들기 시작했다. 성인은 신장이 약 6피트(180센티미터)로 조상인 오스트랄로피테쿠스보다 족히 2피트(60센티미터)는 더 컸으며, 길고 호리호리한 다리로 레반틴 회랑지대*를 지나 유라시아로 들어왔다.

조지아의 고고학적 마을 드마니시에서 고생물학자들은 중세 요새의 잔해 아래 묻혀 있던 우리 조상 호모 에렉투스의 유골을 발견했다.[23] 학자들은 또한 에트루리아 늑대의 거의 완벽한 두개골을 발견했다. 이것으로 미루어볼 때 인간과 늑대가 처음 만난 것은 지금으로부터 175만 년 전, 이 무렵이었다고 짐작할 수 있다.

100만 년 전에는 빙하기가 더욱 맹위를 떨쳤다. 기온은 변덕스러웠고, 조상들은 살아생전에 기후가 온대에서 냉대로 바뀌는 것을 목격할 수 있었다. 극도로 추운 시기에는 거대한 빙상이 대서양에서 태평양까지 500만 평방마일에 이르는 아메리카 북부를 뒤덮고 뉴욕까지 내려왔다.[24] 더 많은 빙상이 북유럽 대부분을 뒤덮고 노르웨이에서 러시아로, 그리고 시베리아에서 동북아시아로 퍼져나갔다. 남반구에서는 얼음이 파타고니아, 남아프리카, 호주 남부, 뉴질랜드, 그리고 물론 남극을 뒤덮었다.

---

*   북서쪽으로는 지중해와 남동쪽으로는 사막 사이의 비교적 좁은 지대로 아프리카와 유라시아를 연결한다.

빙하기에 짐승이 진화한 곳은 빙산의 그늘이 드리운 거대한 빙상 위였다. 포유동물은 날씨가 추워지면 커지는 경향이 있다. 큰 동물은 부피에 비해 표면적이 작고, 그로 인해 작은 동물보다 체열을 적게 방출해서 추운 기후 속에서 더 따뜻하게 지낼 수 있다. 기후가 추워질 때 포유동물이 더 커지는 두 번째 이유는 지구가 서늘해지면 그만큼 건조해지기 때문이다. 물이 빙상에 갇히므로 대기가 수분을 전처럼 많이 머금지 못한다. 이런 기후는 초지에 이상적이다. 하지만 강우량이 줄고 초원이 마르면 풀의 양도 감소한다. 덩치가 큰 초식동물은 장도 커서 질 낮은 음식을 소화할 수 있고, 멀리 돌아다니면서 엄청난 양의 초목을 먹어치울 수 있다. 예를 들어, 털북숭이 매머드는 하루에 20시간을 이동하면서 400파운드의 초목을 뜯어 먹었다.[25]

초식동물이 커지면 육식동물도 몸이 커져야 사냥을 한다. 여러분이 50만 년 전 유럽에 있다면 육식동물 그룹의 몇몇 구성원을 알아볼 텐데, 유럽에서 그들을 볼 수 있다는 사실이 놀랍기도 하겠지만, 그 크기에 더 큰 충격을 받을 것이다. 사자(판테라 레오*Panthera leo*)는 아프리카 사자와 같은 종이지만, 몸집이 50퍼센트 더 컸다. 하이에나(크로쿠타 크로쿠타*Crocuta crocuta*)는 현대 하이에나보다 25퍼센트 더 컸다.[26] 몸무게가 약 0.5톤에 달하는 동굴곰은 일대에서 가장 큰 곰으로, 은신처를 놓고 다른 포식자들과 경쟁을 벌였지만 완전히 초식성이었다.

육식동물 그룹의 일부 구성원은 같은 크기를 유지했다. 표범, 판테라 파르두스*Panthera pardus*는 오늘날 아프리카에 사는 표범과 거의 같았고,[27] 늑대 역시 체구가 더 큰 현대 알래스카 늑대와 비슷했다.

그땐 오늘날 볼 수 없는 종들이 있었다. 검치호랑이(스미로돈 파탈리스*Smilodon fatalis*)는 현대 사자만 했다. 캘리포니아의 라브레아 타르 연못Rancho La Brea Tar Pits에 퇴적된 화석으로 추정할 때 검치호랑이는 당시 최상위 포식자였다.[28] 강력한 앞다리로 먹이를 단단히 잡고 움츠릴 수 있는 발톱을 사용해서 먹이를 코앞으로 끌어당겼다. 상악견치는 길고 약간 굽어 있어서 단 한 번의 치명적인 공격으로 먹이의 목에 구멍을 낼 수 있었다. 검치호랑이는 무리 지어 사냥한 탓에 자기보다 훨씬 큰 먹이도 쓰러뜨릴 수 있었다.[29]

빙하기의 네안데르탈인과 들개

육식동물 그룹에는 네안데르탈인*Homo neanderthalensis*이 있었다. 네안데르탈인은 아프리카에서 유럽으로 처음 이주한 초기 인류로부터 진화했다. 그들의 조상은 약 80만 년 전 유럽에 도착했으며, 정점이 시작된 시기는 12만 7000년 전이었다.[30] 이 크고 가슴이 떡 벌어진 인간은 짧은 앞다리와 강한 손가락 그리고 열을 보존하고 동상을 피하는 데 도움이 되는 발가락을 가지고 있었다. 또한 축구공 모양의 머리에 눈썹이 짙고 하악이 큰 데다 턱에 움푹 들어가 있어서 외모가 유인원 같았다. 납작한 코에 거대한 콧구멍을 보면 후각이 뛰어났을 뿐 아니라 빙하기의 냉랭한 공기가 허파에 닿기 전에 따뜻해졌을 것으로 추정할 수 있다.[31] 강인한 근육질 몸은 무거운 짐을 나르기에 적합했지만, 둔부의 정렬로 보아서는 걸을 땐 현생 인류보다 비효율적이었을 것이다.

네안데르탈인은 빙하기의 가장 혹독한 시기를 견디고 생존했다. 주된 사냥감은 털북숭이 매머드를 비롯한 대형 초식동물이었고, 석기를 사용해서 재빨리 살을 떼어낼 수 있었고(들개와 비슷했다), 큰 청소동물이 당도하기까지 시간이 충분하다면 뼈를 부숴 영양분이 많은 골수를 섭취할 수 있었다(하이에나와 비슷했다).[32]

이상은 빙하기의 동물 설화였다. 분명 장관이었을 것이다. 털북숭이 매머드 무리가 툰드라에서 풀을 뜯고, 검치호랑이가 먹이를 노려 잠복해 있고, 자이언트 하이에나들이 죽은 고기를 뜯어 먹고 있었다. 너무 엄청나서 다들 시간을 초월한 듯, 더 나아가 천하무적인 듯 보였을 것이다.

그때 새로운 포식자가 나타나 모든 걸 뒤바꿔놓았다. 약 4만 3000년 전 현생 인류가 유럽에 도착하자 그로부터 1만 5000년 이내에 네안데르탈인과 거의 모든 대형 초식동물이 멸종했다.

홍적세 말기에 이 대멸종, 특히 네안데르탈인의 멸종을 일으킨 것이 무엇인가에 대해서는 적지 않은 논란이 있다. 인류는 항상 다른 동물과 경쟁해서 이겨왔지만, 가까운 친척을 멸종시켰다는 것은 호기심을 자아낸다. 네안데르탈인은 영화에 묘사된 무자비한 폭력배가 아니라 외려 현대인보다 훨씬 큰 뇌를 가지고 있었다.[33] 그들에겐 문화가 있었고, 아마 언어도 있었을 것이다. 새로운 유전적 증거에 따르면 유럽의 후손들은 대부분 네안데르탈인의 유전자를 갖고 있으며 이는 때때로 이종번식이 있었음을 가리키지만, 인류보다 더 많은 네안데르탈인이 확실히 멸종한 것이다.[34]

어떤 이들은 기후변화 때문이었다고 말한다. 또 어떤 이들은 인류와의 직간접적인 경쟁 때문이었다고 말한다.[35] 듀크대학교의 스티브 처칠Steve Shurchill 교수는 현생 인류가 도착하기 전부터 네안데르탈인은 멸종 위기에 노출되어 있었다고 주장한다. 첫째, 유럽에서 인구가 이미 감소하고 있었다. 크고 땅딸막한 몸은 체온 유지에는 좋았지만 칼로리가 많이 필요했고, 그에 따라 번식과 자녀 양육에 투자할 칼로리는 충분하지 않았다. 네안데르탈인은 대부분 20번째 생일과 30번째 생일 사이에 사망했는데, 그들의 뼈에서는 골연화증과 골관절염 같은 영양실조에 의한 질병을 엿볼 수 있다. 뉴멕시코대학교에서 은퇴한 토머스 버거Thomas Berger에 따르면, 네안데르탈인과 오늘날 로데오 기수의 골외상, 특히 머리와 목 부위의 외상이 비슷하다.[36] 네안데르탈인은 날뛰는 말을 타진 않았지만, 그 대신 커다란 포유동물과 거친 접촉을 많이 경험했다.[37]

둘째, 처칠에 따르자면 네안데르탈인은 음식이 대부분 고기였고 그래서 육식동물 그룹에 속한 다른 포식동물들과 경쟁해야 했지만, 애석하게도 그들은 최상위 포식자가 아니었다. 최상위 포식자가 되려면 두 가지가 필요하다. 경쟁자를 물리칠 수 있을 만큼 커야 하고 사회적이어야 한다.[38] (예를 들어, 표범은 크지만 단독 생활을 하는 이유로 최상위 포식자가 되지 못한다.)

네안데르탈인도 마찬가지였다. 그들은 튼튼했지만 사자나 검치호랑이는 물론이고 표범에게도 경쟁 상대가 되지 못했다. 또한 네안데르탈인은 15명 남짓한 집단에서 살았기 때문에, 이 포식동물들을 힘으로 압도하기는 수가 부족했다.[39] 처칠은 포식자 위계에서 네안데르탈인은 현재에도 아프리카 사바나에서 살아가는 들개(리카온 픽투스*Lycaon pictus*) 수준이었다고 주장한다. 운이 좋아서 큰 먹이를 쓰러뜨렸다면 다른 포식동물이 몰려오기 전에 재빨리 양질의 고기를 최대한 많이 떼어내야 했다. 그렇지 않으면 다른 포식동물이 남긴 것을 청소하며 배를 채웠다.

중하위 계급으로 밀려난 결과는 꽤 가혹하다. 사회적으로 우세한 육식동물들은 포식동물이 사냥하는 모든 초식동물의 60퍼센트를 먹어치웠다.[40] 다른 육식동물은 나머지 40퍼센트를 나눠 가져야 했다. 하지만 이 분할도 공평하지 않았다. 다음으로 우세한 육식동물이 이 40퍼센트의 절반 이상을 취득했고, 그다음 우세한 종이 남은 고기 중 가장 큰 몫을 차지했다. 따라서 네안데르탈인은 능숙한 사냥꾼이었을진 몰라도 생존에 필요한 고기를 충분히 얻고자 고군분투했을 것이다.

처칠은 현생 인류가 유럽에 도착했을 땐 사회적으로 우세한 육식동물이었다고 지적한다. 힘에 있어서는 다른 육식동물들과 경쟁할 수 없었지만 수적으로 큰 무리를 이루었다. 또한 현생 인류는 네안데르탈인이 갖지 못한 기술을 가지고 있었다. 투창기와 심지어 활과 화살 같은 발사식 무기를 사용한 것이다. 네안데르탈인도 창을 갖고 있었지만, 이 창은 근거리 무기였다. 사자 무리나 검치호랑이 무리가 사냥하고 있다면, 창을 가진 소규모의 네안데르탈인 남성으로는 가망이 없었다. 하지만 40미터에서 50미터까지 창을 발사할 수 있었던 대규모 인간이라면 충분히 경쟁할 수 있었다.

육식동물을 우격다짐으로 쫓아낸 뒤 현생 인류는 털북숭이 매머드, 털북숭이 코뿔소, 말, 들소, 오릭스, 붉은사슴 같은 초식동물로 배를 채웠다. 인구밀도가 높아지자 그들은 물고기, 새, 토끼, 다람쥐 같은 음식을 놓고 스라소니, 여우 같은 작은 초식동물과 경쟁하기 시작했다. 이내 이들의 수는 곤두박질치기 시작했고, 얼마 후 대형 초식동물이 그 뒤를 이었다. 결국 현생 인류가 도착한 지 1만 5000년 만에 육식동물 사회에서 네안데르탈인을 비롯한 덩치 큰 회원들이 깨끗이 사멸했다.

대형 육식동물 중 단 둘이 살아남았다. 동굴곰과 카니스 루프스*Canis lupus*라 불리는 늑대였다. 이 갈색 곰은 잡식성이라 초목, 물고기, 작은 포유동물을 먹었고, 그런 까닭에 인간과 직접 경쟁하는 상황을 피할 수 있었다. 하지만 멸종을 면했을 뿐 그들의 수는 분명히 감소했다.

늑대의 생존은 설명할 수가 없다. 늑대는 약 100만 년 전 화석이 알래스카에서 발견되고 있으며,[41] 유럽에는 대략 50만 년 전에 도착한 것으로 보인다.[42]

늑대는 용케 살아남아 북반구 대부분에 퍼지고 세계에서 가장 성공한 포식동물 중 하나가 되었을 뿐 아니라, 더 나아가 그 소집단의 형태, 생리 구조, 심리가 야생 늑대에서 가축화된 개로 변할 만큼 여러 세대에 걸려 인간과 충분한 시간을 보냈다.

오래된 이론에 따르면 인간이 어떤 의도를 가지고 늑대 새끼를 입양해서 가축화했다고 한다.[43] 작고한 동물학자 이안 맥태거트-코원Ian McTaggart-Cowan는 이렇게 썼다.

초기 역사의 어느 시점에 어린 늑대가 인간 가족 안에 들어오게 되었다.[44] 세월이 흐르면서 이 늑대가 가정견의 공급자가 된 동시에 가축화에 대한 가장 성공적이고 유용한 실험의 주인공이 되었다.[45]

1974년 한 논문에서 미네소타대학교의 늑대 전문가 데이비드 미치David Mech 교수는 아래와 같이 말한다.

분명 초기 인류는 늑대를 길들이고 가축화했으며, 결국에는 늑대를 선택적으로 번식시킨 끝에 그로부터 가정견*Canis familiaris*를 탄생시켰다.

하지만 곰곰이 생각해보면 이 이론은 말이 되지 않는다. 현생 인류는 **늑대 없이도** 지나치게 성공한 사냥꾼이었다. 게다가 늑대는 고기를 많이 먹는데,[46] 하루에 한 마리가 11파운드(약 5킬로그램)까지 먹어치운다.[47] 열 마리로 이루어진 무리라면 매일 사슴 한 마리를 사냥해야 한다. 빙하기에 굶주림은 많은 육식동물에게 진정한 위협이었고, 그런 만큼 경쟁이 치열했을 것이다. 실은 너무 치열해서 인간은 에너지 예산의 60퍼센트 선에서 만족하지 못하고 모든 대형 초식동물을 멸종으로 몰아넣었다.

(사자, 점박이하이에나, 늑대, 들개, 스라소니 등 많은 육식동물에게 굶주림은 중대한 사망 원인이다.[48] 어림잡아 계산하자면, 크기에 상관없이 육식동물로 이루어진 약 200파운드[약 91킬로그램]의 생물자원을 유지하려면 대략 2만 2000파운드[약 1만 킬로그램]의 먹이가 필요하다.[49])

늑대는 음식에 대한 소유욕이 극히 강해서,[50] 만일 인간이 사냥감의 일부를 원했다면 늑대와 싸움을 벌여야 했을 것이다. 늑대는 먹잇감이 뛰는 것을 보면 '질주' 반응이 촉발하는데, 일단 반응이 시작되면 끝까지 추적하고 이빨로 수없이 물어 결국 쓰러뜨린다.[51] 곧이어 빠르고 위협적인 광란의 파티를 벌인다. 늑대는 예로부터 청소동물들에게 괴롭힘을 당한 탓에, 길고 날카로운 이빨은 고깃덩어리를 크게 떼어내도록 특화되어 있다.

늑대는 잡은 사냥감 중에서 좋아하는 부위가 인간과 똑같다. 간, 심장, 허파 같은 고단백의 장기를 가장 좋아하고, 근육을 다음으로 좋아한다. 음식을 두고 옥신각신 다투는 일이 잦은데,[52] 한번 물면 늑대끼리는 비교적 해가 없지만 피부가 부드러운 인간에겐 심각한 상해가 될 수 있다.

다른 가축들은 말이 된다. 소, 돼지, 말은 모두 야생에서 시작했고, 궁지에 몰리면 약간 공격적으로 변하지만 송곳니가 없고 고기를 늘 먹지도 않는다. 늑대-인간의 관계는 전혀 말이 되지 않는다.

하지만 지중해 동쪽, 갈릴리 호수 위에 자리한 이스라엘 고대 유적으로 가보자. 호숫가 언덕들 사이에 매장지 하나가 포근히 안겨 있다. 석회암 평판을 들추면 사람 유골이 머리를 왼쪽으로 돌린 채 누워 있고, 손은 다른 유골 위에 부드럽게 놓여 있다. 강아지 유골이다.[53]

1만 년 전에서 1만 2000년 전으로 추정되는 그 사람은 나투프 사람이었다. 나투프는 터키에서 시나이반도까지 지중해와 평행으로 달리는 좁은 띠 모양의 석기시대 정착지였다.

그 언젠가 시나이반도의 가장 높은 봉우리(시나이산) 위에서 모세가 십계명을 받았다. 그곳은 오늘날과 같이 메마르고 가시나무가 많은 사막이 아니라, 야생의 음식과 사냥감이 즐비한 삼림지대였다. 나투프인은 그 지역에 정착한 수렵채집인이었다. 그들은 땅을 반쯤 파내고 그 위에 올린 집에서 살았고, 뼈와 연마용 석기를 이용해 칼을 비롯한 다양한 도구를 제작했다.

하지만 가장 중요한 것은 매장지다. 나투프 지역의 중심부에 숨어 있는 각각의 베이스캠프에는 버려진 집이나 집 근처에 무덤이 있었다. 시신은 대개 몸을 곧게 펴고 머리를 위로 향한 채로 조심스럽게 안치되어 있었다. 시신은 조개껍질, 구슬, 이빨로 만든 투구와 목걸이, 팔찌로 장식되어 있었을지 모른다. 몇몇 무덤에는 시신이 한 구 이상 안치되었는데, 나투프 유적은 인간이 다른 동물과 함께 매장된 최초의 기록으로,[54] 이 경우에는 물론 개였다. 유럽, 레반트, 시베리아, 동아시아에서도 연대가 비슷한 개 매장지가 발굴되었다.[55]

따라서 늑대는 현생 인류가 도착한 4만 3000년 전과 개가 최초로 매장된 1만 2000년 전 사이에 가축화되었다. 그뿐 아니라 인간과 가축화된 늑대―이제는 개―는 유대가 워낙 강해서 종종 둘이 함께 매장되었다.[56] 그리고 오랜 시간에 걸쳐 늑대가 박해당하고 멸종 직전까지 몰리는 동안에도 개와 인간은 더더욱 가까워졌다.

수렵채집인들이 점점 더 정착 생활을 하게 되면서 늑대는 분명 야영지 주변에서 사냥을 하거나 죽은 동물을 먹는 중에, 또는 음식 찌꺼기나 사람의 변을 먹는 중에 인간과 자주 접촉하기 시작했을 것이다. 하지만 처음에는 어떤 변화, 인간에게 더이상 늑대가 위협으로 보이지 않게 된 어떤 극적인 일이 일어나야만 했다. 내가 그 답을 발견한 것은 완전히 우연이었다.

아버지의 차고에서

과학적 발견을 하기에 더없이 좋은 장소

시애틀 그런지grunge* 밴드처럼 나도 부모님 차고에서 시작했다. 조지아주 애틀랜타의 늦가을, 일시적인 한파가 몰려왔다. 차고는 삼면에만 벽이 서 있었다. 바람이 내 트랙슈트 바지를 비집고 들어와 왜 차고에도 문이 있어야 하는지를 일깨워주었다. 대부분의 경우처럼 우리 차고도 시멘트 바닥에 오일스테인으로 물방울 무늬가 그려져 있고 잡동사니로 가득 차 있었다. 페인트통, 장난감, 캠핑 장비가 벽을 따라 늘어서 있었다. 아버지가 천장에 묶어놓은 낡은 매드 리버Mad River 카누가 너무 위태로워서 금세라도 떨어질 것만 같았다.

한쪽에 내 절친 오레오가 앉아 있었다. 부모님은 오레오를 이웃집에서 데려왔다.

***

* 1990년대 유행한 시끄러운 록 음악.

조지아공과대학교의 열혈 팬답게 아버지는 새 래브라도 강아지의 부모 이름이 GT와 재킷이라는 점에 마음에 끌렸다.[*] 아버지는 내가 그 말벌의 애칭을 따서 강아지 이름을 버즈Buzz로 정하기를 바라셨다. 당시에 일곱 살이었던 나는 좋아하는 쿠키 이름을 따서 오레오Oreo라 부르기로 했다.

교외에 위치한 우리 집 마당에는 울타리가 있었지만, 그건 상징적인 장벽에 불과했다. 깜빡 잊고 문을 잠그지 않으면 오레오는 빗장을 쉽게 열었고, 울타리의 한쪽 모서리는 오레오가 점프해서 넘어갈 수 있을 만큼 낮았다. 오레오는 항상 동네를 돌아다니면서 사고를 쳤다. 어머니는 이따금 이웃의 전화를 받았다. 오레오가 초대장도 없이 풀장 파티에 끼어들어 아이들과 물을 튀기고 있어서였다. 또는 집으로 차를 몰고 가는 중에 이웃집 아저씨가 잔디 깎는 기계 뒤에서 꼼짝하지 못하고 있는 것을 발견했다. 오레오가 '물어와' 게임을 계속하자고 끊임없이 기계 앞에 테니스공을 떨어뜨렸기 때문이다.

하지만 오레오는 내가 없을 때에만 사고를 쳤다. 오레오는 다른 어떤 일보다 나와 함께 있는 걸 더 좋아했다. 우리는 숲속을 돌아다니고, 동네 호수에서 헤엄치고, 내 친구와 그들의 개가 있는 곳으로 방문했다. 오레오는 아주 충성스러워서 내가 친

---

[*] GT는 조지아공과대Georgia Tech, 재킷은 그 대학의 마스코트인 말벌 Yellow Jacket을 가리킨다.

구 집에서 하룻밤을 보내기 위해 자전거를 타고 나가면, 다음 날 내가 올 때까지 문 앞에 앉아 있었다.

오레오가 나에게 미쳐 있었다면 나는 야구에 미쳐 있었다. 우린 쿠퍼스타운*에서 맺어진 한 쌍이었다. 내가 야구 가방을 들고 나가 공을 하나씩 치면 오레오는 내가 친 공들을 물어왔고, 그 덕에 나는 처음부터 다시 공을 칠 수 있었다. 또는 마당에서 어떤 곳을 겨냥해 공을 던지면, 공이 스트라이크이건 볼이건 오레오가 재빨리 공을 물어온 덕분에 투구 연습을 계속할 수 있었다. 열 살이 되었을 땐, 만일 내가 애틀랜타 브레이브스의 선발 투수가 된다면 그건 오레오의 덕이라는 걸 알았다. 오레오는 절대로 멈추게 하지 않았다. 내가 공을 치우면 오레오는 마당에서 공 하나를 귀신같이 물고 와 발밑에 떨어뜨리고는 다시 시작할 때까지 계속 짖었다. 한 가지 문제는 공이 일단 오레오의 입에 들어가면 침 범벅이 됐다는 것이다. 공을 열 번쯤 던지고 나면 그 공은 원래보다 두 배나 무거워지고 침이 혜성 꼬리처럼 붙어 다녔다. 왜 다른 사람은 자기하고 공놀이를 나만큼 신나게 하지 않는지를 오레오는 이해하지 못했을 것이다.

인간인가 아닌가

10년이 빠르게 흘렀다. 나는 대학 야구팀의 1차 합격선을

* 미국 프로야구 명예의 전당이 있는 도시.

통과했지만 결국 야구를 포기했다. 에모리대학교의 한 교수가 나에게 소개해준 것이 월드시리즈 7차전 승리보다 더 상상력을 자극했다. 마이크 토마셀로Mike Tomasello 교수는 우리를 인간으로 만드는 것이 무엇인지를 알아내려 하고 있었다. 나는 19살이 될 때까지 단 한 번도 그렇게 심오한 질문을 깊이 생각해보지 않았던 탓에 누군가가 그런 물음에 답하려 한다는 사실에 경외를 느꼈다.

인간이 특별한 천재성을 가졌다는 건 의심할 여지가 없다. 우리 능력이 좋게만 쓰이는 건 아니다. 하지만 분명히 인상적이다. 우리는 지구의 모든 지역에 주거지를 만들고, 빙하 지대와 사막을 안락한 주거지로 개조했다. 또한 인구 규모와 환경에 미치는 영향 면에서 가장 크게 성공한 대형 포유동물이다. 인간의 과학기술은 생명을 보존할 수도 있고 파괴할 수도 있다. 지구를 둘러싼 대기 위를 날고, 대양에서 가장 깊은 해구를 샅샅이 훑을 수 있다. 이 글을 쓰는 지금 보이저 1호Voyager 1는 우리 행성에서 110억 마일 이상 떨어진 우주를 유영하며 태양계 변두리에서 NASA 신호를 보내고 있다.

사정이 항상 이런 건 아니었다. 몇백만 년 전, 우리는 숲에 사는 다른 유인원들과 구별되지 않았다. 5만 년 전에는 검치호랑이와 자이언트 하이에나의 송곳니를 피해 다녔다. 하지만 오늘날에는 인터넷이나 스마트폰 없이 산다는 건 상상조차 하기 어렵다. 우리 조상이 다른 유인원과의 공통 조상으로부터 마지막으로 갈라져 나온 뒤 우리에게 무슨 일이 일어났던 것일까? 다른 모든 변화를 초래한 최초의 변화는 무엇이었을까? 그건 어떻게 일어났을까?

마이크를 만날 때까지 나는 인간이 어떤 존재인지를 이해하기 위해서는 인간이 어떤 존재가 **아닌지**를 알아내야 한다는 걸 깨닫지 못했다. 내가 택한 새로운 천직은 우리 자신을 더 잘 이해하기 위해 다른 동물의 마음을 연구하는 것이었다. 마찬가지로 유아발달을 연구하는 유명한 심리학자로서 마이크는 인간의 특이성에 관한 여러 가지 생각을 테스트하기 위해 유아를 침팬지와 비교했다. 마이크는 자기가 개 연구자가 될 운명이라고는 짐작조차 하지 못했다.

마이크와 나를 우리의 종착지로 인도한 것은 오레오였지만, 우리를 오레오로 이끈 것은 유아에 관한 마이크의 지식이었다. 유아심리를 연구하기 위한 이론과 방법론은 개에 대한 우리의 이해에 혁명을 가져왔다.

사회적 관계망

인간은 성숙한 인지능력을 가지고 태어나지 않는다. 유아는 무기력하게 태어나며, 부모의 보살핌을 어떤 동물보다 더 많이 필요로 한다. 이는 주로 아기의 미발달한 뇌 때문이다. 태어날 때 우리 뇌의 크기는 성인의 4분의 1에 불과하다. 그 이유는 인간의 골반이 똑바로 서서 걷도록 진화했고, 그로 인해 골반문이 보노보나 침팬지에 비해 작기 때문이다. 골반문이 너무 작은 탓에 태어날 때 미발달한 뇌만이 거길 통과할 수 있다. 이는 우리가 태어난 후에 대부분의 뇌 성장이 이루어져야 한다는 걸 의미한다.[1]

인지발달 연구에 따르면, 유아에게 모든 기술이 같은 시기에 같은 속도로 발달하지 않는다. 일찍 발달한 기술은 복잡한 기술의 토대가 된다.[2]

마이크는 유아가 9개월만 되면 강력한 사회적 기술이 발달한다는 사실을 처음으로 알아낸 사람 중 하나였다.[3] 이 '9개월 혁명'에 힘입어 유아는 자기중심적 세계관에서 벗어날 수 있다. 유아는 다른 사람이 무엇을 보고 있는지, 무엇을 만지고 있는지, 각기 다른 상황에 어떻게 반응하는지에 주의를 기울이기 시작한다. 만일 엄마가 자동차를 보면 아기는 자신의 시선을 엄마와 일치시켜 엄마의 시선을 쫓기 시작한다. 낯선 물체, 예를 들어 노래하는 산타 인형을 볼 때 아기는 반응하기 전에 어른의 얼굴을 보고 그들의 반응을 가늠한다.

거의 동시에 유아는 어른이 손가락으로 어딘가를 가리킬 때 무엇을 알려주려고 하는지를 이해하기 시작한다. 또한 다른 사람에게 손가락으로 사물을 가리키기 시작한다. 어른이 새를 가리키든 아기가 좋아하는 장난감을 가리키든 간에 그때 아기들은 핵심적인 대화 기술을 쌓아가기 시작한다. 다른 사람의 반응과 몸짓에 주의를 기울이고 또한 다른 사람이 주목하는 것에

주의를 기울임으로써 아기들은 다른 사람의 의도를 읽어내기 시작한다.[4]

의도 읽기는 모든 형태의 문화와 의사소통에 인지적 토대가 된다.[5] 9개월 혁명 직후에 유아는 다른 사람의 행동을 모방하고 최초의 단어를 습득하기 시작한다. 의도 읽기 덕분에 유아는 혼자서는 습득하지 못할 문화적 지식을 쌓아나간다. 의도 읽기의 발달이 지연된 아기는 대개 언어 학습, 모방, 다른 사람과의 상호작용에도 문제를 보인다.[6] 문화와 언어가 없다면 앞선 세대의 업적을 발판으로 삼지 못할 것이다. 법률, 로켓, 아이패드는 없을 것이다. 결국 온갖 종류의 포식동물에게 쉬운 먹잇감이 될 것이다.

호주의 어느 해변에 서 있을 때 수영하는 사람들 근처에서 커다란 검은색 지느러미가 수면 밖으로 나오는 게 보였다. 소리를 질렀지만 파도 소리에 묻혀 사람들에게 들리지 않았다. 나는 헤엄치는 사람들에게 미친 듯이 손을 흔들었고, 그들이 관심을 기울였을 땐 그때까지 한 번도 해보지 않았던 행동을 했다. 허리를 숙이고 한 손을 지느러미처럼 등에 댄 것이다. 사람들은 이런 몸짓을 생전 처음 봤을 테지만 모두 서둘러 물 밖으로 나왔다. 그들은 내 간단한 몸짓을 보고서 그들이 보지 못한 것을 내가 보고 알려준다는 걸 알았다. 당시의 맥락에서 그들은 내가 어떤 것을 알려주려 하고 있다는 것—근처에 상어 형태의 위험이 있다는 것—을 추론할 수 있었다. 이렇게 사회적 추론을 하려면 나의 **의사소통적 의도**communicative intention를 이해할 필요가 있다. 헤엄치던 사람들은 내 몸짓이 의사를 전달하는 동시에 유용한 것이라고 이해했다. 그런 뒤 자신의 행동을 어떻게 수정해야 하는지에 대해 생각할 줄 알았다. 다행히 그 지느러미는 돌고래 것이었지만, 만일 백상아리였다면 의사소통적 의도를 이해하는 능력이 그들의 목숨을 살렸을 것이다.

의사소통적 의도를 이해함으로써 인간은 문제를 해결할 때 차원이 다른 융통성을 발휘한다.[7] 이것이 우리를 인간으로 만드는 것인지를 확인하기 위해, 마이크는 인간과, 현존하는 유인원 중 인간과 가장 가까운 친척인 보노보 및 침팬지를 비교했다.[8] 만일 우리에게 보노보와 침팬지에게 없는 기술이 있다면 그 기술은 500만 년 전에서 700만 년 전 사이에 우리 종이 보노보 및 침팬지의 계통과 갈라진 이후에 진화했을 것이다.[9]

마이크는 보노보와 침팬지가 의사소통적 의도를 이해할 때 발휘하는 능력을 유아의 능력과 비교할 필요가 있었다. 만일 마이크의 생각처럼 의사소통적 의도를 이해하는 것이 인간에게 결정적이라면, 보노보와 침팬지는 의사소통적 의도를 이해하지 못해야 한다. 하지만 만일 보노보와 침팬지가 유아처럼 능숙하다면, 마이크는 연구의 방향이 잘못되었다는 걸 알게 된다.[10]

언어가 없는 유인원을 대상으로 의사소통적 의도에 대한 이해력을 테스트하는 것은 매우 까다로운 일이다. 하지만 인간의 언어는 가장 복잡한 형태의 의사소통일 뿐 유일한 형태는 아니다. 보노보와 침팬지는 사회적 상호작용을 할 때 시각적 몸짓을 사용한다.[11] 누군가를 밀치거나 가볍게 때려서 같이 놀자고 요구하고, 음식을 먹고 있는 이의 턱 아래에 손을 갖다 대서 음식을 요구한다. 성체가 되었을 때 보노보와 침팬지는 수십 가지 몸짓을 사용하고 이해한다. 유아와 비슷하다. 보노보와 침팬지가 남들의 몸짓에 반응하는 것을 연구함으로써 우리는 그들이 상대방의 의도를 이해하는지 아닌지를 알아보았다.

마이크는 짐 앤더슨Jim Anderson이 개발한 게임을 빌려왔다. 앤더슨은 스코틀랜드 출신이자 영국 스털링대학교의 영장류학자다.[12] 앤더슨은 두 개의 용기 중 한 곳에 음식을 감춘 뒤 다양한 영장류에게 음식이 어디 있는지에 관한 단서를 주었다. 음식이 들어 있는 용기를 만지거나 가리키거나 바라본 것이다. 처음에 꼬리감는원숭이capuchin monkey를 테스트했으나 처참하게 실패했다. 성공하기 위해서는 수백 번의 시행을 거치며 훈련해야만 했다. 그리고 새로운 단서로 바뀔 때마다 훈련 과정을 고스란히 반복해야 했다.

침팬지는 사회적으로 매우 정교하고 우리와 아주 가깝기 때문에 원숭이보다 잘 해내리라고 마이크는 생각했다. 하지만 침팬지도 실패했다.[13] 결국에는 침팬지도 실험자가 가리키는 용기를 선택해야 한다는 걸 터득했지만, 멀찍이 물러나서 용기를 가리키는 방식으로 단서에 변화를 줬을 때 또다시 실패했다.[14]

예외가 하나 있었다. 침팬지가 사람 손에 키워진 경우였다.[15]

이는 침팬지가 수천 시간 동안 인간과 상호작용했다는 뜻이다. 이렇게 특이하게 양육된 몇몇 침팬지만이 다양한 인간의 몸짓을 이용해서 음식을 찾는 자연발생적 능력을 발휘했다.

마이크는 다른 이의 의사소통적 의도를 자연발생적으로 이해하는 천재성이 인간에게만 있다는 애초의 생각을 이 결과로 강하게 뒷받침할 수 있을 것 같았다. 유아와 달리 침팬지는 게임을 통해 수없이 연습하거나 사람 손에 양육된 경우에만 새로운 맥락에서 새로운 몸짓을 이용할 줄 알았다. 이것으로 보아 필시 침팬지는 사람이 손가락으로 어딘가를 가리킬 땐 그들을 도와주기 위해서라는 것을 이해하지 못했다. 마이크는 인간을 고유하게 만드는 것이 무엇인지를 드디어 밝혀낸 것 같다고 생각했다.

우리 개는 할 줄 아는데요

2학년을 보내던 어느 날, 나는 마이크를 보조하며 침팬지와 이 신호 게임을 하고 있었다. 우리는 실험 결과의 의미에 대해 이야기하기 시작했다. 마이크는 인간만이 의사소통적 의도를 이해하고, 그래서 우리에겐 가리키기 같은 몸짓을 자연발생적으로 유연하게 이용하는 능력이 있다고 말했다.

내가 불쑥 말했다. "내 개도 할 줄 아는데요."

"아무렴", 마이크가 재미있다는 듯 말했다. "사람들은 자기 개가 미적분을 할 수 있다고 믿거든."

우리가 월드시리즈를 목표로 훈련하는 중에 오레오는 특별한 재능을 개발했다. 테니스공을 한 번에 세 개씩, 가끔은 공의 위치를 제대로 잡아 네 개씩 물어왔다. 나는 하나를 던지고 오레오가 그 공을 물어오는 동안, 다른 방향으로 두 번째 공과 세 번째 공을 던졌다. 첫 번째 공을 가져온 뒤 오레오가 나를 쳐다보면, 나는 두 번째 공이 있는 쪽을 가리켰다. 오레오는 두 번째 공을 가져왔고, 내가 세 번째 공을 가리키면 즉시 달려가 공을 찾아낸 뒤 당당하게 공 세 개를 문 채로 달려왔다. 오레오의 뺨은 견과 한 자루를 다 먹은 다람쥐처럼 불룩했다.

이건 침팬지들이 실패하고 있는 이 게임과 별로 다르지 않아 보였다. 오레오는 손가락으로 가리키는 내 몸짓을 이용해서 테니스공을 찾고 있었다.

"아니, 정말이에요. 오레오는 틀림없이 테스트를 통과할 거예요."

내가 정색하자 의자에 앉아 있던 마이크가 상체를 뒤로 젖혔다.

"좋아." 그가 말했다. "자네가 실험을 해보면 어떨까?"

나는 비디오카메라를 들고 오레오와 동네 연못으로 갔다. 평소에 '물어와' 놀이를 자주 하던 곳이었다. 나는 연못 한가운데에 공을 던졌다. 그리고 오레오가 그 공을 물어오면 왼쪽을 가리켰다. 나는 종종 공을 두세 개 던졌기 때문에 오레오는 내가 가리킨 쪽으로 즉시 헤엄쳐 갔다. 그런 뒤 내가 오른쪽을 가리키면 이번에도 내 몸짓을 보고 그 공을 찾으러 갔다. 나는 이 시행을 10번 했고, 오레오는 매번 내가 가리키는 방향으로 갔다.

비디오를 본 마이크는 발달심리학자 필립 로셰Philippe Rochat를 방으로 불렀다. 두 사람은 놀라움에 사로잡혀 인간만이 할 수 있다고 믿었던 일을 오레오가 척척 해내는 장면을 보고 또 보았다.

마이크가 극도로 흥분해서 외쳤다.

"이제 진짜 실험을 해보자고."

실험의 중요성

실험이 다른 존재의 마음을 들여다보는 현미경처럼 보일 수 있다. 어떤 행동이 두 사람이나 두 종 사이에 똑같아 보일지라도 그 행동을 추동하는 것은 다른 유형의 인지일 수 있다. 마이크는 이렇게 썼다.

행동 기술의 융통성을 테스트하기 위해서는 개인을 새로운 상황에 노출시켜서, 그들이 유연하고 지적인 방식으로 그 기술을 적용하는지를 볼 필요가 있다.[16]

실험을 통해 우리는 동물의 영리함을 놓고 경쟁하는 설명 가운데 하나를 선택할 수 있다. 같은 문제를 최소한 두 가지 방식으로 다르게 제시하면 된다. 양쪽 상황에서 밝혀내고자 하는

요인을 제외하고 다른 변수들을 신중하게 제어하는 것이다.[17]

20세기 초에 동물 인지를 가장 먼저 연구한 과학자들은 실험의 중요성을 즉시 깨달았다. 그중에서도 대단히 유명한 과학자 로이드 모건Lloyd Morgan은 자신의 개 토니를 사례로 사용했다. 토니는 모건의 마당 문을 여는 재능이 있었다. 토니가 문을 여는 것을 본 사람은 토니가 아주 영리해서 문이 어떻게 작동하는지(즉, 빗장이 울타리와 연결되어 있으면 문이 움직이지 않는다는 것)를 안다고 생각할 것이다. 하지만 모건은 토니가 오랜 시행착오 과정을 거치는 것을 봤고, 그래서 자기가 왜 문을 열 수 있는지를 토니가 이해하지 못한다고 결론지었다. 그저 운이 좋아서 문 여는 방법을 우연히 발견한 것이다.[18]

실험을 하지 않는다면, 토니의 행동을 인지적으로 더 풍부하게 설명할지 아니면 단순하게 설명할지를 선택하는 건 견해의 문제가 된다. 과학적 방법은 어느 분야에서든 가장 단순한 설명을 선호하는데, 특히 모건은 겉보기에 복잡한 행동을 연구할 때에도 인지적으로 단순한 설명이 효과적이라고 입증한 공로를 인정받고 있다.

내게도 토니의 순간이 왔다. 로마에서 로베르타라는 이름의 꼬리감는원숭이를 연구하고 있을 때였다. 로마의 인지과학 테크놀로지 연구소에서 일하는 엘리사베타 비살베르기Elisabetta Visalberghi는 꼬리감는원숭이에 대한 세계적인 권위자다. 그녀는 꼬리감는원숭이가 도구를 사용하는 중에 자연발생적으로 추론할 줄 아는지를 보기 위해 로베르타를 비롯한 원숭이들에게 문제를 냈다.[19] 투명한 튜브에 들어 있는 땅콩을 꺼내는 문제였다. 튜브 아래쪽 한가운데에 작은 덫이 있었다. 이 덫을 피해 땅콩을 꺼내려면 땅콩으로부터 멀리 있는 튜브 구멍으로 도구를 집어넣어 반대편 구멍을 향해 땅콩을 덫으로부터 멀리 밀어야 했다.

로베르타만이 문제를 해결했다. 로베르타는 말하자면 천재 원숭이인 듯 보였지만, 훌륭한 실험주의자로서 엘리사베타는 또 다른 테스트를 진행했다. 그녀는 덫이 땅콩 위에 있어서 무용지물이 되도록 튜브를 반 바퀴 돌렸다. 로베르타로서는 땅콩을 가질 수 없는 것이 덫 때문이라는 걸 이해했다면 도구를 어느 쪽 구멍에 넣어야 할지를 이제 걱정할 필요가 없었다. 어느 쪽으로나 땅콩을 밀어도 항상 성공할 수 있었다.

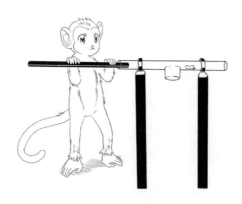

하지만 로베르타는 덫이 제 기능을 할 때 개발한 전략을 계속 사용했다. 매번 땅콩에서 더 먼 구멍으로 막대기를 찔러 넣어 반대쪽으로 땅콩을 민 것이다.

이 실험은 로베르타가 문제를 해결할 줄은 알지만 문제가 왜 발생하는지는 이해하지 못한다는 것을 보여주었다(창피한 일이 아니다. 나도 컴퓨터 키보드를 칠 때 그게 어떻게 작동하는지 모르기 때문이다).[20]

복잡한 행동의 기초에는 종종 단순한 설명이 있지만, 항상 그런 것은 아니다. 사실 모건은 자신의 글에 대한 반응—초기 심리학자들은 그의 글을 이용해서 동물은 추론하지 못한다고 말했다—에 소스라치게 놀라 아래와 같은 일반 원리를 추가했다.

그 원리의 범위를 오해하지 않는 한에서 덧붙여야 할 말이 있다.

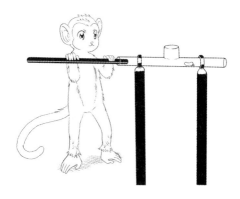

관찰하는 동물에게 이 고차의 과정이 발생한다는 것을 뒷받침하는 독립된 증거가 있다면, 나의 문헌은 그 특별한 행동을 고차의 과정이라는 관점에서 해석하는 것을 결코 배제하지 않는다.[21]

토니는 빗장이 문에서 어떻게 작동하는지를 이해하지 못했다. 하지만 모건이 알았다면 기뻐했을 사실이 있다. 과학자들이 발견한 바에 따르면, 개는 반드시 시행착오를 통해서만 그런 유형의 문제를 해결하진 않는다는 것이다. 최근에 한 실험에서 입증된 바에 따르자면, 개는 누군가가 먼저 빗장 문제를 해결하면 그걸 보고 그 문제를 즉시 해결한다.[22] 토니의 사례는 우리가 실험을 하면 동물이 어떤 면에서 천재이고 어떤 면에서 아닌지를 알 수 있다는 것을 확실히 보여준다.

원숭이 로베르타를 비롯한 다양한 동물을 대상으로 오래전부터 실험이 이뤄져왔기 때문에 마이크는 동물이 가끔 영리해 보일지라도 문제를 약간 비틀면 진실이 드러난다는 것을 알고 있었다. 자기가 무엇을 하고 있는지 전혀 이해하지 못한다는 것이다. 따라서 오레오가 실제로 무엇을 이해하고 있는지를 밝혀내려면 일련의 실험을 할 필요가 있었다. 오레오의 행동은 유아와 비슷해 보이지만 그 이유만으로는 오레오가 그 동작 뒤에 놓인 의사소통적 의도를 유아와 똑같은 방식으로 이해한다고 볼순 없었다.

이렇게 해서 1995년 가을, 오레오와 나는 부모님 차고로 갔다. 우리는 과학자들이 유아, 원숭이, 침팬지에게 사용했던 테스트를 오레오에게 똑같이 하기로 했다.[23] 나는 플라스틱 컵 두 개를 대략 2미터 간격으로 놓은 뒤, 한 컵 아래에 음식을 넣는 척하고 다른 컵 아래에 음식을 몰래 놓았다.[24] 그런 다음 오레오가 한 번도 보지 못한 행동을 했다.

나는 두 개의 컵 중앙에 서서 음식이 들어 있는 컵을 가리켰다. (그림 속 여자는 고용된 전문가로, 당시 내 모습과는 조금도 닮지 않았다.)

"자, 오레오, 찾아!"

오레오는 내가 가리키는 컵으로 똑바로 걸어갔다. 두 번째, 세 번째 테스트에서도 마찬가지였다. 오레오는 새로운 문제를 자연발생적으로 해결하고 있었다. 분명 내 몸짓 뒤에 숨어 있는 의미에 대해 사회적 추론을 하고 있었다.

"헤이, 오레오, 넌 천재로구나!"

오레오는 크고 따뜻한 몸으로 내 다리를 누르고 내 얼굴에 침을 잔뜩 흘렸다. 질척거리는 혀에서 강아지 비스킷 부스러기가 뺨으로 이동했다. 뛸 듯이 기뻤다. 과학자로서 맞이한 위대한 순간이었다.

나는 마이크의 연구실 문을 박차고 들어가 실험 결과를 보여주었다. 마이크는 내 옆에서 흥분을 감추지 못했다. 자신의 가설―'인간만이 의사소통적 의도를 이해한다'―이 틀릴 수 있었는데도 개의치 않았다. 하지만 오레오가 의사소통적 의도를 이해한다고 결론지으려면 그 전에 배제해야 할 설명들이 남아 있었다.

오만가지 질문이 떠올랐다. 오레오가 단지 냄새로 음식을 찾은 건 아닐까? 몸짓에 따르는 법을 오랜 시간 천천히 학습한 건 아닐까? 침팬지처럼 한 가지 유형의 몸짓만 융통성 없이 사용한 건 아닐까? 단지 내 팔이 움직이는 방향으로 고개를 돌리고 그런 뒤 보이는 방향으로 이동한 건 아닐까? 아니면 오레오는 훨씬 더 풍부한 행동을 하고 있었을까? 내가 도와주려 하고 있다는 걸 이해했을까? 음식의 위치를 알려주려는 나의 의사소통적 의도를 이해했을까? 자기는 모르지만 나는 음식이 어디 있는지 알고 있다는 것을 알고 있었을까?

가을이 겨울로 바뀌었다. 나무는 앙상해졌고 살을 에는 바람이 진입로를 가로지르며 죽은 나뭇잎을 쓸고 다녔다. 눈 없는 조지아의 겨울은 상당히 온화했지만 나는 방한 내의 위에 플란넬 바지와 오리털 잠바를 입고 장갑을 꼈고, 그래서 난방이 안된 차고 안에서 컵을 놓을 때 손가락에 느낌이 전해지지 않았다. 반면에 두꺼운 검정색 코트를 차려입은 오레오는 날씨가 차가워지자 과제를 훨씬 잘 해냈다.

우리가 해야 할 첫 번째 일은 오레오가 냄새로 음식을 찾아내지 못하게 하는 것이었다. 나는 이번에도 한 컵 안에 음식을 숨겼지만, 손가락으로 컵을 가리키는 대신 땅바닥을 쳐다보았다 (72쪽 그림).

오레오는 근처에서 음식 냄새를 맡았을진 모르지만 첫 번째 선택을 할 때는 냄새를 따라 정확히 음식이 있는 컵으로 나아가지 못했다. 내가 손가락으로 가리키지 않을 때 오레오가 음식이 있는 컵을 한 번에 선택한 것은 절반 정도에 불과했다. 단번에 음식을 찾을 확률은 50 대 50이므로, 오레오는 추측에 의존하고 있다는 걸 알 수 있었다. 나중에 7개의 연구팀이 수백 마리의 개를 대상으로 12차례 이상 실험을 진행한 결과, 개가 이러한 맥락에서 후각으로 음식을 찾을 가능성은 전혀 없음이 밝

혀졌다.[25]

어쩌면 오레오는 그저 내 손과 음식을 연결해서 쭉 뻗은 손가락으로부터 가장 가까운 컵을 선택하고 있는 건지 몰랐다. 나는 오레오 앞뒤에 컵을 3개씩 놓고 뒤에 있는 컵 하나를 가리켰다. 그 컵에 닿으려면 내 손가락에서 **더 멀리** 가야 했지만,[26] 오레오는 돌아서서 그 컵을 선택했다.

어쩌면 오레오는 나와 수없이 상호작용하는 중에 몇 가지 신호를 융통성 없이 사용하는 법을 익혔는지 몰랐다. 정말 그렇다면 오레오는 테스트를 거듭하는 중에 향상된 모습을 보여야 하고 처음 보는 단서를 잘못 읽어야 했다. 하지만 오레오는 거의 항상 첫 시행에 정확하게 선택했고, 처음부터 거의 완벽했기 때문에 도중에 향상을 보이지 않았다.[27] 그리고 처음 보는 단서— 가령, 컵을 발로 가리켰다—도 문제없이 사용했다. 심지어 내가 머리를 돌려 컵을 쳐다보기만 해도(73쪽 그림).[28]

어쩌면 오레오의 반응은 반사적이어서 단지 내가 몸짓과 함께 하는 어떤 움직임에 반응하고 있는 건지 몰랐다. 실제로 오레오는 내가 몸의 한 부위를 왼쪽이나 오른쪽으로 움직이면, 그 동작에 반사적으로 반응해서 같은 방향으로 시선을 돌렸다. 그

렇다면 오레오는 도와주려는 내 의도를 이해하지 못한 채 눈에 보이는 컵에 다가간 건지 몰랐다. 하지만 오레오는 내가 왼쪽을 가리키면서 오른쪽으로 한 걸음 이동할 때도 나의 가리키기 단서를 따랐다. 그렇다면 오레오는 내가 정확한 컵에서 **멀어져** 틀린 컵으로 이동하는 것을 지켜보면서도, 나의 가리키기 단서를 따르기 위해 자신의 시선과 반대 방향으로 가야 했다. 나는 심지어 어린 동생 케빈을 데려와 오레오의 눈을 가리게 했다. 그렇게 하면 오레오가 눈을 떴을 때 나는 어떤 움직임도 없이 컵을 가리키고, 오레오는 이 정적인 가리키기 몸짓을 이용할 수 있었다. 후속 연구를 통해 밝혀진 바에 따르면, 개는 어디를 봐야 할지를 선택하는 동안에 사람이 정확한 컵을 잠깐 가리키고 나서 가리키기를 중단해도 좋은 실력을 보여주었다.[29]

마이크는 깊은 인상을 받았지만, 이번에는 오레오처럼 '물어 와' 놀이를 많이 하지 않은 개로 실험할 필요가 있다고 생각했다. 어쩌면 오레오는 나와 여러 해 동안 '월드시리즈 연습'을 하는 중에 인간의 몸짓을 융통성 있게 사용하는 법을 천천히 배울 수 있었는지도 몰랐다. 그래서 나는 어린 동생의 개, 데이지를 채용했다.

데이지는 '물어 와' 놀이를 한 번도 해보지 않은 보호소 출신의 귀여운 검정 개였다. 데이지에게 공을 던져주면 깡충깡충 뛰며 공을 쫓아갈 가능성은 있지만, 신바람이 나서 다시 물어 오진 않을 듯했다.

데이지는 모든 과제에서 거의 오레오만큼 좋은 능력을 보여주었다. 데이지는 내 몸짓과 시선 방향을 자연발생적으로 사용해서 음식을 찾았고, 오레오가 통과한 제어 조건을 거의 다 통과했다. 오레오의 기술은 특별한 게 아니라 많은 개가 가지고 있는 능력 같았다. 이로써 우리는 실험 대상을 늘릴 수 있었다.

우리는 개가 주인의 몸짓만 사용하는지, 낯선 사람의 몸짓도 사용할 줄 아는지 알고 싶었다. 사람들도 반려견의 변덕과 습관에 무의식적으로 반응한다. 개도 주인의 별난 습관에 반응하는 법을 서서히 터득하는 건지 모른다. 그렇다면 개는 다른 사람이나 다른 개의 몸짓에는 반응하지 않을 것이다. 이 생각을 실험하기 위해 나는 애견탁아소를 찾아갔다.

에모리대학교 근처에 유명한 애견탁아소, '우리의 집 또는 당신의 집 애견 서비스Our Place or Yours Pet Services'가 있다. 사람들은 일하는 동안 반려견이 마음껏 뛰어놀도록 이곳에 맡기고 간다. 애견탁아소에는 그런 개 수십 마리가 있었는데, 녀석들에게 나는 모르는 사람이었다. 이 개들은 오레오와 데이지처럼 내 몸짓 언어를 보면서 자라지 않았으니, 어쩌면 나와 같은 낯선 사람의 단서를 잘 읽어내지 못할 수도 있었다.

하지만 그건 사실이 아니었다. 개들은 내 시선과 가리키기 몸짓을 오레오와 데이지만큼 정확히 따라 행동했다.[30] 그 후 다른 연구팀들도 비슷한 결과를 받아들였다.[31] 개들은 거의 모든 사람의 몸짓을 사용할 줄 안다.

다음 단계로 우리는 개가 다른 개의 몸짓도 사용하는지를 알아보기로 했다. 매기는 애견탁아소에서 만난 노란색 래브라도였고, 경미한 관절염 때문에 움직이는 걸 좋아하지 않았다. 매기의 리드줄을 벽걸이 후크에 고정시켜놓는다면 매기는 두 컵을 마주한 채 움직이지 않고 서 있을 것 같았다. 매기가 지켜보는 동안 우리는 한 컵 밑에 음식을 숨겼다. 매기의 시선은 정확히 그 컵을 향했지만, 매기의 몸은 두 컵의 정중앙에 있었다. 이제 우리는 다른 개를 데려와서 컵에 접근하게 했다. 그 개는 매기의 시선과 몸의 방향을 이용해서 문제를 쉽게 풀었다.[32]

이제 마이크와 나는 우리가 정말 중요한 단계에 이르렀다고 생각했다. 방금 우리는 오레오가 어떻게 해서 침팬지보다 몸짓을 더 잘 이해하는지에 대한 단순한 설명을 모두 배제했고, 그

과정에서 다른 개들에게도 그와 같은 기술이 있으며, 그 기술은 다른 개와 상호작용할 때도 적용될 수 있다는 걸 알게 되었다. 이제부터는 개들에게 훨씬 더 어려운 과제를 테스트해야 했다.

침팬지가 의사소통적 의도를 이해하는지 못하는지를 테스트할 때 마이크는 새로운 단서를 사용했다. 침팬지가 지켜보는 가운데 실험자가 정확한 컵 위에 작은 블록을 놓았다.[33] 블록은 새로운 자의적 신호였다. 침팬지는 그 신호를 본 적이 없었고, 거기에 특별한 의미가 있는 것도 아니었다. 침팬지가 이 새로운 자의적 신호를 사용하려면 일종의 일반화를 거쳐서 새로운 몸짓이 과거에 학습한 다른 몸짓들과 의미가 비슷하다고 추론해야 한다. 하지만 그런 일은 일어나지 않았다. 침팬지들은 블록이 무엇을 의미하는지를 알아맞히지 못했고, 그 단서를 사용해서 음식을 찾지 않았다.

우리는 이 방법을 애견탁아소의 개들에게 시행해보기로 했다. 나는 나무 블록 위에 흰색과 검은색 물감으로 암소 무늬를 그렸다. 어떤 개도 그와 비슷한 장난감을 보았거나 주인이 그와 비슷한 신호를 사용했을 것 같진 않았다. 대조 실험 상황에서 개가 방에 들어왔을 땐 한 컵 위에 블록이 놓여 있었다. 개들은 블록이 놓여 있는 그 컵을 다른 컵보다 더 많이 선택하지 않았고, 그래서 개들이 그 블록에 특별히 끌리지 않는다는 걸 확인할 수 있었다. 그 블록은 특별한 의미가 없는 새로운 신호였다. 하지만 실제로 사람이 컵 위에 블록을 놓는 장면을 개들이 보면, 그 아이들은 자연발생적으로 이 낯선 신호를 사용해서 숨겨진 음식을 찾았다.

이번에는 문제의 난이도를 높였다. 개들이 단지 블록을 놓을 때 발생한 사람의 동작에 이끌려 그 자의적인 몸짓을 사용할 경우에 대비해서 컵 위에 블록 놓는 장면을 보지 못하도록 개의 시야를 가렸다. 블록을 올려놓은 뒤 장벽을 걷고 사람이 그 블록을 톡 건드렸다. 개들은 이 단서를 사용해서 음식을 찾아냈다.

확실성을 높이기 위해 우리는 독일에서 다른 개들을 대상

으로 이 연구를 되풀이하고, 같은 실험을 한 침팬지들과 성적을 비교했다. 그 개들도 사람이 건드린 블록 쪽의 컵을 더 좋아했지만, 침팬지들은 그러지 않았다. 개들은 인간의 몸짓을 침팬지보다 더 잘 이해했다.[34]

개가 정말 아이들과 같을까?

개가 유아와 똑같이 선택하고 있었음에도, 우리 실험의 목표는 그 선택을 이끈 사고 과정이 유아의 사고 과정과 얼마나 비슷한지를 알아내는 데 있었다. 유아에게 단서를 주면 유아는 그 사람이 자기와 소통하려 하고 있다고 추론한다. 그때까지 우리가 실험으로부터 얻은 증거는 개도 그와 비슷하게 추론한다는 아이디어를 뒷받침했다.[35]

그 후 다른 이들도 이 아이디어를 실험해서, 개는 선택적이어서 종류를 가리지 않고 아무 단서나 사용하지 않는다는 걸 발견했다.[36] 몸짓이 의사소통을 위한 것일 때만 자연발생적으로 단서를 사용하고, 의사소통과 무관한 단서는 무시하는 것이다.[37] 예를 들어, 사람이 정확한 컵을 똑바로 보고 있으면 개는 사람의 시선을 단서로 사용한다. 반대로, 사람이 정확한 컵의 방향으로 머리를 돌리지만 컵을 똑바로 보지 않고 그 위를 응시하면 개는 사람의 시선을 통해 음식을 찾지 않는다.[38]

사람이 개의 시선을 유도하기 전에 개의 이름을 부르고 개를 똑바로 보는 방식으로 의사소통적 의도를 나타내면, 개는 십중팔구 사람의 시선에 따른다.[39] 또한 몸짓을 하기 전에, 개와 눈을 맞추거나 손가락으로 가리키는 동안 개와 정확한 컵에 번갈아 시선을 주면 개가 사람의 몸짓을 단서로 사용할 가능성이 커진다.[40]

이상의 연구로 보아 개는 사람이 무엇을 주목하는가에 따라 사람의 몸짓을 해석하는 것이 분명하다. 요약하자면, 마이크와 나는 개에게는 유아와 놀라울 정도로 비슷한 의사소통 기술이 있다고 결론지었다.

개의 천재성은 어디서 나왔을까?

에모리대학교를 졸업하고 박사 과정을 시작했다. 하버드대학교에서 만난 새로운 지도교수는 인류학자 리처드 랭엄Richard Wrangham이었다. 그를 만난 것은 에모리에서 3학년을 마친 후 우간다에 있는 그의 현지 연구소에서 침팬지를 연구하고 있을 때였다.[41] 박사 과정을 공부할 당시 미국에는 개 인지를 연구하는 사람이 한 명도 없었지만, 내 연구가 리처드의 관심에 불을 붙였다. 마이크는 독일에 있는 막스플랑크 진화인류학 연구소로 자리를 옮겼다. 마이크와 나는 내가 리처드 밑에서 공부하는 동안 독일로 건너가서 라이프니츠 동물원에 있는 4종의 대형 유인원을 함께 연구하기로 합의했다. 보스턴에 있을 때 나는 시간이 날 때마다 우리가 개에게서 발견한 독특한 의사소통적 기술이 어디서 시작되었는지 그 기원을 이해하고자 노력했다.

개의 특이한 양육 역사를 보면 개가 왜 그토록 특별한지를 명확히 알 수 있다. 우리의 '노출 가설exposure hypothesis'에 따르면 개들은 실험 중에 우리의 몸짓을 학습했다기보다는 인간의 가족이 되어 수천 시간을 보내는 중에 그 사용법을 천천히 학습한 것이다. 사람 손에서 양육된 침팬지가 그 몸짓 테스트를 자연발생적으로 통과했듯이, 사람 손에서 양육된 개들도 같은 기술을 배웠을지 모른다.[42] 노출 가설은 다음과 같이 예측한다. 강아지는 성장하면서 인간의 몸짓을 이용하는 법을 천천히 터득하고, 인간과 더 많은 시간을 보냄에 따라 그러한 기술을 더욱 향상시킨다.

이 가설을 실험하기 위해 나는 주말마다 말도 안 되게 귀여운 강아지 수십 마리에게 둘러싸여 죽을 때까지 핥음을 당해야 했다. 강아지가 내 몸짓을 관찰할 줄 아는지를 확인하기 위해서는 강아지 높이로 몸을 숙여야 했다. 나는 배를 깔고 누워서 두 컵 중 하나를 손가락으로 가리키거나 눈으로 째려보았다. 이 자세는 에너지 넘치는 강아지의 공격에 속수무책이었다.

강아지는 귀엽기만 한 게 아니라 놀라울 정도로 뛰어났다. 강아지들은 시선과 가리키기 몸짓을 자연발생적으로 이용하는 실력이 큰 개 못지않았다. 이 능력은 나이가 들면서 좋아지는 게 아니었다. 기초적인 가리키기 몸짓을 사용할 때, 생후 9주 된 강아지가 24주 된 강아지와 똑같이 능숙했다.

인간과 함께 보내는 시간의 양도 중요하지 않았다. 사람 집에서 자란 강아지와 형제들하고 사는 강아지를 비교했을 때에도 실력 차이가 전혀 나타나지 않았다. 형제들과 자란 강아지는 상대적으로 인간에게 적게 노출되었음에도 수행이 거의 완벽했다.[43] 이 최초의 연구에 뒤이어 지금까지 나온 연구 결과에 따르면 강아지가 생후 6개월이 되면 다양한 종류의 사람 몸짓을 자연발생적으로 이용할 줄 안다고 한다.[44] 이건 정말 놀라운 일이다. 그때는 강아지가 간신히 눈을 뜨고 걸음마를 배우는 시기이기 때문이다.

다른 연구에서는 개가 실내에서 생활하는지, 밖에서 생활하는지, 뚜렷한 훈련을 받았는지, 또는 평소에 다른 개들보다 관심을 더 많이 받았는지는 중요하지 않다는 것이 밝혀졌다.[45] 모든 그룹이 사람의 가리키기 몸짓을 능숙하게 이해했다.[46] 심지어 보호소의 개들도 가정견과 똑같이 인간의 다양한 사회적 몸짓을 능숙하게 사용했다.[47]

더욱 눈에 띄는 것은, 강아지가 생후 6개월만 되면 블록 테스트를 통과한다는 것이다. 큰 개에게 했을 때와 똑같이, 강아지가 보고 있을 때 사람이 컵 위에 블록을 놓으면 아기들은 그 컵을 선호했다.[48] 강아지들은 사람이 컵으로부터 1미터 거리에서 있거나, 정확한 컵에 다가가려면 사람에게서 멀어져야 할 때도 가리키기 몸짓을 이용할 줄 알았다.[49] 이로써 강아지가 단지 사람 손에 마음이 끌려서 정확한 컵을 선택하고 있었을 가능성은 배제되었다.

이 모든 결과는 우리가 발견하리라고 전혀 예상치 못한 것들이었다. 동물 인지 연구에서는 양육의 차이에 큰 영향을 받지 않은 그런 어린 나이에 어떤 기술을 관찰한 경우가 거의 없었다. 우리가 관찰한 개의 기술이 그들의 생활방식과 관련되어 있다면 이치에 맞을 것 같았지만, 이 생각을 뒷받침하는 증거는 그 어디에도 없었다. 뒤에서 우리는 몇몇 견종은 훈련의 영향을 받을 수 있고,[50] 나이 든 개일수록 기술이 좋을 수 있다는 점을 확인하긴 하겠지만,[51] 대체로 강아지는 이미 인간의 몸짓을 이용하는 데 아주 뛰어나서 더 향상될 여지가 거의 없다.

노출 가설을 뒷받침할 증거가 전무한 상황에서 우리는 개의 특별한 능력이 어떻게 발생했는가에 대한 다른 설명들을 생각해보기 시작했다.

"늑대", 독일에서 지글거리는 전화기로 마이크가 말했다. "이제 늑대를 찾아야 하네."

헐.

무리와 함께 달리기

육식동물 무리 속에서 살아가려면 다른 구성원들이 다음에 뭘 할지를 예측하는 것이 중요하다. 몸짓은 타인이 뭘 할지를 짐작하게 하는 일종의 사회적 정보다. 당신이 바라보는 방향은 당신이 어디로 갈지를 예측하게 해주고, 당신이 가리키는 곳은 관심을 쏟고 있는 물체를 나타낼 수 있다. 상대방이 다음에

밀 할지를 미리 안다면, 자신의 행동을 조율하는 데 도움이 된다. 늑대가 개와 똑같은 기술을 갖고 있다면 사냥하는 동안 서로 조율하는 데 도움이 될 수 있다.

육식동물로서는 먹잇감의 행동을 이용해서 **상대편의** 사회적 정보를 예측하는 것 또한 생존에 유리하다. 사슴이 왼쪽을 바라보고 있는 것이 포착되면 그 방향으로 미리 출발해서 도주로를 차단할 수 있다. 개가 사람의 몸짓을 특별히 잘 읽는 것은 다른 종들의 사회적 정보를 읽으면서 살아가는 육식동물 그룹에서 나온 탓일 것이다. 우리의 '무리 계통 가설pack ancestry hypothesis'에 따르면, 개의 직접 조상으로서 늑대 역시 사람의 의사소통적 몸짓을 읽는 능력이 개 못지않게 뛰어나야 한다.[52]

마이크는 적당한 늑대를 찾기가 어렵다는 걸 알고 있었다. 늑대는 천성이 인간을 극도로 경계한다. 동물원에서 태어난 늑대도 주변에 사람이 있으면 불안해한다. 개와 늑대의 학습능력을 비교한 이전 연구에서 나는 그 결과가 늑대의 양육 과정에 달려 있다는 걸 입증했다. 부모 밑에서 양육된 늑대는 개보다 성적이 안 좋은 반면, 사람 손에서 양육된 늑대는 정확히 똑같은 학습 과제에서 개보다 좋은 성적을 내기도 한다.[53]

우리는 이미 독일에서 어미에게 양육된 늑대 한 쌍을 테스트했다. 늑대들은 우리의 몸짓을 이용하지 못했지만, 우리와 상호작용하는 것에 아예 관심이 없었기 때문에[54] 어떤 테스트를 하더라도 통과하지 못했을 것이다. 늑대와 개의 인지를 비교하려면 개와 비슷한 방식으로 사람과 상호작용하면서 성장한 늑대를 찾아야 했다.

인터넷을 샅샅이 뒤져 기적처럼 완벽한 무리를 발견했다. 폴 소프런Paul Soffrond이라는 소방관은 1988년에 새끼 늑대 다섯 마리로 울프 할로우Wolf Hollow를 시작했다. 그는 매사추세츠주 입스위치에 늑대보호소를 만들고, 늑대를 사랑해야 할 많은 이유를 보여주고 가르치면서 대중의 마음을 사로잡았다.

내가 도착할 무렵 보호소에는 늑대 열세 마리와 함께 1년에 방문객 3만 명을 매료하는 교육 시설이 있었다.[55] 그는 알츠하이머병에 걸려 침대에 누워만 있었다. 그의 아내 조니가 그곳을 운영하고 있었는데, 우리 연구에 큰 관심을 보였다. 약간 어두운 금발에 푸른 눈을 가진 젊은 생물학자 크리스티나 윌리엄슨 Christina Williamson도 나를 반겨주었다. 작고 호리호리한 크리스티나는 늑대 무리와 함께 뛰어다닐 거라 생각되는 유형이 아니었다. 하지만 그녀는 그중 여러 마리를 새끼 때부터 키웠고, 다른 늑대에 대해서도 그들이 어떻게 컸는지 잘 알고 있었다. 실제로 무리에 끼여 살지 않은 사람 중에서는 누구보다도 무리의 구성원에 가까웠다.

늑대들은 특별히 많이 인간에게 노출되어 있었다.[56] 무엇보다 그들은 생후 5주 동안 어미 없이 사람 손에서 양육되었다. 그런 뒤에는 늑대 무리에 합류하여 크리스티나와 거의 매일 상호작용했다. 내가 경이로운 눈으로 지켜보는 가운데 크리스티

나는 울타리 안으로 들어가 우리가 고안한 몸짓 테스트를 할
수 있도록 늑대 몇 마리를 분리했다. 늑대를 직접 키우지 않는
한(보스턴의 아파트에서는 좋은 생각이 아니다), 이건 내가 바랄 수
있는 것 이상이었다.

크리스티나에게 테스트 방법을 보여주려고 첫 번째 늑대 앞
에 앉을 때 이런 생각이 들었다. '너흰 정말 모든 게 어마어마하
구나!' 나를 향해 조심스럽게 접근하는 방식이 인상적이었다.
늑대들은 교육 프로그램의 일환으로 매일 새로운 사람을 수십
명 보지만, 지금은 나를 시각적으로 뜯어보면서 평가하고 있었
다. 녀석들이 좋아하는 간식, 네모난 치즈를 꺼내자 태도가 변
했다. 나는 한 마리를 기대했는데 내 앞에 두 마리가 있었다. 크
리스티나가 "잠깐!"이라고 소리치기 전에 나는 각자에게 치즈
하나씩을 주려고 했다. 한 녀석이 이빨을 번득이며 다른 녀석의
주둥이를 덥석 물었고 물린 녀석이 비명을 질렀다. 으르렁거리
는 경고도 없이 한 번에 힘껏 물어버린 것이다. 녀석들은 분명
개가 아니었다.

크리스티나에게 테스트 방법을 보여주고 나서 할 수 있겠냐
고 물어보았다. 늑대들이 즉시 그녀에게 접근해서 울타리 사이
로 몸을 긁어달라며 꼬리를 흔들었다. 크리스티나가 실험의 대
부분을 진행해야 할 것이 분명했다.

결과가 나왔을 때, 나는 머리를 가로저었다. 예상하기로는
늑대가 개만큼 잘하거나 어쩌면 개보다 더 잘해야 했다. 우리의

무리 계통 가설은 일리가 있었다. 하지만 늑대는 침팬지와 비슷해 보였다. 크리스티나는 세 종류의 몸짓을 보여주면서 음식이 어느 컵 밑에 숨겨져 있는지를 알려주었지만 늑대들은 닥치는 대로 선택했다.[57] 오히려 내가 테스트한 생후 9주의 강아지들이 사람 몸짓을 더 잘 읽었다.[58]

그 시절에는 늑대의 인지를 연구한 사람이 많지 않았기 때문에, 우리는 사람이 어떤 테스트를 해도 늑대들이 잘 해내지 못하는 것 아닐까 하는 걱정이 들었다. 하지만 크리스티나가 어느 손에 음식이 감춰져 있는지를 기억해야 하는 게임으로 바꾸자 늑대들은 거의 실수하지 않았다. 녀석들이 크리스티나의 몸짓을 이용하지 못한 것은 음식 테스트에 관심이 없거나 사람을 보고 불안해서였다.[59]

그 후 연구자들은 오로지 사회적 기술을 개와 비교할 목적으로 늑대를 키웠다. 연구자들은 그들의 늑대들에게 내가 테스트한 늑대들보다 훨씬 더 많은 시간을 인간과 접촉하게 했지만, 그들의 결과는 우리의 결과와 비슷했다. 생후 4개월의 충분히 사회화된 늑대는 새끼 때부터 보호자의 손에 컸음에도 불구하고 보호자의 몸짓을 사용해서 음식을 찾지 못했다. 침팬지처럼 늑대도 훈련이나 사회화를 거치면 인간의 의사소통적 몸짓을 이용하지만,[60] 훈련이 없으면 이 기술을 자연발생적으로 보여주지 않는다.[61]

헝가리 과학아카데미 회원인 외트뵈시로란드대학교 요제프

토팔József Topál 교수는 개가 우리의 사회적 정보에 의존함으로써 늑대보다는 유아에 더 가깝다는 사실을 다시 한번 입증했다. 이 특별한 기술 때문에 개는 유아와 똑같은 실수를 저지른다는 것이다.

개가 보고 있는 동안 실험자는 두 장소 중 한 곳에 장난감을 숨긴다. 개들은 그 장난감을 쉽게 찾는다. 다음으로 실험자는 한 장소에 장난감을 숨기지만, 그런 뒤 개가 잘 볼 수 있는 상태에서 그 장난감을 두 번째 장소로 옮긴다. 유아들처럼 개도 장난감이 옮겨진 것을 봤음에도 처음에 숨긴 장소를 탐색한다. 사람 대신 투명한 끈에 매달아 장난감을 옮겼을 땐 유아와 마찬가지로 개는 더 이상 그런 실수를 하지 않았다. 그건 기억력 부족이 아니라 사회적 맥락 때문에 발생하는 실수다.

흥미롭게도, 사람 손에 양육된 늑대는 유아와 개가 저지르는 실수를 범하지 않았다. 그런 늑대들은 사람이 직접 숨겼을 때도 거의 완벽하게 장난감을 찾아냈다. 토팔과 동료들이 내린 결론에 따르면, 이로써 개는 유아와 비슷하게 인간의 사회적 정보에 특별히 민감하도록 진화했다는 생각이 입증되었다는 것이다.[62] 그뿐 아니라 개는 인간에게 과도하게 의존한 결과로 어떤 상황에서는 혼란에 빠질 수 있다는 점도 입증된다.[63] 늑대에겐 그들만의 고유한 천재성이 있다.

이러한 연구들에서 개는 단지 영장류와 비교할 때 특별할 뿐 아니라 가장 가까운 갯과 친척과 비교할 때도 특별했다. 개는 유아와 같은 특별한 능력을 그저 조상으로부터 물려받았을 리 없다. 노출 가설이나 무리 계통 가설을 뒷받침할 수 없다면, 남은 설명은 한 가지뿐이었다. 가축이 되는 과정에서 개는 인간의 의사소통적 의도를 기본적으로 이해하도록 진화했다.

이건 흥미롭고 짜릿한 생각이었다. 개의 인지능력이 유아에게서 관찰된 인지능력과 한곳으로 수렴하기 때문이다. **수렴** convergence이란 멀리 떨어진 종들이 똑같은 문제에 대해서 비슷한 해결책을 독립적으로 진화시킨 경우를 말한다. 생물학자들은 멀리 떨어진 종들의 신체 구조에서 종종 수렴을 발견해왔다. 예를 들어, 물고기, 펭귄, 돌고래는 물을 헤치고 이동해야 하는 문제의 해결책으로서 각자 따로따로 지느러미를 진화시켰다. 우리가 발견한 것은 그보다 드물게 입증된 어떤 것, 심리적 수렴이었다. 인지적 차원에서 인간이 가장 가까운 친척들과 비슷한 정도보다 개가 독립적으로 우리와 더 비슷하게 진화한 것이다.

가축화의 진실

인간은 그 자신의 필요 때문에 가축을 만들어냈으므로 가축화된 동물은 어찌 됐든 더 약하거나 열등하거나 멍청하다고 흔히들 생각한다. 사람들은 야생동물이 고상하고 자연스러우며, 가축은 인위적으로 조작된 거라고 생각한다. 하지만 가축의 기원을 깊이 생각해보면 진실은 더 미묘하다는 것을 알 수 있다.

예를 들어, 개는 일반적으로 늑대보다 멍청하지 않다. 개에겐 그들만의 천재성이 있으며, 그 천재성은 (강아지와 늑대를 실험했던 최초의 경험에 근거할 때) 가축화의 결과로 보였다. 무엇보다 흥미로운 점으로, 개의 사회적 기술이 가축화 과정에서 발생한 인간과의 수렴에서 나온 것인지를 실험할 수 있다면, 또한 우리의 사회적 기술도 그와 비슷한 과정 때문에 진화했는지를 생각해볼 수 있었다.

이 아이디어에는 딱 한 가지 문제가 있었다. 당시에는 그걸 실험할 방법이 없을 것 같았다. 실험이 없으면 과학에서 스토리텔링의 영역으로 미끄러져 내려간다.

대학원에서 두 번째 해를 보내던 어느 날 저녁, 우리 과는 매사추세츠가街에 있는 중국식 레스토랑에서 저녁을 먹고 있었다. 테이블 저편에서 리처드 교수가 보노보에 대해 언급하면서 그들의 진화를 설명하기가 얼마나 어려운지를 이야기하고 있었다.[64] 그는 보노보와 침팬지의 심리가 다르다는 것, 즉 보노보가 더 평화롭고 덜 공격적이라고 이야기하고 있었다. 두 종 간에는 신체적 차이도 있었다. 보노보는 송곳니가 침팬지보다 작고, 몸이 더 호리호리하며, 두개골 크기가 작다.

"아 저기", 내가 무례하게 대화에 끼어들었다. "보노보가 마치 시베리아에서 사육하는 은여우Silver fox처럼 들리네요."

리처드가 정중하게 몸을 돌려 내 설명을 기다렸다.

"러시아에서 여우를 덜 공격적으로 개량하는 육종育種 실험을 했어요. 시간이 지나면서 여우가 변했죠. 마치 교수님이 보노보와 침팬지에 대해 얘기하신 것처럼요. 작은 이빨, 작은 머리 등등. 햄프셔대학교의 레이먼드 코핑거Raymond Coppinger 교수가 쓴 책, 어느 챕터에서 봤어요.[65] 코핑거 교수는 개의 행동에 관한 세계적인 권위자이고, 전 세계의 개를 연구했죠." 내가 재잘거렸다.

리처드가 뚫어지게 쳐다보았다.

"월요일 아침까지 그 책을 갖다 줄 수 있겠나?"

나는 리처드에게 그 책을 갖다 줬고, 그로 인해 결국 시베리아행 열차에 몸을 싣게 되었다.

4
여우처럼 영리한

러시아 무명 과학자, 가축화의 비밀을 밝히다

20세기 러시아 역사를 아는 사람은 누구나 시베리아는 절대로 가서는 안 되는 곳이라고 내게 말할 것이다. 한때 그 지역은 과학적 지식 노동자들로 유명했지만, 스탈린이 30년 동안 통치하는 동안 과학 분야는 도살장으로 변한 끝에 여전히 복구되지 않고 있었다.

1924년 스탈린이 권력을 쥐었을 때 그의 가장 큰 과제는 굶어 죽는 사람이 없게 하는 것이었다. 스탈린의 정책(예를 들어, 농민에게 공유지에서 강제노동을 하게 해서 정부가 배급할 곡식을 생산하게 하는 정책)은 역사상 최악의 인공적인 기근을 초래했다.[1] 굶주린 농민은 성난 농민이라는 걸 스탈린을 알고 있었다. 수백만 명을 강제수용소에 집어넣는다고 해도 음식을 입에 넣어주지 않으면 다른 수백만 명이 금세 봉기를 일으킬 수 있었다.

스탈린에게 필요한 건 과학의 기적이었다. 그에겐 절반의 물로 두 배나 빠르게 성장할 작물이 필요했다. 은빛 겨울 태양을 향해 쑥쑥 뻗어나갈 통통한 밀 이삭이 필요했고, 얼어붙은 토양 밑에서 불룩하게 살이 오를 감자가 필요했다.

애석하게도 그는 도움이 될 수도 있는 한 과학 분야를 외면했다. 적자생존은 노동계급에 대한 부르주아지의 억압을 연상시켰고, '강자'는 번성하고 '약자'는 소멸한다는 식으로 희화화되었다. 그 결과 현대 역사상 최악의 범죄와 더불어 스탈린은 언젠가 농업을 혁신적으로 바꿔줄 새로운 다윈주의적 유전과학을 외면했다.

소에게 완두콩을 먹이다

진정 새롭고 놀라운 과학이었다. 다윈은 생물의 특성이 한 세대에서 다음 세대로 전달될 수 있다는 건 알고 있었지만 특성이 어떻게 전달되는지는 확신하지 못했다.[2] 아이러니하게도 다윈이 죽은 뒤 모든 의문을 해결할 수 있는 과학 논문의 사본이 다윈의 서재에서 발견되었다고 한다.[3]

그레고르 멘델Gregor Mendel은 오스트리아의 이름 없는 수도사로 살다가 사후에 유전학의 아버지가 되었다. 다윈처럼 멘델도 유전이라는 현상과 특성이 한 세대에서 다음 세대로 어떻게 전달되는지에 흥미를 느꼈다. 하지만 1856년에 실험을 시작할 때 멘델은 다윈도 몰랐고 자연선택 이론도 알지 못하고 있었다.[4] 그 후 3년이 지나서도 《종의 기원On the Origin of Species》은 출간되지 않았다.

멘델은 7년에 걸쳐 2만 9000개에 달하는 완두콩 모종을 재배했다. 그는 다양한 물리적 특성에 따라 모종을 선택하고 수학적 모델을 적용해서 그 자손들이 어떤 특징을 물려받을지를 예측했다.

예를 들어, 꽃이 핀 모종 두 그루가 정확히 똑같아 보일지라도 그 유전자 속에는 우성 유전암호와 열성 유전암호가 숨어 있다. 이를 대립유전자라 부른다. 그 두 그루에 대하여 타화수분(다른꽃가루받이)을 하면 각 부모에게 있던 대립유전자가 분리되어 하나만 다음 세대로 전달된다. 따라서 네 그루의 자손 중에서 평균적으로 하나는 우성 대립유전자 2개를 가지면서 회색 꽃을 피우고, 둘은 우성과 열성 대립유전자를 1개씩 가지면서 (부모처럼) 회색 꽃을 피우며, 나머지 하나는 열성 대립유전자 2개를 가지면서 흰색 꽃을 피우게 된다.

이렇게 해서 우리가 고등학교 생물 시간에 봤던 퍼네트 사각형Punnett square이 탄생한다(96쪽 그림).

처음에는 이것이 자연선택과 어떤 관계가 있는지를 아무도 몰랐다. 하지만 여기에 선택압력selection pressure이 가해진다고 생각해보자. 어떤 들판에서 회색 꽃이 풀을 뜯는 소에게 더 매력적이라면? 회색 꽃은 대부분 소에게 먹히고, 흰색 꽃이 수분(꽃가루받이)할 가능성이 커질 것이다. 그에 따라 다음 세대들은 97쪽 그림같이 될 것이다.

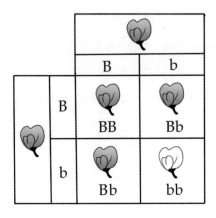

소가 회색 꽃을 월등히 많이 뜯음에 따라 흰색 꽃 두 송이가 수분할 확률이 올라가고, 그래서 다음 세대들은 98쪽 그림 같은 모습에 가까워질 것이다.

이 간단한 예에서 볼 수 있듯이 선택 압력은 다음 세대에 변화를 일으킨다.

일부 역사학자들에 따르면, 다윈이 죽었을 때 그의 서재에서 발견된 사본은 멘델이 완두콩 모종에 대해 쓴 1866년 논문이라고 한다. 당시에는 사본이 접혀 있었는데, 내용을 읽으려면 편지 개봉용 칼로 잘라야 했다. 그 사본은 잘린 상태가 아니었으므로, 다윈은 그걸 읽지 않았을 것이다.[5]

설령 다윈이 멘델의 논문을 읽었다 해도 그 중요성을 이해했을지는 확실하지 않다. 멘델은 대단히 수학적인 모델을 사용했고, 과학계가 그걸 따라잡기까지는 30년이 넘게 걸렸다. 논문이

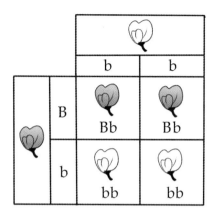

빛을 본 것은 1930년대였다. 멘델이 죽고 오랜 시간이 흐른 뒤 영국의 유전학자이자 통계학자인 로널드 피셔 경Sir Ronald Fischer 이 이른바 '위대한 종합'을 통해 멘델과 다윈을 하나로 합쳤다.[6]

비록 다윈은 비둘기 같은 가축화한 종(또는 생각이 밭으로 갔다면, 완두콩)으로 실험하긴 했지만, 가축화된 종의 기원을 말해주는 데이터는 어디에도 없었다. 개가 늑대에서 갈라져 나왔다거나 돼지가 멧돼지에서 갈라져 나왔다는 식의 기록은 어디에도 없다. 가축화는 완전히 **의도적** 선택의 산물—예를 들어, 단모종 개를 의도적으로 개량해서 극단모종 개를 얻는 것—이었다. 그렇지 않으면 어느 정도는 **무의식적** 선택의 산물일 수 있었다. 어떤 특성을 바라고 품종을 개량했는데 우연히 다른 특성들이 쏟아져 나온 경우였다.[7]

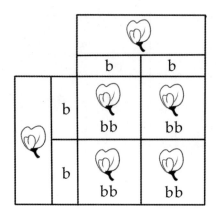

다윈의 딜레마가 아직 해결되지 않았을 때 스탈린은 때마침 소비에트의 영웅, 트로핌 리센코Trofim Lysenko를 발견했다. 우크라이나 소작농의 아들인 리센코는 춘화처리vernalization라는 오래된 기술을 우연히 발견했다. 씨앗을 장시간 저온 처리해서 작물의 개화를 유도하는 기술이었다. 예를 들어, 밀은 한동안 추위를 겪어야 개화하는 것이 마치 겨울이 물러가고 봄이 와서 꽃을 피워도 안전하다는 걸 아는 것 같았다.[8]

리센코는 종자를 2주 동안 얼리면 겨울 밀이 봄에 싹을 틔운다고 단언했다. 진짜 미친 과학자처럼 그는 100년간 존재해왔던 이 기술을 자기가 발명했다고 주장했다. 또한 자신이 생산한 곡물은 더 잘 자라고 더 좋은 결실을 맺어 수백만 명을 기아에서 구할 수 있다고 주장했다.[9]

리센코는 1935년에 처음으로 스탈린 앞에서 춘화처리를 설명했다. 1933년 대기근이 발생한 지 불과 2년 뒤였다. 그는 다른 과학자들이 필요하다고 말하는 시간의 5분의 1 만에 새로운 밀 품종을 개발할 수 있고, 그렇게 해서 소비에트의 밀 생산량을 10배까지 높일 수 있다고 주장했다.[10] 그런 뒤 리센코는 스탈린이 꿈속에서 고대하던 파라다이스로 비약했다. 자신이 변형시킨 종자는 새로운 형질을 다음 세대에 물려줄 거라고 주장한 것이다.

실험은 당연히 실패였다. 자신이 약속을 지키고 있다는 인상을 정부에 심어주기 위해 그는 결과를 조작하기 시작했다.[11] 잘 입증된 유전학의 원리를 몇 개 어기더니 나중에는 유전자 개념을 통째로 부인했다.[12]

리센코가 출현하기 전에 소비에트 생물학은 놀라우리만치 견실했으며 높은 평가를 받고 있었다. 오래전부터 미국 생물학자들의 입에 자주 오르내리는 농담이 있다. 만약 당신이 무언가를 발견한다면, 어느 러시아인이 이미 그것을 발견해서 알려지지 않은 어느 저널에 키릴 문자로 발표했을 거라고 생각하면 틀림없다는 것이다.

1892년에 드미트리 이바노프스키Dmitry Ivanovsky는 바이러스를 최초로 발견했다. 니콜라이 콜초프Nikolai Koltsov는, 왓슨과 크릭이 1953년에 DNA 분자를 그려 보이기 25년 전에 이중가닥을 한 거대분자를 생각해냈다. 나드손Nadson과 필리포프Filippov

는, 노벨상을 받은 미국 유전학자 허먼 멀러Hermann Muller보다 2년 먼저 엑스레이 방사선으로 돌연변이가 발생하는 것을 보았다.[13]

하지만 1937~1938년의 대공포Great Terror 정치로 수많은 목숨과 직업이 하루아침에 사라졌다. 스탈린은 정부와 군대를 포함하여 소비에트 사회의 거의 모든 분야가 부패에 찌들고 간첩이 들끓고 있다고 확신했다. 스탈린은 대숙청을 주도해서 130만 명을 체포하고 그중 절반에게 사형을 선고했다.[14] 나머지는 굴락gulags이라는 강제 노동수용소로 실어 보냈다.

당연히, 용기를 내어 리센코의 연구가 엉터리라고 폭로한 과학자들은 감옥에 갇히거나 고문당하거나 처형되었고, 몇몇은 리센코 본인의 요청으로 그런 일을 겪었다. 그는 어느새 막강하고 오만하고 성이 나 있었다.

제2차 세계대전 이후 다윈이 악마로 묘사됨에 따라 소비에트 생물학의 상태는 더 깊은 나락으로 떨어졌다. 그 이유는 부분적으로 나치 이데올로기에 대한 반응이었다. 나치는 다윈주의를 왜곡해서 인종 말살 운동을 정당화했다. 나치는 러시아인을 인간 이하로 여겼고,[15] 이 생각을 러시아 침공에 반영하여 마을을 잿더미로 만들고 지역 주민에게 공개 처형, 성 착취, 고문을 자행했다.

제2차 세계대전이 끝난 후 러시아는 영국과 미국과의 관계가 악화되었을 때, 러시아에서는 서양에서 비롯된 것은 무엇이든 나태하고 틀린 것으로 간주되었다. 그들이 보기에 자본가는 힘이나 지능이 우월하기 때문에 부를 소유하고 노동자는 그렇지 못하기 때문에 빈곤하다는 생각을 다원주의가 정당화하는 것처럼 보였다. 유전학은 미국 사회에 만연한 인종차별을 정당화하기 위해 미 제국이 휘두르는 도구로 여겨졌다.[16]

서양을 비난하고 모략할수록 저울대 맞은편에서는 러시아적인 모든 것을 찬양하는 바람이 몰아쳤다. 리센코가 영웅이 된 데에는 스탈린과 정부만이 아니라 언론의 탓도 무시할 수 없었다. 언론은 리센코가 맨발의 과학자, 천재 농민의 화신이라고 추켜세웠다. 푸른 하늘을 배경으로 황금빛 밀 이삭을 어루만지고 있는 리센코의 사진이 신문과 잡지를 도배했다. 짙은 눈썹, 맑은 눈, 각진 턱을 한 그의 초상화가 모든 과학 기관에 걸렸다. 그에게 경의를 표하며 기념비가 세워졌다.[17]

리센코에 반대하는 모든 이가 해고되거나 수감되거나 처형되었기 때문에 다음 세대인 리센코주의자들은 무지하기 짝이 없었음에도 과학계에서 높은 자리를 차지했고,[18] 생물학은 수십 년 후퇴했다.

급기야 리센코는 1948년에 궁극의 승리를 달성했다. 스탈린은 소련에서 유전학을 완전히 금지해달라는 리센코의 요청을 받아들였다.[19] 유전학 연구소들은 문을 닫거나 리센코의 이론에 따라 개조되었고, 유전학자들과 직원들은 해고되었다. 유전학 문헌은 대학에서 금지되고 교과서에서 삭제되었다. 유전학자는 국가의 적이라고 공식적으로 선포되었다.

바로 이런 분위기 속에서 한 남자가 20세기 최고라 칭할만
한 행동유전학을 실험하려 하고 있었다.

다윈의 흑기사

드미트리 콘스탄티노비치 벨랴예프Dmitri Konstantinovich Belyaev
가 어떤 사람인지를 말해주는 정보는 거의 없다. 추도문 몇 줄
외에는 생애에 관한 전기를 찾아볼 수 없다. 벨랴예프가 죽은
후 그의 아내는 그를 아는 사람들의 기억을 모아 회고록을 펴
냈지만, 친구들과 동료들에게만 배포했고, 그런 탓에 오늘날 사
본을 구하기는 불가능하다.[20] 벨랴예프에 대해 우리가 알고 있
는 정보는 대부분 세포학 및 유전학 연구소Institute of Cytology and
Genetics에서 일하고 있는 그의 제자, 류드밀라 트루트Lyudmila Trut
에게서 나온 것이다. 그녀는 오늘날까지도 스승의 실험을 계속
하고 있다.

트루트에 따르면, 벨랴예프는 제1차 세계대전 중인 1917년
에 모스크바 북동쪽에 있는 작은 마을, 프로타소보에서 태어났
다. 당시의 가치관에 충실하게 벨랴예프와 그의 세 형제자매는
좋은 농민이 되도록 교육받아 곡식을 수확하고 가축을 돌봤다.
하지만 가족은 또한 교육을 중히 여겼고, 그에 따라 형 니콜라
이는 커서 유전학자가 되었다.[21]

2학년을 마친 후 벨랴예프는 모스크바로 올라가 니콜라이
와 함께 살면서 공부를 계속했다. 벨랴예프는 분명 지적인 자

극이 충만했을 환경에서 성년에 이르렀다. 뛰어난 유전학자였던 니콜라이는 동료들에게 동생을 소개했을 테고, 젊은이들은 흥미진진한 발달상―그리고 때가 되었을 땐, 다가올 박해와 쇠퇴―에 관해 얘기하면서 긴 오후를 보냈을 것이다.

1937년, 니콜라이는 비밀경찰에게 체포되어 재판도 받지 못하고 총살당했다.[22] 당시 벨랴예프는 스무 살이었다. 벨랴예프는 부모의 농장으로 돌아가는 대신 위험한 길을 가기 위해 모스크바에 남았다. 형이 총살된 다음 해, 벨랴예프는 국영 모피 농장의 모피동물부에 들어가 일하기 시작했다. 기본적으로 유전학에 첫발을 내디딘 것이다.[23]

벨랴예프의 연구는 제2차 세계대전으로 중단되었고, 1941년에 그는 군대에 소집되었다. 하급 기관총 사수로 출발한 벨랴예프는 열심히 복무한 끝에 소령 계급까지 올라갔다. 그리고 전쟁이 끝날 때까지 용기와 봉사의 공로로 훈장 몇 개를 받고 귀향했다.

전후에 연구를 계속하기 위해 벨랴예프가 얼마나 용감해야 했을지를 올바로 평가하긴 거의 불가능하다.[24] 비록 그는 전쟁 영웅이었지만 그 사실은 박해를 피할 수 있는 보호막이 아니었다. 전쟁 직전에 스탈린은 일급과 이급 지휘관을 모조리 처형했다.[25] 벨랴예프 같은 귀환병은 외국의 영향을 받아 타락했다고 의심받는 경우가 많았다.

벨랴예프가 유전학 실험을 시작할 때 강제수용소의 수용자

수는 최고조—250만 명 이상—였다.[26] 벨랴예프는 아슬아슬한 줄타기를 하고 있었다. 1946년 논문 〈은빛흑여우의 은색 모피 변이와 유전〉[27]은 분명 멘델 유전학의 이데올로기적 이단처럼 들린다. 1948년 유전학이 완전히 금지된 해에 벨랴예프는 모스크바에 있는 모피동물사육중앙연구소의 모피동물육종부에서 해고되었다.[28]

벨랴예프가 자신의 연구를 계속했다면 그가 수용소로 끌려갈 가능성은 '아마도'가 아니라 '필시'였을 것이다. 실제로 그는 분명 모든 하루가 그의 마지막 날이 되고, 어느 날 밤에든 그의 문을 두드리는 소리가 들릴 수 있다는 걸 알고 있었을 것이다.

1953년에 스탈린이 죽었다. 이것을 계기로 유전학의 목을 조르던 리센코의 손아귀도 약해지기 시작했다. 하지만 그 힘은 오랫동안 서서히 시들었다. 스탈린 사후에도 정부는 리센코를 드러내놓고 지원했다.[29] 언론은 여전히 리센코에게 호의적이었다. 유전학 분야에는 학위가 없었다. 유전학 논문을 발표하고 싶다면 화학이나 수학 또는 물리학 저널에 발표해야 했다.[30]

리센코는 스탈린이 죽고 10여 년이 지난 1965년에야 비로소 유전학 연구소에서 쫓겨나고, 유전학 분야는 회복되기 시작했다.

이 무렵 벨랴예프의 실험은 이미 엄청난 수준에 도달해 있었다. 다윈처럼 벨랴예프도 가축화에 관심이 있었다. 다윈은 인간과 그 밖의 유인원들이 공통 조상으로부터 갈라져 나왔다는 가설을 솔직 명료하게 털어놓지 않았다. 《종의 기원》에서 다윈은 선택이 일어날 수 있다는 걸 입증하기 위해 모든 사람이 잘 아는 주제—선택적 번식—로 친절하게 시작했다. 우리는 개를 교배시켜 다양한 특징의 견종을 얻을 수 있으며, 마찬가지로 비둘기, 돼지, 그 밖의 가축에 대해서도 그럴 수 있다는 것을 모르는 사람은 없었다.

다윈은 가축화를 가리켜 진화에 대한 "거대 규모의 실험"이라 칭했다.[31] 다윈은 사육사가 다양한 특성을 선택해서 다음 세대에 전하게 하는 인공 선택을 예로 들었고, 이 예시를 통해 자연선택에도 그와 동일한 과정이 있음을 보여주었다. 다만 여기서는 사육사가 아닌 생존 투쟁이 진화를 이끌었다.[32] 하지만 애초에 가축화는 어떻게 시작되었을까?

바로 여기에 벨랴예프가 뛰어들었다. 그는 그 자신의 종을 골라 처음부터 가축화하기로 마음먹었다. 의심의 눈길을 피하기 위해 항상 조심하고 형과 같은 운명을 맞는 건 아닐까 걱정하면서 10년을 보낸 뒤 1959년에 벨랴예프는 시베리아의 전초기지 격인 노보시비르스크로 옮기고, 세포학 및 유전학 연구소의 부서장이 되었다. 그리고 이곳에서 1985년 눈을 감을 때까지 당국의 괴롭힘을 받지 않고 연구를 이어갔다.[33]

벨랴예프가 연구하기로 선택한 동물은 은여우였다. 대규모로 진행할 유전학 실험을 사업으로 위장할 수 있어서였다. 시베리아 북서지방에서 나는 은여우 모피는 가장 두껍고 가장 부드러운 데다 눈같이 하얘서 최고급 사치품으로 인정받고 있었다.[34] 은여우는 붉은여우-Red fox(*Vulpes vulpes*)의 변종이며,[35] 살아 있는 여우 중 북극과 사막과 도시를 가리지 않고 가장 널리 분포한 종이기도 하다. 여우는 개와 먼 친척임에도 가축화된 적이 없었다. 은여우는 붉은색-황갈색의 털이 검은색으로 바뀐, 붉은여우의 흑색종이다. 은빛으로 보이는 것은 솜털을 보호하는 가벼운 보호털, 즉 가죽 표면에서 가장 길게 난 털 때문이다.[36]

은여우는 19세기 말부터 러시아의 모피 농장에서 사육되었다.[37] 사육자의 주된 목적은 하얀 보호 털을 늘려 모피의 은색 특징이 잘 표현되게 하는 데 있었다.[38] 하지만 사육자들이 부딪힌 문제 중 하나는 세대를 거듭할수록 붉은색과 황갈색 부분이 튀어나와 모피의 가치가 떨어진다는 것이었다. 또한 여러 세대를 사육해도 사람이 손을 대려 하면 여전히 이빨을 드러내며 물려고 했다.[39]

벨랴예프는 가축화된 종과 야생종 사이에 몇 가지 차이가 발생할 수 있다는 점에 주목했다. 가축화된 종은 신체 크기가 변해서 왜소한 품종이나 거대한 품종이 나타난다. 털이 드문드문 얼룩지고, 모발이 몹시 길어지거나 짧아지기도 한다. 피부가 군데군데 색소를 잃는다. 꼬리가 둥그렇게 말린다. 또한 야생동물은 제철에만 번식하는 데 반해 가축은 1년 중 다양한 시기에 번식할 수 있다.[40]

보통 어떤 구체적인 특성, 예를 들어 말린 꼬리를 선택했다면 말린 꼬리를 가진 개 두 마리를 교배시킨다. 가축화된 종을 만들어내고자 하면 일정한 신체적 특징이 나오도록 동물을 선택적으로 교배시킨다.

하지만 벨랴예프가 한 일은 아주 달랐다. 그는 여러 가지 **신체적** 특징을 위해 교배시키는 대신, 단 하나의 **행동적** 특징을 목표로 교배시켰다.

벨랴예프는 에스토니아의 모피 농장에서 들여온 숫여우 30마리와 암여우 100마리를 가지고 시작했다.[41] 그 여우는 이미 50년 동안 사육되어온 탓에 자연에서 포획되어 인간 곁에 머무는 초기 스트레스를 건너뛸 수 있었다. 그럼에도 그들 중 90퍼센트 이상이 공격적이거나 두려워했다. 10퍼센트만이 두려움이나 공격성을 나타내지 않고 사람에게 조용하고 탐구적으로 반응했다. 하지만 이 여우들도 만질 수가 없었고, 물림을 경계해야만 했다.[42] 벨랴예프는 최초의 여우 집단을 "사실상 야생동물"이라고 불렀다.[43]

그런 뒤 여우들에게 그 자신의 선택압력을 가했다. 벨랴예프의 선택압력은 여우가 사람에게 어떻게 반응하는가였다. 새끼 여우가 생후 한 달이 되었을 때 실험자가 손으로 다루고 쓰다듬어 보았다. 생후 7개월 무렵이 될 때까지 달마다 이 과정을 되풀이했다. 벨랴예프는 번식 철이 오면 공격성이 가장 적고 인간에게 가장 관심을 보이는 여우들을 교배시켰다. 그 여우들이 새로운 실험 집단을 이룬 것이다.

벨랴예프는 결정적인 실험을 하나 더 했다. 원래 집단으로부터 다른 그룹을 하나 더 만든 것이다. 이 그룹은 사람에게 어떻게 반응하는가와 무관하게 교배했다. 다시 말해서, 인간에 대한 여우의 행동은 사육을 위해 선택하는 요소가 아니었다. 그리고 이 그룹을 대조 집단이라 불렀다. 이렇게 해서 발랴예프는 실험 집단과 대조 집단을 비교하고 그에 따라 자신의 선택 기준이 실험 집단에 일으킨 변화를 측정할 수 있었다.

단 20세대 만에 실험 집단의 여우들은, 야생에서는 수백 년까진 아니어도 수천 년이 걸릴만한 뚜렷한 변화를 보이기 시작했다. 내가 도착했을 때 여우들은 45세대까지 번식되었고 실험 집단과 대조 집단은 근본적인 차이를 나타냈다. 두 집단의 인지를 비교한다면, 개의 천재성에 대한 열쇠가 가축화인지 아닌지를 알아볼 수 있었다.

벨랴예프의 타임머신

모스크바에서 노보시비르스크까지는 기차로 이틀 걸린다. 19세기에 차르들이 건설한 시베리아 횡단 철도는 핀란드 국경에서 동해에 이르기까지 러시아 영토를 가로지른다. 여름의 시베리아는 아름답다. 우리는 꽃으로 뒤덮인 초원을 지나갔다. 기차는 카자흐스탄의 정수리를 스치듯 지난 뒤 노보시비르스크를 향해 동쪽으로 길을 재촉했다. 노보시비르스크는 러시아의 남쪽 경계선을 정확히 반으로 자른 곳에 있다.

다시 노보시비르스크에서 한 시간 반 정도 남쪽으로 내려간 곳에 시베리아의 과학의 성역, 아카뎀보로도크가 위치해 있다. 시내에서 차로 6마일(약 9.5킬로미터)을 달리자 우리의 목적지인 모피 농장이 나타났다. 외부인은 이곳을 거의 방문한 적이 없으며, 2003년 내가 도착하기까지 외국인이 여우에 관해 자료를 수집하거나 발표한 경우는 단 한 차례도 없었다.[44]

벨랴예프는 자신의 비범한 연구를 외부 세계와 공유할 수가 없었다. 동료들을 연루시키거나 위험에 빠뜨릴 순 없었다. 1970년대 말까지 그는 외국 저널을 회피했다. 서방과 과학 정보를 공유하는 학자는 범죄자로 기소될 수 있었다.[45]

러시아 정부와의 문제를 피하기 위해 벨랴예프는 자신이 진행하는 연구의 주된 목적은 더 좋은 모피가 나올 수 있도록 여우의 품종을 개량하여 러시아 경제에 이바지하는 것이라고 주장했다. 하지만 자신이 여우를 성공적으로 가축화하면 그 여우에게는 얼룩덜룩한 색, STAR 유전자 돌연변이, 피부의 색소 침착—기본적으로 모피의 가치를 떨어뜨리는 것들—이 나타난다는 사실을 모를 리 없었을 것이다.

하지만 벨랴예프의 위장은 너무나 완벽해서 소련이 유전학에 대한 정책을 완화했을 때 이 과학자가 무엇을 성취했는지 아는 사람은 전혀 없었다. 내가 벨랴예프를 알게 된 것은 누군가로부터 어느 러시아 농부가 모피를 얻기 위해 여우를 사육하던 중 우연히 가축화에 관한 굉장한 사실을 발견했다는 얘기를 들었을 때였다. 그리고 레이먼드 코핑거의 그 챕터를 읽고 그에 대해 리처드와 이야기를 나눴을 무렵에야 비로소 진실을 깨달았다. 다윈 이후 최고의 생물학자 중 한 명이 여우 실험을 신중하게 기획하고 이끌었다는 것을.

농장을 둘러보는 동안 나는 인간에 대한 행동을 기준으로 선택되지 않은 대조군 여우들 곁을 지나갔다. 털 색깔은 대체로 검은색과 은색이어서 짧은 여름과 어두운 겨울에 그들 자신을 위장하기에 적당했다. 내가 지나가자 녀석들은 방 안으로 슬그머니 사라졌다. 여러 마리가 '위협 짖음'의 여우 버전인 **'쉭쉭!'** 소리를 내며 울기 시작했다. 낯선 사람과 상호작용하고 싶지 않은 게 분명했다.

그런 뒤 벨랴예프의 여우들과 마주쳤다. 어떤 녀석들은 귀가 축 늘어져 있었고, 또 어떤 녀석들은 꼬리가 말려 있었다. 내가 지나갈 때 여우들은 강아지처럼 정신없이 꼬리를 흔들면서 제발 쓰다듬어달라고 철망 사이로 코를 들이밀었다.[46] 그 여우들을 방에서 꺼내자 녀석들은 내 품으로 뛰어들어와 코로 내 얼굴을 부비고 작은 핑크색 혀로 내 뺨을 핥았다.

가축화와 길들이기는 행동적으로 큰 차이가 있다. 야생동물을 태어났을 때부터 키우거나 먹이를 주며 길들일 순 있다. 인간이 키운 야생동물은 인간에 대한 정상적인 두려움을 느끼지 않고, 먹이를 준 야생동물은 본능적인 두려움을 서서히 잃어버린다. 하지만 그 야생동물의 자식은 다시 야생성을 띤다. 여전히 부모의 유전자를 가지고 있기 때문이다.[47] 그래서 길들여진 야생동물은 가축이 아니다. 진정한 가축화는 행동, 형태, 생리를 변화시키는 유전자 변형을 수반하고, 그렇게 해서 그 변화가 다음 세대에 전달된다.[48]

가축화는 야생동물 곁에서 적절하게 행동하는 문제도 아니고 야생동물과 줄곧 함께 지내는 문제도 아니다. 실험 집단에서든 대조 집단에서든 벨랴예프의 여우들은 사람 손에 길러지지 않았다. 사실, 두 집단 모두 사람과 거의 접촉하지 않았다.[49] 벨랴예프는 이 문제에 대단히 신중했다. 그는 여우의 변화가 태어날 때부터 길들여진 탓에 발생했고, 그래서 그 자식들이 더 온순한 거라는 말을 누구에게서도 듣고 싶지 않았다. 각 집단의 여우가 태어난 후에 사람을 보게 될 때는 먹이를 먹을 때뿐이었다.[50]

하지만 강아지들과 똑같이 이 여우들도 생후 몇 주 만에, 눈을 뜨자마자 인간에게 애정을 드러냈다.[51] 러시아인들은 모든 걸 제어하면서 실험했다. 실험 집단의 새끼를 대조 집단의 어미와 키우고, 그 반대로도 키웠다. 심지어는 실험군 여우의 배아를 대조군 어미에게 이식할 수 있는 여우용 시험관 시술을 발명했다. 이 모든 기술 중 어느 것도 인간에 대한 실험군 여우의 친화성을 떨어뜨리지 않았다. 실험군 여우의 행동에서 관찰된 변화는 명백히 유전적 변화에 의한 것이고, 유전적 변화는 벨랴예프의 선택으로 발생했다.[52]

이 유전적 변화는 실험군 여우의 뇌에 자취를 남긴다. 실험군 여우들은 코르티코스테로이드—스트레스를 억제하는 호르몬—의 수치가 대조군 여우에서 확인된 수치의 4분의 1이었다.[53] 실험군 여우들은 또한 세로토닌 수치가 더 높았다. 세로토닌은 사람에게 행복감을 높이고 긴장을 낮춰주는 신경전달물질이다.[54]

더욱 놀라운 것은 여우의 행동을 선택한 결과로 생리적·신체적 변화가 '우연히' 발생했다는 점이다. 실험군 여우는 번식 주기가 더 유연했다. 성적 성숙이 대조군보다 한 달 빨랐고, 번식기가 더 길었다.[55] 실험군의 두개골은 대조군보다 더 여성화되어 주둥이가 더 짧고 넓어진 것이, 개와 늑대 사이에서 관찰된 차이와 비슷했다.[56] 실험군 여우들은 축 처진 귀, 말린 꼬리, 얼룩진 털을 가질 가능성이 더 컸다. 이 모든 특징이 사람에게 덜 공격적이고 더 사근사근한 여우를 교배시킨 과정의 부산물로 나타났다.[57] 이 모두가 가축화된 동물과 야생의 조상 사이에서 볼 수 있는 차이와 똑같다.[58]

벨랴예프는 엄청난 일을 해냈다. 야생동물 집단을 본질적으로 가축화한 것이다. 그뿐 아니라 그걸 가능하게 하는 메커니즘을 생각해냈다. 신체적 특성을 위해 번식시킨 것이 아니라 오직 **행동**을 위해서, 즉 인간에게 상냥하게 구는 동물이 번식할 수 있게 선택한 것이다. 가축화와 관련된 다른 모든 변화는 그에 따른 부산물이었다.

리처드는 인지도 가축화의 또 다른 부산물일지 모른다고 생각했다. 개가 가축화된 결과로서 인간의 몸짓을 읽는 특별한 능력을 우연히 발달시켰다면, 실험군 여우 역시 인간의 몸짓을 읽는 게임에서 대조군 여우보다 좋은 성적을 내야 했다.[59]

나는 그 반대가 사실일 거라고 생각했다. 인지 변화는 우연히 발생할 것 같지 않았다. 인지 변화에는 분명 직접 선택이 필수적이라고 나는 생각했다. 더 영리한 여우들을 교배시켜서 더 영리한 여우들이 나오게 하는 과정이 필수적이었다. 내가 옳다면, 두 집단의 여우는 똑같이 인간의 몸짓을 이해하지 못할 터였다.[60]

보드카 해장

나는 러시아식 사우나인 반야banya에 알몸으로 앉아 있었다. 공기가 너무나 건조하고 뜨거워서 기도를 타고 허파 깊은 곳까지 타는 듯한 열기가 흘러들었다. 땀방울이 피부를 뚫고 표면으로 올라와 즉시 재가 되어 사라졌다.

다른 여덟 명의 러시아인들도 나처럼 알몸으로 삼나무 벽에 기대앉아 있었다. 황홀한 표정으로 눈을 감고 있는 모습이 마치 그렇게 산 채로 서서히 구워지는 것이 세상에서 가장 편안한 일이라고 말하는 것 같았다. 우리의 연구를 돕고 있는 아름다운 러시아인 과학자, 이레네 플류스니나Irene Plyusnina는 진짜 러시아를 경험해보라며 남편인 빅토르와 함께 나를 반야로 보냈다. 빅토르는 나를 탁 트인 장작불 옆에 앉혔는데, 러시아 남자들은 수시로 이를 드러내고 웃으면서 "아메리칸"의 어떤 점을 멋대로 평가했다.

눈알이 달걀처럼 삶아지고 있는 느낌을 떨치기 위해 나는 완전 실패로 끝난 내 실험을 떠올렸다.

하버드대학교의 학부생 나탈리 이그나시오 Natalie Ignacio 와 함께 러시아에 온 지 2주가 되었을 때 우리 앞에 막다른 골목이 나타났다. 우리는 생후 2개월에서 4개월까지의 실험군 새끼 여우를 테스트하는 것으로 시작했다. 거기서 나온 성적을 강아지들의 성적과 비교해볼 수 있었다. 어린 강아지처럼 이 새끼 여우들도 인간에게 거의 노출되지 않았으므로 인간의 사회적 몸짓을 서서히 배웠을 리 없었다.

이레네가 새끼 여우 한 마리를 데려왔다. 우리는 여우가 잠시 냄새를 맡으며 방 안을 돌아다니게 했다. 잠시 후 이레네가 두 컵의 사이에 여우를 놓았다. 나는 여우에게 음식을 보여준 뒤 두 컵을 모두 만지고 한 컵에만 미끼를 숨겼다. 나는 미끼가 든 컵을 가리키고 여우가 실패하길 기다렸다. 웬걸, 여우는 귀신같았고 거의 매번 성공했다. 우리는 각기 다른 배에서 태어난 실험군 새끼 여우를 모두 실험했다. 그 아이들도 매번 높은 점수로 가볍게 테스트를 통과했다. 다음으로 우리는 오레오에게 사용한 대조 실험을 진행했다. 여우들이 음식 냄새를 맡을 수 없게 한 것이다. 개와 늑대처럼 이 여우들도 우연에 의존하여 반반의 성적을 올렸다. 이 상황에서는 여우도 음식을 냄새로 찾지 못한다는 것이 확인되었다.

실험군 새끼 여우들은 강아지와 같은 성적을 내지 않았고, 오히려 약간 더 **나았다**.

가끔은 맞는 것보다 틀리는 게 더 짜릿하다. 벨랴예프의 가축화 실험은 뜻하지 않게 여우를 더 영리하게 만들었을지도 모른다. 하지만 확실히 알아낼 유일한 방법은 실험군 여우의 성적을 대조군 여우와 비교하는 것이었다. 모든 여우가 인간의 몸짓을 이해하는 능력이 개와 늑대보다 뛰어난 것인지도 몰랐다. 만일 대조군 여우도 테스트를 통과한다면 여우를 그토록 영리하게 만든 건 가축화가 아니었다.

한데 여기서 문제가 발생했다. 대조군 여우들이 조심성이 많아 테스트를 치를 수 없었다. 대조군 여우는 사회화되지 않았기 때문에 아이들을 실험실로 데려오자 너무 불안해하면서 음식에 관심을 보이지 않았다. 결국 여우들이 의미 있는 선택을 하기는 어려웠다. 대조군 여우들이 자신 있게 선택할만한 공정한 테스트를 생각해내야만 했다. 그렇지 않으면 우린 여기서 끝이었다.

나는 눈을 감고 삼나무 벽에 등을 기댔다. 하지만 즉시 화들짝 놀라 허리를 다시 세웠다. 나무가 용암처럼 뜨거워서 피부색과 살결이 즉시 삶은 랍스터처럼 변했다. 거길 빠져나가야 했다. 나는 자리에서 일어나 태연하게 걸음을 옮겼다.

"브레인Brain, 기다려요." 이레네의 남편, 빅토르였다. 러시아 사람들은 나를 브라이언이 아니라 브레인이라 불렀다. 알몸의 커다란 남자들이 몸을 일으키니 마치 긴 동면에서 깨어나는 백곰들 같았다. 곰들이 체모에 달라붙어 있는 열을 털어내고 사우나 밖으로 줄줄이 걸어 나갔다.

갑자기 찬 공기가 몰려오고, 특히 빅토르가 냉탕을 향해 몸짓을 할 땐 피부를 따라 섬뜩한 공포가 온몸으로 퍼져나갔다. 냉탕은 북극의 빙하처럼 고요했다.

"자", 빅토르가 위협적으로 말했다. "뛰어들어요."

나도 모르게 머리가 절레절레 저어졌다. 빅토르가 내 팔을 잡아끌었다.

"이봐요, 아메리깐", 그가 심술궂게 미소 지으며 말했다. "우린 겨울에도 눈 속에서 뛰어들어요. 지금은 얼음이 다 녹았어요. 점프해봐요. 아주 좋을 거요."

조국의 명예와 나의 남자다움이 걸려 있었다. 숨을 멈추고 뛰어들었다. 충격이 이루 말할 수 없었다. 내 주위로 러시아 남자들이 콘크리트 블록처럼 뛰어내리자 수면 위로 수많은 물방울이 솟아올랐다. 수면을 향해 발을 차고 나서 헉 하고 숨을 쉬었다.

다른 남자들은 벌써 물 밖으로 나가 자작나무 가지로 서로를 때리고 있었다. 나는 덩치 큰 러시아 남자들에게 막대기로 두들겨 맞지 않으려고 물속에서 선헤엄을 쳤다. 추위가 살갗을 도려내는 듯했다. 나는 더 이상 견딜 수 없어서 남자들 곁을 살금살금 지나 다른 방으로 들어갔다.

마술사처럼 먼저 와 있던 빅토르가 맥주를 따라주었다. 나는 덜덜 떨면서 맥주를 받았다. 그런 뒤 허리에 수건을 두르고 의자에 앉아 천천히 한 모금 마셨다.

"아니, 그렇게 마시는 게 아니라오." 빅토르가 점잖게 경고했다. "보드카가 빠진 맥주는 바람에 날리는 돈이지."

남자들은 테이블에 둘러앉아 맥주를 마신 다음, 보드카 원샷으로 입가심을 했다. 나는 첫 라운드를 돌고 완전히 취했지만, 빅토르는 단호하게 내 맥주잔과 작은 유리잔에 계속 술을 따랐다.

몇 시간이 흘렀을 때 남자들이 일어났다. 하나님 감사합니다, 드디어 시련이 끝났구나. 나는 비틀거리며 일어나 탈의실로 비틀비틀 걸어갔다.

"브레인! 어딜 가는 거요? 아직 네 시간 남았어요! 다시 반야로 갑시다!"

네 시간이 흘렀을 때 나는 엉망진창이었다. 사우나의 탈수증, 맥주와 도수 높은 술의 혼합, 아침 식사를 한 뒤로 아무것도 먹지 못했다는 사실이 나를 지독하게 힘든 상태로 몰아넣었다. 아이러니하게도 내가 의식을 잃지 않은 단 하나의 이유는 얼어붙을 정도로 차가운 냉탕이었다. 그 물이 제세동기처럼 심장에 전기충격을 가해서 알코올로 인한 혼수상태에서 나를 붙잡아 일으킨 것이다.

마지막 라운드에서 나는 사우나실에 앉아 벽에 등을 기댔다. 살갗이 지글거리는 소리가 들렸지만, 아무것도 느껴지지 않았다. 눈을 감으니 벌거벗은 몸이 둥실 떠올라 반야의 지붕을 뚫고 눈부신 여름 하늘로 날아올랐다.

내 앞에 환상이 나타났다. 대조군 여우 한 마리가 우리 안에 떨어진 깃털을 가지고 놀고 있었다. 여우는 검은 장갑을 낀 앞발로 깃털을 톡톡 쳤고, 그러는 동안 덥수룩한 꼬리가 가볍고 우아하게 좌우로 흔들렸다. 이번만큼은 내가 옆에 서 있는데도 호박색 눈은 두려워하지 않았다.

나는 일어섰다. 어딜 가야 깃털 한 줌을 얻을 수 있지?

스푸트니크를 진수시키다

이제 나에겐 이중 계획이 있었다. 나는 우선 연구소로 돌아가자마자 대조군 새끼 여우들로 한 그룹을 만들어 고도로 사회화될 때까지 작업을 시작하라고 나탈리에게 주문했다. 태어난 지 2~3개월 된, 농장에서 가장 어린 여우들이었다. 나탈리는 6주에 걸쳐 하루도 빠짐없이 새끼 여우들을 형제와 분리시켜 한 방에서 몇 시간 동안 어울리기로 했다. 거기서 여우들은 일종의 걸음마를 배우고 테스트에 대비한다. 나탈리는 음식 조각을 컵 아래에 두고 여우들이 컵에 다가가거나 건드리는지를 본다. 그리고 그렇게 반응한 여우에게는 음식을 준다. 다음으로, 나탈리는 두 개의 컵 중 한 컵 밑에 음식을 숨기고 여우들이 정확한 컵이든 아니든 간에 컵 하나를 선택하는지를 지켜본다. 나탈리가 거기까지 훈련시킨다면 그 아이들을 테스트할 기회가 올지도 몰랐다.

둘째, 나탈리가 여우를 제때에 사회화시키지 못할 경우에 대비해서 나는 똑같은 실험의 다른 버전을 만들었다. 반야에서 깨달은 것이 있었다. 대조군 여우들이 처음엔 **사람**에게 겁을 냈지만, 여우들은 하나같이 **장난감**을 정말 좋아하는 것 같았다. 대조군 여우들은 내가 처음 다가갔을 땐 슬며시 물러났지만, 그들 방 앞에 조용히 앉아 있으면 1분 안에 내게 다가왔다. 내가 그 앞에서 깃털을 흔든다면 여우들은 두려움을 완전히 잊을 것 같았다. 즉시 다가와 내 손에 있는 깃털을 몰고 쫓으며 놀이를 시작할 것 같았다. 그건 아기 코끼리 덤보의 마법의 깃털 같았다. 깃털을 테스트에 끌어들일 방법을 찾아낸다면 여우들이 실제로 몸짓 놀이를 하게도 될지 몰랐다.

우선 테이블이 필요했다. 테이블은 여우들이 지내는 방과 높이가 같아야 하고, 상판이 여우들 쪽으로 미끄러지듯 움직여서 아이들이 나와 거리를 유지한 채 선택할 수 있어야 했다.

한나절이면 뚝딱 만들 수 있지만, 이레네는 내 말을 들으려 하지 않았다. 이건 진지한 과학 실험인 만큼 그녀가 제공할 장비는 얼렁뚱땅 만든 미국식 장치가 아니라 벨랴예프가 뿌듯해할 러시아 공학의 경이로운 산물이어야 했다.

테이블 프로젝트를 받은 작업부 사람들은 우주 탐사에 더 어울릴 법하게 정성을 다해 테이블을 만들기 시작했다. 2주가 걸렸다. 나는 조바심에 거의 제정신이 아니었다.

도착한 테이블을 본 순간 조바심은 기쁨으로 바뀌었다. 내가 상상했던 허술한 합판 구조물이 아니라 단단한 금속 재질에다가 플렉스 유리 상판이 앞쪽으로 스르륵 굴러가는 매끈하고 현대적인 테이블이었다. 상판 양쪽에 내가 고안한 장난감이 하나씩 부착되어 있었다. 빨간색 플라스틱 박스 윗면에 쇠로 된 줄자를 하나씩 단단히 붙인 장난감이었다. 테이블 상판을 밀면 양쪽 박스에 붙어 있는 줄자가 철망을 뚫고 여우의 사정거리 안으로 들어갈 수 있었다.

새끼 여우들은 야단법석을 피우며 앞발과 주둥이로 줄자를 구부렸고, 줄자는 원래 형태로 돌아갈 때마다 딸깍 소리를 내며 여우들을 유혹했다. 장난감은 여우용 캣닙^{catnip} 같았다. 테이블은 아름다웠다. 내가 거기에 스푸트니크^{Sputnik*}라는 이름을 붙이자 러시아 사람들은 격하게 좋아했다.

"브레인!", 사람들이 아침마다 인사했다. "스푸트니크는 어떻소?"

그리고 지금, 나는 여기에 있었다. 여행이 절반도 안 남았는데 지금까지 얻은 게 거의 없었다. 나탈리는 시간이 허락하는 한에서 최대한 많이 여우들과 놀고 있었지만, 과연 여우들이 컵 게임을 배우게 될지 도통 알 수 없었다. 그래서 이 스푸트니

---

*　동반자라는 뜻의 러시아어로, 러시아의 인공위성 이름이기도 하다.

크 계획은 더욱더 중요했다. 스푸트니크가 두 집단을 비교할 유일한 수단이 될지 몰랐다.

대조군 여우가 나를 지켜보는 가운데 나는 녀석의 방 앞으로 스푸트니크를 이동시켰다. 내가 테이블 뒤에 앉아 카메라를 설치하는 동안, 여우는 안쪽으로 슬며시 도망쳤다. 무척이나 잘생긴 녀석이었다. 은색 털이 어슴푸레 빛났고, 경계하는 눈빛으로 나를 바라볼 땐 검은색 귀가 까딱거렸다.

내가 막대기 끝에 붙인 깃털을 들이밀자 모든 것이 변했다. 여우는 즉시 앞으로 나와서 내가 녀석의 방 한가운데에 놓아둔 나무판자 위에 앉았다. 그리고 잠시도 깃털에서 눈을 떼지 않았다(실험군 여우들도 내가 깃털을 내밀 때 똑같이 관심을 보였다). 호기심이 두려움을 이겼다. 나는 깃털을 거둔 뒤 녀석이 지켜보는 가운데 두 줄자 중 하나를 건드렸다.[61]

줄자가 구부러졌다가 다시 원상태로 펴지면서 딸깍하고 거부할 수 없는 소리를 냈다. 그런 뒤 상판을 밀어 장난감이 소리 없이 녀석 앞으로 미끄러져 가게 했다. 장난감 두 개가 동시에 녀석이 쉽게 닿을 수 있는 거리에 도달했다. 여우는 즉시 내가 건드린 쪽 장난감을 향해 깡충 뛰어 달려들더니 줄자를 톡톡 치고 그 위에서 장난스럽게 몸을 되넘기기 시작했다.

이제 본격적으로 테스트에 들어갔다. 실험군 여우와 대조군 여우 모두, 놀고 싶은 줄자를 좋아라 하며 선택했다. 내가 테이블 상판을 앞으로 밀면 여우들은 양쪽에 있는 줄자 중 하나를 건드렸다. 드디어 사회화, 훈련, 음식 보상이 없어도 두 집단을 비교할 수단이 생겼다.

제어의 한 형태로서 나는 같은 실험의 다른 버전을 시행했다. 이번에는 장난감 중 하나를 가리킬 때 내 손을 감췄다. 목 높이에서 테이블 상판까지 판자를 세우고 나를 가려서 여우들이 내 손을 보지 못하게 했다. 그런 뒤 막대기에 매단 깃털을 그 판자 밑으로 넣고 두 개의 줄자 중 하나를 깃털로 건드렸다.[62] 이번에도 여우들은 그 장난감에 달려들어 줄자에 원투 펀치를 날렸다.

대조군 여우들은 이제 내가 가까운 곳에 앉아 있어도 두려워하지 않고 놀이에 뛰어들었다. 나는 이 여우들의 선호를 실험군 여우와 비교했다.

양쪽 그룹이 모두 장난감 갖고 놀기를 좋아했지만 선호 성향은 정반대였다. 사람에게 친근하고 얼룩덜룩한 옷을 입은 실험군 여우들은 내가 손으로 건드리는 장난감을 더 좋아했다. 대조군 여우들은 막대기에 매달린 깃털이 건드리는 장난감을 더 좋아했다.

선호의 차이는 첫 번째 시행에서부터 드러났고, 시행을 여러 번 되풀이하거나 심지어 우리가 음식으로 보상하지 않을 때도 여우들의 선호는 그대로 유지되었다. 이것으로 보아, 벨랴예프의 선택이 인간의 몸짓에 대한 여우의 행동 방식에 변화를 일으킨 것이 분명했다.

한편, 사회화를 시작한 지 6주가 지났을 때 나탈리도 성과를 거뒀다. 실제로 대조군 새끼 여우들은 그녀 주변에서도 편안해했고, 나탈리가 두 컵 중 하나에 음식을 숨기면 정확한 컵을 선택했다. 그 여우들이 그녀의 몸짓을 사용해서 음식을 찾아낼 수 있는지를 확인할 순간이 되었다.

일주일 동안 테스트를 더 하고 모스크바에서 비행기를 타고 떠나기 이틀 전에, 우리는 최종 결론을 내렸다. 대조군 여우는 많이 사회화된 늑대 혹은 침팬지와 아주 비슷했다. 모든 시행에서 되는 대로 알아맞힌 건 아니지만, 우리의 몸짓을 능숙하게 사용하진 않았다. 실험군 여우들은 인간에게 훨씬 적게 노출되었음에도 우리의 몸짓을 능숙하게 해석하면서 숨겨진 음식을 찾았다.

우리의 실험은 둘 다 같은 해답을 가리켰다. 벨랴예프의 실험으로 인간의 몸짓을 읽는 여우의 능력에 변화가 발생했다. 그 변화는 실험적인 가축화가 직접 만들어낸 결과였다. 가축화, 즉 가장 다정한 여우를 선택해서 번식시킨 결과 인지적 진화가 이뤄진 것이다.

리처드가 옳고 내가 틀렸다. 실험군 여우들은 사람의 몸짓을 이해했다. 러시아인들은 여우가 사람의 몸짓을 더 잘 이해하도록 번식시키지 않았고, 단지 인간에게 다정하게 굴도록 번식시켰다. 하지만 축 처진 귀나 말린 꼬리와 마찬가지로 그 여우들은 뜻밖에도 인간의 몸짓을 잘 읽는 능력을 갖게 되었다.

만일 우리가 1959년 벨랴예프가 실험을 시작했던 초기 여우 집단에게 이 테스트를 했다면 그 여우들은 우리의 실험군 여우들처럼 인간의 몸짓을 잘 읽지 못했을 것이다. 다른 여우의 행동에는 반응했겠지만, 인간을 두려워해서 우릴 보면 달아나기에 바빴을 것이다. 대조군 여우들은 그 최초의 여우들과 똑같은 충동을 지니고 있었다. 하지만 우리가 몇 주 동안 상호작용을 통해 대조군 여우를 사회화시키거나, 깃털 또는 줄자로 만들어진 장난감으로 관심을 끌었을 때, 인간에 대한 정상적인 두려움은 가라앉았다. 대조군 여우의 두려움이 인간과 장난감에 대한 관심으로 바뀌었을 때 그 여우들은 얼마간 인간의 몸짓을 성공적으로 사용했다.[63] 그 호기심이 사회적 행동을 읽는 맹아적 기술에 불을 붙였다. 그리고 그건 초기 집단에 이미 존재했던 기술, 즉 다른 여우의 행동을 읽어야 할 필요성에서 유래한 기술이었다.

실험군 여우의 경우에는 선택적 번식이 유전적 진화로 이어져서 인간에 대한 두려움이 완전히 사라졌다. 우리가 여우인 듯, 두려움은 우리와 상호작용하고자 하는 강한 동기로 바뀌었다. 여우의 감정에 변화가 일어나 우리와 상호작용할 수 있게 되었고, 인간에 대한 집중적인 사회화가 없으면 다른 여우들은 해결할 수 없는 문제를 능히 해결할 수 있게 된 것이다.[64]

여우는 내 세계를 통째로 뒤흔들었다.

시베리아에 가기 전에 나는 더 전통적인 가축화 개념을 지지했다. 예를 들어, 캘리포니아대학교 로스앤젤레스캠퍼스UCLA 생물지리학자 재레드 다이아몬드Jared Diamond는 가축화를 다음과 같이 설명했다.

> 내가 가축이라고 할 때 그 말은 감금 상태에서 번식하고, 인간이 번식과 (동물의 경우) 먹이 공급을 통제함으로써 야생의 조상으로부터 변형되어 인간에게 더 유용해진 종을 의미한다.[65]

여우 실험은 인간이 의도적으로 늑대 같은 동물을 번식시켜 만들어낸 많은 변화가 자연선택을 통해서도 일어날 수 있음을 가리켰다. 만일 두려움이 적고 사근사근한 동물이 두려움이 많고 공격적인 동물보다 자연의 이점을 갖고 있다면, 인간이 번식을 통제하지 않은 상태에서도 우호적인 특성을 가진 집단이 저절로 진화할 것이다.

시베리아에 오기 전에 나는 또한 더 영리한 세대를 얻으려 한다면 집단 안에서 가장 영리한 개체들을 번식시켜야 한다고 믿었다. 인간의 몸짓을 이해하는 여우를 만들어내려면 인간의 몸짓을 가장 잘 이해하는 여우를 골라 교배시켜야 한다고 생각했다. 하지만 벨랴예프는 가장 우호적인 여우들을 교배시켰고,

그 여우들이 우연히 더 영리해졌다. 인간 근처에서 식량을 구해야 하거나 인간의 행동에 어떻게 반응해야 하는지를 이해할 필요가 있는 환경에서는 겁이 많은 동물보다 우호적인 동물이 당연히 유리할 것이다.

여우는, 자연선택이 그와 비슷하게 인간의 의도적인 개입이나 통제 없이 늑대를 최초의 원시原始개the first proto-dogs로 변형시켰을 가능성을 높였다. 레이먼드 코핑거를 비롯한 학자들의 추정에 따르면, 인간이 1만 5000년 전부터 영구적인 촌락을 형성하기 시작함에 따라 새로운 식량원이 출현했고, 그것이 우리가 알고 좋아하는 개의 진화를 직접 유발했다고 한다. 그 식량원은 바로 쓰레기였다.[66]

늑대는 (대조군 여우처럼) 보통 사람을 피하지만 뼈, 인분, 썩고 있는 고기, 탄수화물이 많은 채소 찌꺼기가 쌓인 곳에 이끌린다.[67] 너무 겁이 많아 사람에게 접근하지 못한 늑대는 이 새로운 생태지위를 이용하지 못했을 것이다. 접근을 꺼리지 않지만 너무 공격적이면 인간에게 죽임을 당했을 것이다. 인간을 최대한 두려워하지 않고 공격적이지 않은 늑대들만이 이 새로운 식량원을 이용할 수 있었다. 여우처럼 늑대도 우연히 인간의 행동에 더 능숙하게 반응하는 기술을 갖게 되었을 것이다.

처음 몇 세대 동안 늑대는 어둠을 틈타 소리 없이 접근했을 것이다. 보다 안정적인 식량원이 생긴 덕분에 더 많은 자식이 살아남았을 것이다. 그리고 인간을 더 느긋하게 대하는 유전적 기질을 부모에게서 물려받았을 것이다. 이 주기가 여러 세대에 걸쳐 반복되는 동안 점점 더 느긋해진 늑대들이 점점 더 침착해진 자식들을 촌락 주변에 있는 이 새로운 텃밭으로 인도했을 것이다.

이 우호적인 늑대가 신체적 변화를 겪기까지는 여러 세대가 걸리지 않았을 것이다.[68] (여우들의 모피 색은 여덟 번째 세대에 이미 변화된 모습을 띠고 있었다.)[69] 곧 늑대는 더 이상 늑대처럼 보이지 않았다. 많은 늑대가 털이 얼룩덜룩했을 테고, 심지어 축 처진 귀나 말린 꼬리를 가진 늑대도 있었을 것이다. 처음에 인간은 이 대담한 늑대를 그리 환영하지 않았겠지만, 늑대로서는 쓰레기 더미에서 먹이를 찾는 이득이, 쫓겨나고 괴롭혀지고 이따금 살해당하는 불이익을 능가했을 것이다.

불과 몇 세대 후에 형태 변화가 나타나자 사람들은 즉시 이 새로운 늑대 또는 원시개를 알아볼 수 있었다. 많은 현대 사회에서처럼 이 최초의 '동네 개'는 무시당하거나 가끔 먹거리가 되거나 심지어 어렸을 때는 애완동물로 취급되었을 것이다.[70] 인간이 주도적으로 늑대를 가축화하지 않았다. 늑대가 그들 자신을 가축화한 것이다. 최초의 개를 탄생시킨 것은 인간의 선택이나 교배가 아니라 자연선택이었다.

적어도 그것이 여우가 우리에게 알려준 생각이었다. 이젠 이 생각을 개에게 직접 테스트할 방법을 찾고 싶었다.

우리는 여우를 통해, 우호적인 개체 밑에서 태어난 자식은 우호적일 뿐만 아니라 사람의 몸짓도 읽을 줄 안다는 걸 알게 되었다. 만일 공격성을 억누르는 선택이 가축화를 유발하고, 또한 개가 스스로를 가축화했다면, 최초의 개들은 인간이 의도적으로 교배시키기 전에도 인간의 몸짓을 보고 그로부터 배우는 능력이 있었을 것이다.

우리에게 필요한 것은 오늘날까지 보존된 이 초기 개, 인간이 의도적으로 교배시키지 않은 개였다.[71]

떠돌이개는 가축화된 개가 야생성을 갖게 된 경우다.[72] 떠돌이개는 모스크바 지하철에 탑승하거나 밤중에 거리를 돌아다니거나 국유림에 살면서 쓰레기 더미를 뒤진다. 그 모든 개에겐 인간 가족이 없다는 공통점이 있다.[73] 최초의 원시개와 비슷하게 그들도 마을 근처에서 쓰레기를 뒤지며 산다.[74] 하지만 원시개와는 달리 떠돌이개는 최근에 애완견에서 유래했고, 그래서 인간이 의도적으로 번식시킨 개의 유전자를 지니고 있다.

두 가지 예외가 있는데, 호주의 딩고와 뉴기니싱잉독이다. 둘 다 가축화된 개처럼 사회화가 가능하고, 개와 매우 흡사해 보이며, 아시아 견종들과 유전적으로 가깝다.[75] 하지만 이 개들은 머나먼 5000년 전에 떠돌이가 되어 늑대와 같은 자유로운 환경에서 산 것으로 보인다.[76] 연구자들은 둘 다 인간이 의도적으로 번식시킨 품종이 아니라고 생각한다.[77]

딩고와 뉴기니싱잉독은 오늘날의 원시개를 가장 잘 대표하는 종일 것이다.[78] 원시개가 자기가축화되었다면 딩고와 뉴기니싱잉독 또한 인간의 몸짓을 능숙하게 읽을 줄 알아야 한다.

편의상 나는 뉴기니싱잉독을 테스트하기로 했다. 뉴기니까지 여행할 필요가 없었다. 오리건주 유진시의 로그 강변에 재니스 콜러-매츠닉Janice Koler-Matznick이 운영하는 뉴기니싱잉독 보존협회가 있다. 이곳에서 재니스는 뉴기니싱잉독 집단을 보살핀다. 뉴기니의 고산 지대가 고향인 뉴기니싱잉독은 해발 1만 5000피트(약 4500미터)까지 분포할 수 있다. 로키산맥에서 가장 높은 봉우리보다 거의 1000피트 높은 곳이다. 뉴기니싱잉독은 에티오피아 늑대를 제외하고 그렇게 높은 고도에서 살 수 있는 유일한 갯과 동물이다. 뉴기니싱잉독은 놀라우리만치 고양이 같아서 나무를 타고 부채머리독수리Harpy eagle의 먹이를 훔치기도 한다.[79]

뉴기니싱잉독은 또한 모든 갯과 동물 중에서 음란하기로 유명하다. 수시로 자위를 하고 장난으로나 공격으로나 서로의 생식기를 깨무는 습성이 있다. 교미하는 동안 암컷은 한 번에 3분 동안 높은음으로 울부짖어서 다른 뉴기니싱잉독뿐 아니라 가청 거리에 있는 모든 동네 개를 흥분시킨다. 뉴기니싱잉독은 또한 세계에서 가장 희귀한 개 중 하나다.[80]

동료인 빅토리아 워버Victoria Wobber와 함께 협회에 도착하자 노래하는 개들의 기이한 소리가 우릴 맞이했다. 각각의 개가 다른 음조를 내고, 다시 시작하기 전에 5초나 지속할 수 있다. 사람들은 뉴기니싱잉독의 합창을 가리켜 반은 늑대 울음, 반은 고래의 노랫소리라고 말한다.

우리가 다가가자 개들은 기묘하게 머리를 흔들었다. 머리를 좌우로 급히 움직이고 때로는 완전히 한 바퀴 돌리는 것은 뉴기니싱잉독의 고유한 행동이었다. 개들은 마법처럼 우리를 완전히 사로잡았지만 처음에는 다소 경계했다. 하지만 하루나 이틀이 지난 후에는 우리를 반겼고, 그때부터 개들에게 실험의 기초를 가르칠 수 있었다. 언제나 그랬듯이 그때도 우리는 두 컵 중 하나에 음식을 숨기고 나서 음식이 있는 곳을 알려주었다.

우리는 세 가지 몸짓을 사용하는 능력을 테스트했다. 가리키기와 응시하기, 블록 놓기, 그리고 개의 눈을 가린 채 블록 놓기였다. 뉴기니싱잉독들은 매번 최고 점수를 받았다. 인간이 이 목적을 위해 교배시킨 적이 없음에도 개들은 우리의 몸짓을 아주 능숙하게 읽었다.[81] 최근에 딩고도 비슷한 능력을 보여주었다.[82]

반야생의 이 원시개는 인간의 몸짓을 읽는 능력은 가축화 초기에 발생했으며 인간의 선택이 필요하지 않았음을 입증하는 듯하다. 우리의 결과는 또한 원시개가 스스로 가축이 되었다는 생각을 뒷받침했다. 이건 퍼즐의 마지막 조각이었다. 인간은 개를 창조하지 않았다. 나중에 개를 미세하게 조정하기만 했을 뿐.

개, 늑대, 침팬지 그리고 여우를 통해서 이제 가축화의 초기 단계, 그리고 사회적 기술에 대한 가축화의 효과가 명확해졌다.

인간과 개의 놀라운 관계는 늑대 집단이 인간 근처의 식량원을 이용하면서부터 형성되기 시작했다. 자기가축화self-domesticated된 동물과 마주치는 중에 인간은 이 원시개가 인간의 몸짓과 목소리에 반응한다는 걸 알게 되었을 것이다. 이 개들은 촌락 주변에 살면서, 낯선 사람이 접근하면 크게 짖어 조기경보시스템 역할을 했을 것이다. 기근이 들었을 땐 결정적인 식량원이 되었을 것이다.[83] 늑대 뒤를 쫓아다니면서 사냥한 먹이를 구하는 까마귀처럼,[84] 이 원시개들은 인간 사냥꾼을 그림자처럼 쫓아다니면서 사냥 현장에서 짐승을 도살할 때 버려지는 찌꺼기를 주워 먹었을 것이다.

탄자니아에서 오늘날에도 하드자Hadza* 수렵채집인이 꿀잡이새Honeyguide를 따라다니며 꿀이 찬 벌 둥지를 찾는 것처럼,[85] 인간은 이 원시개가 먹이를 쫓거나 짖기 시작할 때 주의를 집중했을 것이다. 개들이 먹잇감을 구석에 몰았을 때 인간은 무기를 투사해서 사냥을 끝냈을 것이다.[86] 그러는 내내 자연선택은 계속 인간에게 가장 우호적인 개를 선호했다. 실험 연구에서 개들은 실험군 여우와 마찬가지로 다른 개들과 함께 있기보다는 인

---

* 지구상에 존재하는 최후의 원시부족.

간과 함께 있기를 더 좋아했다. (인간의 손에서 자란 늑대는 인간보다 다른 늑대를 더 좋아한다.)[87] 이렇게 인간을 좋아한 덕분에 개는 촌락의 외곽에서 집 안으로 들어와 화롯가 깔개를 차지할 수 있었다.

이 모든 것을 합치자 훨씬 더 큰 질문이 떠올랐다. 다른 종에게도 그와 비슷한 일이 일어날 수 있다면 어떻게 될까? 만일 자연선택이 자기가축화를 낳을 수 있다면, 다른 야생종도 스스로를 가축화할 테고, 거기엔 인간도 포함될 것이다. 인간의 인지가 이토록 정교해진 것은 가장 영리한 사람들이 생존해서 다음 세대를 낳았기 때문이라고 많은 사람이 말한다.[88] 하지만 어쩌면 생존의 이점을 가진 사람은 더 친근한 사람들이었을지 모르고, 개와 여우처럼 이 사람들이 우연히 더 영리해졌을지 모른다. 개의 자기가축화는 인간 본성에 관한 어떤 진실을 우리에게 가르쳐줄 수 있을까?

이것이 여러 해 전에 오레오와 함께 시작한 과학적 여정의 마지막 단계였다. 그 답을 찾기 위해서는 또다시 지구 반대편에 있는 콩고 분지의 외진 곳으로 날아가 오랫동안 보지 못한 친척을 찾아야 했다.

다정한 것이 살아남는다

작은 친화가 한 발 앞선다

"저 사람이 바로", 내 뒤에서 속삭이는 소리가 들렸다. "그 개 박사야. 이름이 뭐더라?"

"브라이언 헤어 아냐?" 옆에 있는 사람이 속삭였다. "브라이언 헤어가 맞을 거야."

우리는 콩고민주공화국 반다카라는 작은 마을에서 방금 이륙했다. 40년 된 단발항공기는 정말 하늘에 뜰까 싶을 정도로 낡았고, 가죽 좌석에서는 연신 삐걱대는 소리가 새어나왔다. 그때 목소리의 한 주인이 어깨를 톡톡 쳤다.

"실례합니다만", 50대 후반의 남자가 말했다. 남자 곁에는 그의 아내와 또 다른 부부가 앉아 있었다. "그 개 박사 맞으시죠?"

사람들이 나를 '개 박사'라고 부를 때마다 그들이 분명 나를 어떤 유명인으로 잘못 알고 있다는 생각이 든다. 예전에 나는 이렇게 설명했다. '나는 인간의 인지적 진화를 이해하기 위해 수많은 종을 연구하는 진화인류심리학자입니다.' 그러면 사람들은 금세 따분한 표정을 짓는다.

"네, 맞습니다." 요즘은 그냥 이렇게 말한다. "만나서 반갑습니다."

두 부부는 미국애견협회 회원으로, 바센지를 찾아 콩고 분지로 날아가고 있었다. 바센지는 중서 아프리카에서 발견되는 개지만, 기원지는 니제르-콩고 지역 어딘가로 추정된다.[1] 유전학적으로 바센지는 현존하는 개 중 다른 어떤 견종보다도 늑대와 더 비슷한 아홉 견종 중 하나다.[2] 미국에서는 바센지가 귀하기 때문에 이 부부들은 함께 미국으로 가서 새로운 혈통을 시작할 강아지를 찾고 있었다.

우리는 바센지와 그 늑대 같은 유전자에 대해서 한참 얘기를 나눴다. 내가 사람들에게 콩고에서 하고자 하는 일을 막 설명하려던 바로 그때, 앞을 가로막고 있는 태풍 속으로 비행기가 곧장 날아가고 있는 것이 힐끗 보였다. 태풍은 험악해 보였다. 회색 구름이 거대한 파도처럼 우리를 집어삼킬 듯 밀려왔다. 나는 안전벨트를 단단히 졸라맸다.

비행기가 좌우로 미친 듯이 기울다가 갑자기 자유낙하를 했고, 잠시 멈추는가 싶더니 다시 곤두박질쳤다. 번쩍이는 번개와 귀를 찢는 천둥이 몇 번 몰아치더니 갑자기 사방이 깜깜해졌다. 그리고 마지막 전율과 함께 비행기가 햇빛 속으로 빠져나왔다. 나는 침착해 보이려고 노력하면서 좌석을 움켜잡았던 손에서 힘을 풀고 창밖을 보았다.

발아래 펼쳐진 숲은 너무나 오래되고 너무나 광대해서 마치 공룡 시대에 들어온 듯했다. 나뭇잎들이 만들어낸 초록의 운무가 푸른 수평선과 둥근 접점을 이루고 있었다. 인간 활동의 흔적이 전혀 없었다. 벌채된 곳이 없고 심지어 연기 기둥도 전혀 없었다. 날아가는 동안 정글을 깨는 유일한 존재는 바다를 향해 굽이치며 흐르는 강뿐이었다. 위에서 볼 땐 하늘이 반사되어 푸르게 보였지만, 가까이 내려가 보니 그 속은 나무에서 스며 나온 타닌 때문에 석탄처럼 새까맸다.

뉴스에서 들은 바로는 숲이 계속 사라지고 있으며 지구상에는 원시림이 남아 있지 않다고 한다. 나는 이런 숲, 이러한 나무의 바다가 아직 존재할 수 있으리라고는 생각하지 못했다. 내가 본 그 무엇보다도 아름다웠다.[3]

그 캐노피 속 깊은 곳에 내가 먼 길을 달려와 찾으려 하는 친척들이 있었다.

아프리카 중심부

1000만 년 전에 지각 변동으로 중앙아프리카의 두 지질구조판이 서로 멀어졌다. 아프리카 대륙의 중심부에 얕은 함몰 지대가 생겨났고, 이것이 콩고 분지가 되었다.[4] 근처에 있는 탕가니카 호수는 주기적으로 범람하면서 거대한 내륙호를 만들곤 했다. 이 거대한 호수의 증거가 오늘날 우리가 볼 수 있는 광대한 범람원이다.

약 800만 년 전에 높은 산맥들이 형성되면서 동아프리카열곡대가 융기하고 동쪽으로 건조한 사바나가 펼쳐지게 되었다. 바로 이 무렵에 원시 인류hominid가 숲에서 나와 두 발로 걸으며 새로운 서식지를 탐사하기 시작했다.

산맥의 서쪽에는 광대한 숲이 그대로 남아 있었다. 나무에 거주하는 유인원들에게 완벽한 서식지였다. 오랜 시간에 걸쳐 이 숲은 팽창하고 다시 줄어들었지만, 콩고 남동부의 탕가니카 호수 연안에 뻗은 마룬가산맥은 혹독한 가뭄으로 숲이 쪼그라든 기간에 그 초기 유인원 조상들이 피난처로 삼은 곳이었을 것이다.

시간이 지나자 대서양의 물이 내륙으로 들어와 결국 탕가니카 호수에서 넘친 물과 만났다. 이렇게 탄생한 거대한 강은 후에 수심이 종종 750피트(약 230미터)에 이르는 세계에서 가장 깊은 강이 되었다. 이 강은 콩고민주공화국의 북부를 무지개처럼 감싸고 흐르면서 풍경을 가르고 초기 유인원 조상을 별개의 두 집단으로 갈라놓았다.

콩고강 북쪽에서는 동아프리카열곡대를 형성한 판들이 계속 멀어져서, 처음에는 엄청난 숲과 드넓은 점이지대, 다음으로는 탁 트인 삼림지대, 마지막에는 사바나에 적합한 조건을 만들었다. 초기 유인원이 고릴라 그리고 우리의 현존하는 가장 가까운 친척인 침팬지로 진화한 곳은 바로 이 서식지였다.

콩고강 남쪽에는 다른 이야기가 펼쳐진다. 깊은 분지에서 고지대로 융기한 극적인 변화로 보다 더 특수한 환경이 탄생했다. 탁 트인 삼림이 나타나는 점이지대가 거의 없고 그로 인해 울창한 열대림은 고립된 생태계가 되었다. 이 환경에서 진화한 많은 종이 극도로 특이하며, 전 세계를 통틀어 다른 곳에는 존재하지 않는 종들도 있다.[5]

그중에 현존하는 동물 중 우리와 가장 가까운 또 다른 친척, 200여 년 동안 미스터리로 남은 종이 있다.

비행기는 콩고의 적도 지대에 자리한 바산쿠수의 뜨겁고 먼지 날리는 간이활주로에 내려앉았다. 바산쿠수는 대략 1만 명의 주민이 살고 있는 전기, 수돗물, 상주하는 의사가 없는 도시다. 비행기에서 내린 나는 땅에 입을 맞추고 싶은 충동을 억눌렀다. 우리는 국제적으로 유명한 환경보호주의자이자 60대 초반의 잘생긴 여성, 클로딘 앙드레Claudine André와 여행하고 있었다.[6] 클로딘은 벨기에에서 태어났지만 콩고에서 평생 살았다. 그녀에게 비행기에서 어떻게 살아남았냐고 묻자 그녀가 쿨하게 말했다. "그러게요, 어쨌거나 우기雨期잖아요." 그녀는 내내 잠자고 있었다. 전쟁과 독재를 몇 번 거치면서 그 어떤 소란에도 살아남는 것에 도가 튼 것 같았다.[7]

우리 일행은 로포리강에 도착해서 카누에 몸을 실었다. 배는 속을 파낸 큰 나무였다. 조종사가 선외모터를 당기자 배는 부르릉 소리와 함께 유리처럼 고요한 강물을 가르며 제법 빠르게 나아갔다.

곧 우리는 인간의 모든 주거 흔적을 뒤로 하고 새로운 세계에 들어섰다. 이따금 우리 배 곁으로 맨발의 어부가 카누 모서리를 밟고 균형을 잡으면서 강물 속으로 그물을 던지는 장면이 지나갔다. 그 외에는 우리뿐이었다. 이렇게 화창한 날에 강은 마치 거울처럼 하늘에 뜬 구름, 두꺼운 초록의 나무, 머리 위로 날아가는 새들을 완벽하게 비춰주었다. 나뭇잎은 울창하다 못해 강 위로 쏟아져 내렸고, 가지들은 나뭇잎의 무게를 견디지 못하고 휘어 물속에 잠겼다.

기적처럼 모래사장이 나타났다. 바하마에나 있을 법한 백사장이었다. 희고 고운 모래가 말라버린 야자 잎으로 뒤덮여 있었다. 배에서 내린 우리는 이 말도 안 되는 강기슭으로 카누를 끌어올렸다.

검은 형체 하나가 커다란 나무 둥치 아래서 어스레한 빛을 발하며 백사장 위에서 자기 가족을 이끌었다. 우리와 가장 가깝지만 거의 잊혀버린 친척, 보노보였다.

가족의 리더인 에툼베가 가장 먼저 다가왔다. 새로 태어난 아기를 등에 업고, 아들 손을 잡고 있었다. 에툼베는 클로딘을 보자 행복한 소리를 지르며 곁으로 다가와 앉았고, 덕분에 클로딘은 엄마의 검은색 털을 비집고 세상을 훔쳐보는 한 쌍의 커다란 눈을 볼 수 있었다. 베니는 숲에서 재주넘기를 하고, 로멜라는 베니를 쫓아다니며 그의 발을 잡으려 했다. 몇 마리 더 있었다. 모두 아홉 마리. 나는 그들이 성장하는 것을 지켜보았다. 클로딘은 그들이 아주 어릴 때부터 알고 지냈다. 그들은 '롤라야 보노보' 출신의 보노보들이었다. 부시미트(야생동물 고기) 거래로 고아가 된 보노보들이 내가 방문하기 1년 전쯤에 이곳에 방사되었다. 사람이 보노보를 야생으로 돌려보낸 건 그때가 처음이었다. 나는 과학자로서 방사 과정에 대해 조언을 했고,[8] 클로딘은 나를 초대해서 그들의 새집을 보여준 것이다.

그날 우리는 백사장에서 보노보와 함께 시간을 보내면서, 에툼베의 새 아기를 시원하게 해주고 베니와 로멜라가 다른 아이들과 노는 것을 지켜보았다. 그들이 행복하고 건강하고 자유롭게 사는 걸 보니 이루 말할 수 없이 기뻤다.

우리는 일주일 동안 머물면서 매일 보노보를 지켜보았다. 모든 사람이 보노보들을 숲으로 돌려보내기 위해 열심히 일해온 만큼, 거기 머문다는 건 크나큰 성취감을 주는 경험이었다. 마지막 날이 왔지만 떠나고 싶지 않았다. 시간이 되어 숲에서 카누로 이동하기 시작할 때 에툼베가 우리를 향해 단호하게 걸어왔다. 그녀가 우리 중 누구보다도 강하다는 것을 알고 있었기에 나는 그녀의 속도에 약간 불안해했다. 우리가 한 사람씩 그녀를 지나 카누에 오르는 동안 에툼베는 우리의 눈을 찬찬히 들여다보고, 각자의 손을 잡아 자기 손으로 꼭 쥐고 악수를 하듯 부드럽게 흔들었다. 과학자로서 나는 에툼베가 무슨 생각을 하고 있는지 알 순 없었지만, 개인으로서 그녀의 행동은 내가 받아본 작별 인사 중 가장 진심 어린 것이었다.

평화를 사랑하는 정글의 히피

야생 침팬지가 도구를 사용하고 원숭이를 사냥한다는 것을 제인 구달Jane Goodall이 발견했을 때 과학계는 깜짝 놀랐다. 구달은 침팬지의 풍부한 사회관계망을 최초로 발견했는데, 그 망을 지배하는 것은 우정과 강한 가족 유대였다. 하지만 동물 사회에 대한 우리의 이해를 바꿔놓은 발견은 따로 있었다. 구달은 카사켈라 침팬지 무리의 수컷들이 이웃인 카하마 침팬지 무리를 조직적으로 살해하는 것을 목격했다. 카사켈라 무리는 그 후에도 카하마 무리를 계속 죽이면서 그들의 영역을 서서히 점령했다.[9] 인간처럼 침팬지에게도 어두운 면에 있음이 발견된 것이다.[10]

수십 년 동안 아프리카 전역에 흩어져 있는 현장 수십 군데에서 연구한 끝에 우리는 구달의 관찰 결과가 그 종의 특징인 것을 알게 되었다. 침팬지는 일반적으로 이방인에게 적대적이다. 수컷 침팬지들은 힘을 합쳐 영역의 경계를 순찰하고, 기회가 되면 이웃을 죽인 후 이웃의 영역을 빼앗는다.[11] 이 무리는 공격할 때 주로 수컷과 유아를 표적으로 삼는다.[12] 보통 암컷은 목숨을 부지하지만, 나중에 그들의 수컷이 영역을 너무 많이 뺏기면 어쩔 수 없이 공격자 무리에 합류한다. 침팬지는 다른 침팬지를 조직적으로 사냥하는 기술이 아주 뛰어나서, 집단 간 치명적인 공격이나 살해가 야생 침팬지의 주요한 사망 원인에 포함된다. 침팬지들 간에 나타나는 치명적인 공격 비율은 농경 이전의 몇몇 인간 사회에서 나타나는 수준과 비슷하다.[13]

침팬지의 공격성은 이방인을 향하는 것만이 아니다. 수컷은 청소년이 되자마자 무리 안에 있는 모든 암컷을 두들겨 패서 굴복시키는데, 보통 자기 어머니부터 시작한다. 그런 뒤 수컷의 위계 안에서 자기 위치를 끌어올리기 시작한다.[14] 침팬지 무리에는 예외 없이 알파 수컷이 존재하는데, 그 위치에 오르는 건 모든 수컷의 열망이다. 알파 수컷이 얻게 되는 주된 포상은 암컷들의 성을 지배하는 권력이다.[15] 불행하게도 수컷들은 종종 강제로 짝짓기를 하며,[16] 다른 수컷과의 짝짓기를 막기 위해 암컷을 심하게 물거나 때린다.

유전학적으로 보노보는 침팬지와 거의 동일하지만,[17] 보노보에게는 이러한 면이 없다. 수컷 보노보가 경계를 순찰하거나, 이웃 무리를 습격하거나, 남의 영역을 빼앗거나, 다른 보노보를 죽이는 건 누구도 보지 못했다.[18] 오히려 이웃 무리를 만나는 건 중요한 사회적 행사일 수 있다. 두 무리가 만나면 종종 서로 가까이 붙어서 장난을 치거나 온갖 종류의 성적 상호작용을 즐긴다. 심지어 두 무리가 거대한 집단을 형성하여 며칠씩 함께 돌아다니기도 한다.[19]

무리에서 가장 높은 보노보는 항상 암컷이며, 암컷들은 모두 가까운 친구들이다. 수컷 보노보는 자기 어머니를 두들겨 패지 않고, 오히려 평생 모자가 가깝게 지낸다. 수컷 보노보는 물리적 공격을 사용해서 암컷을 지배하지 않는다. 대신에 어미 보노보가 수컷 자식을 자기 친구들에게 소개해준다. 어머니가 강한 사회관계망을 가지고 있다면 자식은 보노보 짝짓기 게임에서 그에 비례하는 성공을 거둘 수 있다.

보노보와 침팬지는 같은 조상의 후손이지만 어떤 일이 일어나 보노보가 덜 공격적으로 변한 것이다. 개는 가축화가 심리에 미치는 영향이 이런 것이라고 우리에게 가르쳐주었다. 보노보는 인간의 도움 없이 자연이 가축화를 진행할 가능성을 높여주었다.

유인원의 개

지금으로부터 거의 한 세기 전, 유명한 인류학자 겸 환경보호 활동가인 할 쿨리지Hal Coolidge가 벨기에 터뷰렌 박물관에서 상자에 담긴 뼈를 뒤적이고 있었다.[20] 그는 미성숙한 침팬지의 것으로 보이는 작은 머리뼈를 집어 들었다. 쿨리지는 그 뼈를 내려놓고 다음으로 넘어갈 수도 있었지만, 순간 무언가가 그의 눈을 사로잡았다. 미성숙한 유인원의 두개골판은 완전히 융합되지 않은 상태다. 그래서 어릴 때 죽은 유인원의 두개골에는 균열이 있다. 하지만 쿨리지의 손에 있는 미성숙한 크기의 두개골에는 균열이 융합되어 있었는데, 이는 그 뼈가 성체의 것임을 의미한다. 이런 경우는 한 번도 관찰된 적이 없었기 때문에 쿨리지는 손에 쥔 뼈가 완전히 새로운 종의 두개골이라고 추론했다. 그는 1933년에 연구 결과를 발표했고, 그와 함께 보노보는 인간이 마지막으로 발견한 대형 유인원이 되었다.[21]

보노보의 가장 독특한 특징 중 하나는 두개골이다. 수컷 보노보의 두개골은 수컷 침팬지보다 15퍼센트까지 작을 수 있다.[22] 보노보의 두개골은 미성숙한 채 "얼어붙는다".[23] 이상하게 들릴지 모르지만, 그런 현상을 볼 수 있는 동물 집단이 하나 더 있다. 가축화된 동물은 야생의 조상보다 두개골이 작다. 개의 두개골은 같은 크기의 늑대보다 15퍼센트 작다. 기니피그의 두개골은 케이비보다 13퍼센트 작으며, 심지어 가축화된 가금류에서도 비슷한 패턴을 볼 수 있다.[24] 작은 뇌를 유지하기 위해 만들어진 작은 두개골은 가축화의 숨길 수 없는 흔적이다.

보노보와 개의 유사성은 작은 두개골만이 아니다. 공격성으로 말하자면, 침팬지와 보노보의 차이는 늑대와 개의 차이를 거울에 비친 듯 닮아 있다. 침팬지처럼 늑대도 극도로 영역을 밝힌다. 예를 들어, 알래스카 디날리 지방에 사는 늑대의 39~65퍼센트가 주로 서로의 영역 경계에서 다른 늑대에게 공격당해서 죽었다.[25]

수컷 침팬지와 늑대는 둘 다 발정한 암컷을 두고 경쟁할 때 특히 더 공격적이다.[26] 침팬지 수컷과 암컷은 다른 침팬지의 새끼를 죽이는 것으로 알려져 있으며, 늑대 암컷은 다른 암컷을 공격하고 때때로 그 새끼를 죽인다.[27] 늑대와 침팬지는 사냥을 하는데, 늑대는 먹이를 얻기 위해 사냥하는 반면, 침팬지의 사

냥은 무리의 영역 안에서 원숭이 종들을 거의 멸종시킬 정도로 높은 강도에 도달하기도 한다.[28]

개와 보노보는 상대편보다 훨씬 덜 공격적이다. 떠돌이개가 다른 개에게 치명적인 상처를 입히는 경우는 관찰된 적이 거의 없다. 개 무리는 물리적 공격을 사용하는 대신, 주로 한쪽이 떠나기로 마음먹을 때까지 서로를 향해 짖는다. 또한 떠돌이개가 다른 무리의 새끼를 죽이는 경우도 관찰된 적이 없다.[29] 모두가 알고 있듯이 개는 대단히 너그러워서 이방인이 자기 엉덩이에 코를 대고 킁킁거려도 뭐라 하지 않는다.[30] 늑대는 같은 무리의 동료라도 그런 짓을 하게 놔두지 않는다.

다 자란 개는 다 자란 늑대보다 더 장난스러우며, 평생 어린 늑대처럼 논다.[31] 다 자란 보노보는 어린 침팬지가 어른 침팬지와 놀 듯이, 놀이를 더 많이 개시하고 짓는 표정도 다양하다.[32]

또한 떠돌이개는 번식기가 아닐 때도 마운팅이나 짝짓기 등 성적 행동을 더 많이 한다.[33] 보노보로 말하자면, 임신과 무관한 난잡한 섹스가 그들을 유명하게 만들었다. 보노보의 성생활에 비하면 침팬지와 인간은 지루해 보인다.[34] 떠돌이개는 사냥을 잘 못하고, 보노보는 사냥하는 모습이 거의 목격되지 않았다.[35] (사실, 보노보는 원숭이를 사냥하려 한다기보다는 같이 놀이를 할 가능성이 크다.)[36]

신체적으로 보노보는 침팬지보다 몸이 날씬하고, 송곳니가 작다.[37] 보노보는 개와 달리 털이 얼룩덜룩하지 않지만, 입 주변의 색소가 사라진 결과로 입술에 분홍색이 나타날 수 있으며,[38] 염소수염 같은 흰색 꼬리를 가지고 있다(침팬지는 청소년이 될 때 이 꼬리가 사라진다).

침팬지와 보노보의 차이는 늑대와 개의 차이와 놀라울 정도로 유사하다. 하지만 보노보는 적어도 개에 비해서는 인간과 거의 관계가 없다. 왜 보노보는 그토록 개와 비슷해졌을까?

유인원의 자기가축화

보노보의 이러한 특성들—다정함(우호적 성향), 성적 행동과 놀이 행동, 작은 두개골과 송곳니—이 따로따로 진화했다면, 그걸 이해하기 위해서는 각기 다른 진화적 설명들이 필요할 것이다. 어떤 특징은 그것 자체로 설명되는 반면, 다른 특징은 그렇게 설명되지 않는다. 예를 들어, 강화된 성적 행동은 사회적 긴장을 완화하고 공격성을 줄여주지만, 더 작은 두개골이나 송곳니가 보노보의 생존을 어떻게 향상했는지는 명확하지 않다.[39] 개와 비슷한 이 모든 특성을 가장 합리적으로 설명하기 위해서는 애초에 보노보가 왜 덜 공격적으로 변했는지를 이해해야 한다.

리처드 랭엄은 우리가 여우로부터 얻어낸 결과를 알게 되었을 때, 보노보가 어떻게 해서 개와 그토록 비슷해졌는지를 설명할 수 있겠다고 생각했다.[40]

공격성에 반하는 선택으로 인해 가축화 증후군이 유발될 수 있음을 벨랴예프의 여우는 보여주었다. 사람들은 가장 공격성이 적은 여우를 몇 세대 동안 번식시켜서 인간에게 우호적인 여우를 만들어냈다. 그 여우에게는 많은 변화가 우연히 생겨났다. 어떤 사람도 여성화된 두개골이나 작은 이빨, 축 처진 귀 또는 인간의 몸짓을 사용하는 기술을 선택하지 않았다. 하지만 이 특성들, 즉 가축화된 동물의 모든 특징이 우호적인 여우들에게서 높은 빈도로 나타났다.

우리는 보통 자연선택을 적자생존으로 여긴다. 이때 적합한 자는 강하고 공격적인 자이며, 약자는 소멸한다고 생각한다. 하지만 생물학에서 **적합도**는 가장 성공적인 번식을 가리킬 뿐, 반드시 가장 공격적일 필요는 없다. 이것을 보여주는 완벽한 예가 인간의 가축화로, 공격성에 반하는 선택을 통해서 번식 성공도가 높아지는 것이다.

자연선택도 그와 똑같은 일을 할 수 있다. 우리 가설은 다음과 같았다. 늑대가 인간 근처에서 더 많은 시간을 보내게 되었을 때 인간의 의도적인 번식이 없었지만 그럼에도 가장 덜 공격적인 늑대가 가장 높은 확률로 살아남았다는 것이다. 자연선택이 덜 공격적인 늑대를 선호한 것이다. 그리고 여우가 보여주었듯이, 우연한 변화들과 함께 그 늑대들이 최초의 개로 탈바꿈했다. 다른 야생동물도 공격성에 반하는 선택을 거쳤을지 모른다. 벨랴예프의 여우처럼 몇 세대에 걸쳐 덜 공격적인 개체들이 외양, 발달, 생리, 인지에 변화를 겪었을 것이다. 본래 야생동물은 스스로를 가축화할 수 있는지도 모른다.[41]

그 같은 일이 보노보에게 일어났을 것이다. 이 자기가축화의 주된 동력은 보노보가 침팬지보다 식량을 안정적으로 얻을 수 있다는 사실에서 나온다. 침팬지의 숲과 비교했을 때 보노보의 숲에서는 유실수에 더 많은 과일이 달려 있을 때가 더 많았다는 증거도 있다.[42]

하지만 다른 무엇보다 보노보는 먹이를 두고 고릴라와 경쟁할 필요가 없다. 콩고강 이남에는 고릴라가 살지 않기 때문이다. 열매가 부족할 때 침팬지는 땅으로 내려와 열량이 낮은 풀에 의존해야 하므로, 같은 풀을 주식으로 하는 고릴라와 경쟁하게 된다. 이로 인해 침팬지 암컷들은 매일같이 함께 지내기가 매우 어렵다. 나눌 음식이 부족할 때는 사회성을 유지하기가 어렵다. 이 저열량 먹이를 두고 경쟁할 고릴라가 없고 애초에 과일이 풍부한 환경에서 보노보 암컷들은 사교성을 높게 유지할 여유가 있다. 보노보 암컷들은 침팬지 암컷들 사이에선 볼 수 없는 강한 유대를 형성한다.[43]

보노보 암컷들은 이 강한 유대가 성공의 비밀이다. 암컷 한 마리는 수컷보다 힘이 세지 않지만, 누가 괴롭힘을 당하면 친구들이 모두 달려와 그 암컷을 지켜준다. 이런 식으로 암컷들은 힘을 합쳐 수컷의 공격으로부터 서로를 보호한다. 수컷 보노보는 암컷에게 짝짓기를 강요하지 못한다. 그 결과 암컷 보노보는 짝짓기 상대를 훨씬 더 자유롭게 선택할 수 있다. 암컷들은 불량배가 아니라 친절하고 평화로운 수컷을 좋아한다. 알파 수컷이 되려는 것은 주로 그 무리 안에서 암컷들과의 짝짓기를 독점하기 위해서다. 암컷을 때리거나 공격해서 번식 성공도를 높일 수 없다면 수컷의 강한 공격성에는 진화의 이점이 사라진다.[44] 그 대신 다정한 수컷이 가장 크게 성공한다.[45]

동물이 늘 경쟁만 한다는 생각이 옳다면, 진화가 다정한 동물을 선호한다는 말은 역설적으로 들린다. 보노보에 대한 리처드의 설명은 이 역설을 해결했다. 수컷 보노보는 공격성을 줄임으로써 더 성공적으로 번식했다. 또한 공격성에 반하는 선택으로 여우의 형태가 변했으므로, 이 가설은 보노보의 작은 이빨과 두개골 같은 이상한 신체적 특성도 설명해준다.[46]

이 모든 것이 입증하는 바는 다음과 같다. 종종, 다정한 것이 살아남는다.

다시 콩고에서

이제 나는 보노보와 침팬지에게 똑같은 실험 게임을 하게 할 방법을 생각해내야 했다. 여기는 내게 테이블을 만들어줄 러시아인이 없을뿐더러, 인지 게임을 할 감금된 보노보 무리를 찾는 건 아기 도도새를 찾는 것과 같다.

폭풍우를 뚫고 날아가 방사된 보노보를 만난 뒤 우리는 다시 콩고 분지 위를 날아 그 모든 것이 시작된 곳으로 돌아와야 했다. 롤라 야 보노보는 수도인 킨샤사 근처에 있는 75헥타아르의 열대우림이다. 캐노피의 바스락거림과 함께 긴 팔들이 이

가지에서 저 가지로 우아하게 이동한다. 높고 날카로운 울음소리가 허공을 가득 채운다. 보노보들은 호수에서 수련을 찾고, 두 다리로 높은 가지에 매달려 대롱거리고, 부드러운 이끼 더미에서 물구나무를 선다. 여기 사는 60마리의 고아 보노보에게 이곳은 천국이다. 아닌 게 아니라, '롤라 야*Lola ya* 보노보'는 현지어로 '보노보의 천국'이란 뜻이다. 이 모든 걸 시작한 사람은 바산쿠수로 날아가는 비행기에서 내내 잠을 잤던 붉은 머리의 동승객, 클로딘 앙드레다.

1997년, 클로딘은 미케노라는 이름의 고아 보노보를 구조했다. 보노보가 멸종 위기종이 된 것은 사람들이 부시미트 거래를 위해 그들을 불법적으로 사냥하기 때문이다. 미케노의 엄마를 살해한 사냥꾼들은 이국적인 애완동물을 사고팔아 큰 수익을 남기는 수십억 달러 규모의 시장에 미케노를 팔려고 했다.

미케노를 구한 이후로 클로딘은 마지막 남은 보노보들을 구하는 일에 남은 생을 바치고 있다.[47] 그녀는 콩고 정부와 끈질기게 협력해서 고아들을 애완동물로 거래하는 루트를 차단하고 있다. 클로딘이 이 고아들을 위해 만든 롤라 야 보노보는 전 세계에 하나밖에 없는 보노보보호소이자 감금된 상태로서 최대 규모를 자랑하는 보노보 집단이다.

이곳에서 리처드와 나는 하버드대학교를 졸업한 빅토리아 워버와 함께 몇 가지 실험을 통해 우리의 자기가축화 가설을 테스트했다.[48]

우리는 보노보가 침팬지보다 음식 나누기에 훨씬 더 관대하다는 걸 확인했다. 침팬지 두 마리 또는 보노보 두 마리를 음식이 있는 방에 들여보냈다. 침팬지는 대개 서로를 피했고, 한쪽이 음식을 전부 차지하려 했다. 보노보는 달랐다. 보노보 두 마리가 방에 들어갔을 땐 나이와 상관없이 항상 음식을 나눠 먹었다. 심지어 음식을 먹는 동안 같이 장난을 치기도 했다.[49] 보노보가 보여준 그 특이한 나누기 행동은 어린 시절로 돌아간 행동처럼 보였다. 어린 침팬지는 어른 침팬지보다 음식 나누기에 훨씬 더 관대하다. 반면에 보노보는 나이를 막론하고 음식을 나눌때 어린 침팬지와 수준이 비슷했다. 마치 어른 보노보가 어렸을 때 '얼어붙은' 것 같았다. 우리는 가축화된 동물처럼 보노보도 몇 가지 측면에서 결코 어른이 되지 않는 거라고 추측했다.[50]

이 행동 뒤에 놓인 생리학을 이해하려면 타액이 필요했다. 인간을 포함한 모든 동물은 스트레스를 받을 때 몇 가지 호르몬을 분비하는데, 침에는 그 호르몬이 함유되어 있다. 하지만 그때까지 어떤 사람도 보노보나 침팬지의 침을 받아본 적이 없었다. 그때 빅토리아가 기발한 방법을 생각해냈다. 빅토리아는 스윗타르트 캔디를 으깨서 그 가루를 솜 패드에 듬뿍 묻혔다. 캔디를 보고 그 냄새를 맡을 수 있는 상태에서 우리는 자발적 지원자 수십명에게 입을 크게 벌리고 침을 흘리게 했다. 다음에 할 일은 하나였다. 솜 패드로 지원자들의 입을 닦아, 자원자들의 입이 캔디가루를 빨아들이는 동안 그들의 타액을 솜에 흠뻑 적시는 것.

실험실에서 우리는 수컷 침팬지 두 마리나 수컷 보노보 두 마리를 음식이 있는 방에 풀어놓고 그들이 음식을 나누는지를 살펴보았다. 방에 들여보내기 전과 후에 위버가 타액 샘플을 채취했다. 그 결과 공유 테스트를 할 때 코르티솔과 테스토스테론 수치에 변화가 발생했음을 알 수 있었다. 코르티솔은 동물이 스트레스를 느낄 때 증가한다. 테스토스테론은 경쟁 상황에서 증가한다.

테스트 전후에 채취한 타액 샘플을 비교해보니 우리의 예측이 옳았다. 수컷 침팬지는 다른 침팬지와 음식을 나눠 먹어야 했을 때 테스토스테론 수치가 증가했다. 수컷 침팬지들은 그 테스트를 공유의 기회가 아니라 이기기 위해 몸을 달궈야 하는 경쟁으로 인지한 것이다. 반면에 보노보는 테스토스테론의 수치가 조금도 증가하지 않았고, 대신에 코르티솔 수치가 급등했다. 보노보는 그 테스트를 이겨야 하는 경쟁이 아니라 스트레스를 주는 사회적 상황으로 인지한 것이다. 소개팅 자리에서 어색함을 극복하기 위해 시시한 말을 지껄이는 남녀들처럼, 보노보는 그런 유형의 스트레스를 극복하기 위해 놀이를 하고 심지어 서로 껴안는다. 보노보의 생리 구조는 먹이 경쟁을 위해 설정된 것이 아니다. 경쟁은 자칫하면 공격으로 이어진다. 대신에 보노보는 갈등을 막고 공유를 촉진하는 방식으로 반응한다. 우리 예측이 옳았다.[51]

우리는 자기가축화 가설에 기초하여 또 다른 결과를 예측했다. 실험군 여우가 인간에게 비공격적이고 친화적인 것처럼, 보노보도 낯선 개체에게 비공격적이고 친화적일 것이다. 이 생각을 테스트하기 위해 우리는 보노보에게 낯선 개체와 음식을 나눌지, 같은 무리의 친구와 음식을 나눌지를 선택하게 했다.

음식이 쌓여 있는 방에 보노보가 들어갔다. 그 방에는 양쪽에 다른 방이 있었는데 한 방에는 낯선 개체가, 다른 방에는 친구가 있었다. 보노보는 누구를 들일지 선택할 수 있었다. 놀랍게도 보노보는 음식을 혼자 다 먹지 않고 낯선 개체가 있는 방문을 열고 음식을 나눠 먹었다. 더 나아가 친구보다 낯선 개체를 더 자주 들어오게 했다. 보노보는 이방인에게 끌리는 것이 분명하다.[52]

우리의 모든 연구는 다음과 같은 생각을 뒷받침했다. 보노보는 특유의 행동, 발달, 생리 구조에 힘입어 침팬지보다 더 다정한 종이 되었다. 자기가축화 가설의 마지막 도전으로 우리는 개처럼 보노보도 친화성을 가진 결과로 '더 영리해졌는지'를 평가하기로 했다.

이미 침팬지에 대해서는 테스트를 완벽하게 마친 터였다.[53] 침팬지 두 마리 앞에 6피트(약 1.8미터) 길이의 빨간색 널빤지가 있다. 널빤지 양쪽 끝에 먹이가 가득 담긴 접시가 있고, 접시 옆에는 쇠로 된 고리가 하나씩 달려 있다. 긴 밧줄 하나가 그 고리들을 꿰고 있기 때문에 판자를 끌어당기기 위해서는 밧줄의 양쪽 끝을 동시에 당겨야 한다. 한 마리만 당기면 밧줄은 신발끈처럼 판자에서 빠져나오게 된다. 성공하려면 두 마리가 협력해서 밧줄을 동시에 당겨야 한다. 그래야만 판자를 앞으로 끌어당겨 먹이를 얻게 된다.

침팬지는 대체로 뛰어났다. 첫 번째 시도에서 문제를 자연발생적으로 해결했다. 침팬지는 언제 도움이 필요한지, 누가 누구보다 더 잘 협력하는지를 알았다. 그리고 협력할 때는 어린이들이 보여주는 수준의 복잡성을 드러냈다.[54]

하지만 비록 인상적이긴 했어도 침팬지는 몇 가지 한계를 보였다. 첫째, 우리는 몇 쌍밖에 테스트할 수 없었다. 이미 공유 테스트에서 드러났듯이 대부분의 침팬지는 먹이를 나눌 줄 몰랐다. 침팬지는 대부분 서열이 낮은 침팬지가 먹이 근처에 오기만 해도—심지어 사정거리 바깥인데도—화를 냈다. 그러면 서열이 낮은 침팬지는 기겁하고 밧줄이나 판자에 접근하지 않았다. 협력은 불가능했다.[55]

둘째, 침팬지는 음식이 나뉘어 있지 않으면 동료와 나눠 먹지 못한다. 우리가 음식을 판자 중앙에 놓자 침팬지들은 아예 협력하지 않았다. 음식이 중간에 있으면 한 마리가 음식을 독차지하고 다른 침팬지는 게임을 거부했다. 그때까지 수십 번 동안 잘 협력했던 두 마리라도 음식이 중간에 쌓여 있으면 절대 협력하지 않았다.

롤라 야 보노보에서 우리는 키크위트와 노이키를 똑같이 테스트했다. 그 테스트에 도가 터 있던 침팬지와는 달리 보노보들은 그런 테스트를 해본 적이 없었다. 하지만 키크위트와 노이키는 음식을 보자마자 앞으로 달려가 양쪽에서 밧줄을 잡고 사정거리 안으로 음식을 끌어당겼다. 그런 뒤 침팬지에게선 절대 볼 수 없는 행동을 했다. 두 마리가 똑같이 음식 더미에 손을 뻗더니 동시에 하나씩을 먹었다. 둘은 접시가 비워질 때까지 교대로 음식을 먹었다.

보노보는 음식이 한 더미로 합쳐져 있을 때도 여전히 협력하면서 정확히 절반씩 먹었다. 두려움이나 불관용은 없었고 성공적인 협력과 공유, 그리고 놀이만 있었다. 새로운 파트너를 붙여주었을 때도 여전히 잘 협력했다. 똑같은 협력 문제에서, 더구나 침팬지가 연습을 더 많이 한 상태였어도 보노보가 침팬지를 이겼다. 친화성과 관용이 커진 덕분에 보노보는 침팬지보다 더 유연하게 협력했다.[56]

개와 마찬가지로 보노보 역시 자기가축화 때문에 더 영리해졌다.[57]

자연선택의 힘으로 개와 보노보가 더 다정하고 사회적으로 더 능숙해질 수 있었다면, 다른 종들은 어떨까? 그 답은 우리가 사는 동네에서 찾을 수 있다. 20세기에 대도시와 교외 지역이 빠르게 들어설 때 많은 동물이 터전을 잃고 쫓겨났지만, 수십 종이 다시 돌아와 그곳에 상주하고 있다. 이를 위해서는 남아 있는 야생 지역에 거주하는 동족보다 인간을 덜 두려워해야 한다.[58] 지난 30년에 걸쳐 플로리다키사슴Florida key deer이 도시 지역을 점점 더 많이 잠식했다.[59] 도시 지역과 가장 가까운 곳에 사는 집단은 두려움이 적고, 덩치가 크고, 더 사회적으로 변했다. 그들이 낳은 자식들은 도시 지역에서 멀리 떨어진 곳에 사는 사슴보다 더 높은 적응도를 보인다.

초식동물과 마찬가지로 육식동물도 자기가축화의 후보가 될 수 있다. 특히 여우, 코요테, 붉은스라소니는 이미 도시 지역에 거주하기 시작했다.[60] 이후로 몇십 년이나 몇백 년 안에 우리는 대규모 가축화 사건을 보게 될지 모른다. 그때 다수의 육식동물이 대도시의 삶에 적응하고 자기가축화하여 개의 대열에 합류할 것이다.

인간도 자기가축화했을까?

리처드는 인간의 진화에 관심이 있는 인류학자로서, 우리 인류에게 자기가축화가 일어났다면 어떻게 일어날 수 있었을지를 생각해보라고 우리를 유혹하지 않을 수 없었다. 자기가축화는, 특히 우리를 다른 유인원들과 이토록 다르게 만든 사회적 인지가 우리 종에게 진화한 이유를 설명할 때 도움이 된다.

애초에 우리가 동물의 사회적 기술에 대해서 생각하게 된 계기는 유아에 관한 연구에서였다. 마이크를 비롯한 유아 연구자들은 인간 인지의 토대가 생후 첫해에 발달하는 사회적 기술이라는 것을 알게 되었다. 이 기술을 가진 덕분에 유아는 다른 동물들과는 달리 매우 활발하고 정교하게 성인과 의사소통하고 그들로부터 많은 것을 배운다.[61] 그와 동시에 유아는 특이하리만치 적극적으로 협력한다. 생후 14개월만 되면 유아는 자연발생적으로 남을 돕고 협력 게임을 즐긴다.[62]

이 사회적 혁명은 유인원들에 비해서 매우 이른 시기에 일어난다.[63] 그러한 기술 발달에 힘입어 유아는 그들에게 관대한 환경을 마음껏 이용할 수 있다. 어른들은 유아에게 음식에서부터 잠자리, 봉제인형, 책에 이르기까지 모든 것을 나누며, 이 과정에서 유아의 협력 욕구는 더욱 두터워진다. 이 엄연한 삶의 현실은 모든 문화에서 자세히 관찰되어왔다.[64] 성장하고 성숙해가는 과정에서 우리는 더 큰 사회 집단에 협력하는 일원이 된다. 만리장성을 쌓거나 인간 유전체를 해독하거나 민주 정부를 구성하는 일 등은 모두 인간만이 보여줄 수 있는 높은 수준의 협력을 필요로 한다. 하지만 다음과 같은 질문이 남는다. 애초에 인간은 어떻게 더 협력적으로 진화했을까?

우리는 보노보와 침팬지를 통해서 유연한 협력에는 관용이 필요하다는 것을 보게 되었다. 침팬지는 먹이를 얻으려면 협력해야 한다는 걸 이해했지만, 그것만으론 충분하지 않았다. 감정에 휘둘려 협력이 결딴났다.[65]

이로부터 간단하지만 강력한 생각이 나온다. 인간은 극도의 협력주의자가 되기에 앞서 극도의 관용주의자가 되어야 했다.[66] 이 관용은 더 복잡한 형태의 사회적 인지들보다 먼저 진화했다.

사냥 계획을 세우거나 은신처를 찾을 때 집단 활동에 매진하거나 심지어 남이 전하는 말을 참고 들을 줄 아는 사람이 없다면 추론적 사고, 계획 수립, 조정 기술 따위는 거의 쓸모없게 된다. 이 정교한 행동들을 가능케 하는 뇌는 물질대사에 많은 에너지가 들고, 따라서 개인의 생존에 즉시 도움이 되지 않으면 진화하지 않는다. 다시 말해서, 고유한 형태의 협력적 인지가 진화할 수 있었던 것은 인간이 더 관용적으로 진화한 이후였다.

공격성에 반하는 선택은 여우, 개, 보노보에게 협력하고 소통하는 능력을 안겨주었다. 어쩌면 인간도 마찬가지였을 것이다.

우리가 여우, 개, 보노보에게서 관찰한 것 이상으로 자기가축화는 또한 진화에 연쇄반응을 유도하여 완전히 새로운 인지능력을 진화시켰을지 모른다. 새로운 맥락에서 단지 낡은 인지적 기술만 발현하지 않게 한 것이다.

한 집단이 더 관용적이고 친화적으로 바뀜에 따라 사회적 기술이 좋은 사람이 그렇지 않은 사람보다 유리했을 것이다. 사회적 기술에 능통한 사람들은 공동 노력의 전리품을 나눠 가질 수 있기 위해 그 새로운 능력을 펼칠 기회를 열심히 찾았을 것이다. 예를 들어, 그들은 비非친족과 음식을 나누고, 서로의 아이를 교대로 보살피고, 심지어 관용적인 이웃 집단과 힘을 합쳐 더 작고 덜 관용적인 집단을 경쟁에서 물리치기 시작했을 것이다. 사회적으로 뛰어난 이 개인들은 세대를 거듭할수록 더 잘 생존하고 번식했을 것이다. 그렇게 하다 보면 결국 집단 전체가 대단히 관용적이고 사회적으로 명민한 사람들로 이루어지게 된다.[67] 친화성이 인간을 더 영리하게 만든 것이다.

자기가축화는 새로운 형태의 협력과 소통을 폭발시켰고, 이것이 인류 역사의 흐름을 근본적으로 바꿔놓았을지 모른다.

작업견의 영특함

자기가축화는 인간에게 새로운 형태의 협력이 처음 폭발한 이후에도 어떻게 사회적 인지가 진화했는지를 설명하는 데 도움이 된다. 이 개념은 흥미진진하지만 테스트하기는 어렵다. 가장 좋은 방법은 우리 행동과 먼 인간 조상의 행동을 비교해보는 것이다. 만일 자기가축화에 힘입어 새로운 형태의 인지가 발생했다면, 우리는 우리의 조상보다 덜 공격적이면서도 더 관용적이고 협력적이고 의사소통적이어야 한다. 문제는 우리 조상이 멸종했다는 것이다.

다시 한번 개가 등장해서 우릴 구조한다. 인간과 상호작용할 만큼 우호적인 개들이 출현한 뒤로 집단에서 사회적으로 가장 뛰어난 개들이 가장 잘 살았을 것이다. 그 이유는 이 개들이 사냥과 목축에 얼마나 유용한지를 인간이 곧 깨달았기 때문이다. 가장 우호적이고 가장 사회적인 개체들이 여러 세대에 걸쳐 가장 잘 번식한 후에는 다양한 품종의 개들이 아주 높은 인지 능력들을 진화시켰을 것이다. 작업견과 다른 견종을 비교한다면 이 아이디어를 테스트할 수 있다. 만일 작업견의 인지가 더 뛰어나다면, 인간의 인지가 진화하는 데도 그와 비슷한 과정이 작용했을 것이다.

만일 작업견이 협력하고 소통하는 능력을 위해 선택되었다면, 인간의 몸짓을 비非작업견보다 더 잘 따라야 한다. 빅토리아 워버와 나는 작업견으로 허스키와 셰퍼드를 선택했다. 둘 다 인간을 실어 나르거나 가축을 모을 때 언어신호와 시각신호에 반응하기 때문이다.[68] 대조군이 될 비작업견으로서는 바센지를 선택했다. 콩고에서 처음 본 순간 나는 바센지가 주인의 사냥을 돕는 동안에 시각형하운드와 비슷해졌다는 걸 알았다.[69] 단순히 먹잇감을 추적하고 궁지에 몰기만 할 뿐, 인간의 신호에 의지해서 사냥하진 않는다. (니카라과 마양나 부족의 개가 이런 사냥 행동을 보인다.)[70] 우리는 또 다른 비작업견 견종으로 토이푸들을 골랐다. 토이푸들은 주로 외모에 기초해서 교배시킨 품종이다.[71]

테스트 결과, 네 견종이 모두 인간의 몸짓을 능숙하게 사용했지만, 바센지와 토이푸들보다는 허스키와 셰퍼드가 더 능숙하게 사용했다. 인간의 몸짓을 이용해 숨겨진 먹이를 찾는 과제에서 작업견이 비작업견보다 3배 높게 성공했다. 모든 견종(뉴기니싱잉독과 딩고를 포함하여)이 인간의 사회적 몸짓을 사용할 줄 알았지만, 그중에서도 작업견이 가장 우수했다.[72]

공격성에 반하는 선택의 결과로 모든 개가 인간의 몸짓을 능숙하게 사용하지만, 선택의 두 번째 파도는 인간과 특히 융통성 있게 협력하고 소통할 필요가 있는 견종에게만 작용했다. 인간은 사회적 기술이 가장 뛰어난 개들을 의도적으로 번식시켰을 것이다. 결과적으로 작업견은 비작업견보다 인간의 몸짓을 훨씬 더 능숙하게 사용한다.

인간의 놀라운 인지능력도 그와 비슷한 과정의 결과일 것이다. 선택의 두 번째 물결이 사회적 인지의 개인차에 직접 작용할 수 있었던 것은 인간의 자기가축화가 만들어낸 기회 덕분이었다. 사회적 기술의 씨앗을 갖고 태어난 개인들이 가장 뛰어난 인지적 기술을 가진 성인으로 발달했다. 그들이 다른 사람들보다 더 크게 성공했다. 집단 구성원들 사이에 진화한 관용성을 최대한 활용할 수 있었기 때문이다. 이렇게 인지적으로 뛰어난 개인들이 여러 세대에 걸쳐 다른 모든 개인을 경쟁에서 이긴 후에는 그들의 후손만 남게 되었다. 결국 극히 관용적이고 인지적으로 뛰어난 종이 진화했다.

인간 조상은 멸종했지만 우리는 화석에서 자기가축화의 흔적을 찾아볼 수 있다. 고고학자들은 자기가축화와 맞아떨어지는 형태학적 변화가 인간에게 일어났다고 지적해왔다. 20만~30만 년 전에 살았던 고대 원인獸人에 비해 현생 인류는 뼈가 더 가늘고, 치아가 더 작고 오밀조밀하며, 얼굴이 짧고(턱이 생기면서), 무엇보다 놀라운 것은, 두개골이 더 작다.[73] 심지어 데이터에 따르면, 인간의 뇌가 지난 5만 년에 걸쳐 10~30퍼센트 줄어들었다.[74]

이 해부학적 신호는 인간이 현대적인 인간 행동을 보이기 시작한 때와 정확히 일치한다. 예를 들어, 복잡한 문화적 인공물—매장지(개와 합장), 예술, 낚싯바늘, 불, 주거지, 화살촉 같은 복합식 무기 등—은 5만 년 전 화석에서 출현하기 시작한다. 분명 인간은 지금 수준에도 밀리지 않을 대단히 복잡한 방식으로 협력을 시작했다.

현대의 수렵채집인에 관한 연구들을 살펴보면 인간이 진화하는 동안 공격성에 반하는 선택에 동력이 되었을 잠재적인 메커니즘이 모습을 드러낸다. 우리는 짧은 진화사의 대부분을 수렵채집인으로 살았다. 농업은 레반트 지역과 중국에서 불과 1만 2000년 전에 출현하기 시작했다.[75] 현재와 같은 산업화된 생활방식은 몇 세대밖에 되지 않았다. 이는 모든 인간이 인류의 진화사에서 수십만 년 동안 수렵채집인으로 살았음을 의미한다.[76]

오늘날과 같은 사회체계는 지금도 수렵채집을 하면서 사는 현대 부족들의 사회체계를 대표하지 않는다.[77] 지난 세기에 이 부족들을 연구한 결과, 그들에겐 집단을 대표하여 결정을 내리는 지도자나 유력한 개인이 없음이 밝혀졌다. 오히려 수렵채집인 집단은 무리를 지배하려 드는 개인을 협력해서 막아낸다. 보노보 암컷들이 힘을 합쳐 불량배를 막아내는 것처럼, 수렵채집인도 힘으로 집단을 지배하려 하는 사람을 추방하고, 거부하고, 심지어 죽이기 위해 힘을 모은다.[78] 이 문화 간 연구에 따르면, 인간은 자기 집단 안에서 타인에게 지나치게 공격적인 사람을 막기 위해 집단적으로 협력한다.

이같이 공격적인 사람에게 불리한 선택과 우호적인 사회적 파트너에게 유리한 선택이라면, 인류의 진화사 말기에 일종의 자기가축화를 유발하기에 부족하지 않았을 것이다. 그 선택은 또한 우리를 보다 관용적으로 만들어 도시에서 폭넓은 생활방식을 누릴 수 있게 했다. 도시 생활은 대체로 극도의 관용을 요구한다. 300명의 사람이 한 비행기를 탈 때나 수백 명의 운전자가 붐비는 도로에 있을 때 얼마나 큰 협력과 관용이 필요한지 생각해보라. 이 관용이 있기에 고밀도 생활뿐 아니라 거대한 인구 규모가 가능한데, 이 두 가지는 모든 문화에서 관찰되는 기술적인 생산성과 관계가 있다. 인구가 많을수록 더 많은 혁신이 출현하고 더 복잡한 과학기술이 탄생한다.[79]

결국 우리가 누리고 있는 대체로 평화로운 고밀도 생활은 자기가축화를 통해 오늘날과 같은 대단히 혁신적인 도시 인구가 가능해진 탓일지 모른다.

개는 우리를 가축화했을까?

더 급진적인 이론에서는 현생 인류에서 발견되는 자기가축화의 해부학적 특징이 인간과 개의 관계로 설명될 수 있다고 말한다. 호주국립대학교의 콜린 그로브스Colin Groves 교수에 따르면, 개가 우리를 가축화했다는 것이다.

> 개는 인간의 경보 체계, 추적자와 사냥 도우미, 쓰레기 처리 시설, 보온병, 아이들의 놀이 친구 겸 보호자 역할을 했다. 인간은 개에게 음식과 안전을 내주었다. …… 인간은 개를, 개는 인간을 가축화했다.[80]

보노보를 보기 위해 콩고를 여행하던 중 클로딘과 나는 작은 오두막 옆에서 전날 밤에 피운 모닥불이 서서히 재로 바뀌는 것을 지켜보고 있었다. 우리는 바산쿠수의 방사지에서 에툼베 무리와 이웃하며 살고 있을지 모를 야생 보노보를 찾아 로포리강 분지로 깊숙이 들어왔다. 하지만 클로딘에게는 또 다른 목적이 있었다. 비행기에서 사귄 친구들이 바센지를 찾을 때 도와주고 싶었고, 그래서 콜로딘은 인근 마을들에서 바센지를 기르는 사람이 있는지를 알아보고 있었다. 마침내 키가 크고 깡마른 남자가 숲에서 슬며시 걸어 나왔고, 멀지 않은 곳에서 비교적 작은 개 두 마리가 따라 나왔다. 귀가 뾰족하고, 꼬리가 돼지 꼬리처럼 바짝 말려 있었다. 개들은 클로딘과 나를 믿지 못하겠다는 듯 조심스럽게 접근했다. 개들이 앞으로 나오자 밝은 황갈색 털이 보였고, 우리가 찾고 있는 개임을 알 수 있었다. 클로딘은 전에 이 정글을 탐사할 때 이 사람을 만난 적이 있었다. 남자는 오랜 친구를 만난 것처럼 우리를 반겼다.

남자는 지쳐 보였다. 이미 사냥감이 고갈된 숲에서 음식을 찾긴 쉽지 않았다. 나는 아이들도 먹이기 힘들 텐데 개들은 어떻게 먹이냐고 그에게 물었다. 남자는 개를 굶기기보다는 차라리 카누를 팔거나 아이를 하나쯤 잃는 게 낫다고 대답했다. 그는 열 식구를 먹이기 위해 무엇이라도 찾아야 했고, 사냥할 땐 개들에게 전적으로 의존하고 있었다. 개들이 없으면 모두 굶어 죽을 거라며 남자는 걱정했다.

인간의 찌꺼기에 의존하기 시작한 후로 원시개는 세대를 거듭할수록 인간에게 우호적으로 변했다. 까마귀가 사냥하는 늑대를 쫓아다니는 것처럼,[81] 개 역시 인간 사냥꾼을 따라다니기 시작했을 것이다. 먹잇감을 탐지하고 추적하는 예리한 본능이 있어서 개는 소중한 이점이 되었을 것이다.

예를 들어, 니카라과 저지대의 사냥꾼은 개에게 의지해서 먹잇감을 탐지한다. 개는 자유롭게 달리고 짖어 먹잇감을 궁지에 몬다. 사냥꾼은 짖는 소리를 듣고 따라가 먹잇감을 찾아내고 사냥을 끝낸다. 개가 없으면 대체로 성공률이 떨어진다.[82] 마찬가지로, 산악지대에서 무스moose*를 쫓는 사냥꾼들도 개를 동반했을 때 수확물이 56퍼센트 증가했다.[83]

원시개에게 관용적인 사람들은 그렇지 못한 사람보다 더 나은 삶을 살았을 것이다. 관용성이 높고 공격성이 낮은 사람은 적의 야영지 습격을 어렵게 만드는 새로운 야간 경비원과 고기를 안정적으로 공급하게끔 도와주는 새로운 사냥 파트너로부터 이중의 이득을 최대화할 수 있었다. 사냥의 효율성이 높아짐에 따라 인간은 더 많은 자원을 얻었고, 동시에 집단 내에서 관용과 공유가 확대될 수 있었다.

개는 비상식량이 될 수도 있었다.[84] 수천 년 전 냉장 기술이 출현하지 않았고 저장할 식량도 부족할 때 개를 가축화하기까지는 여분의 식량이 없었다. 힘든 시기에 사냥을 제일 못하는 개들은 인간 집단이나 사냥을 가장 잘하는 개를 살리기 위해 희생되었을 것이다.[85]

유쾌한 생각은 아니지만, 개를 수확하는 것은 농업의 발명을 이끌어낸 중요한 혁신 가운데 하나일 수 있었다. 개를 비상식량으로 기르는 것이 유용하다는 걸 깨달았다면, 식물도 그와 비슷한 방식으로 이용할 수 있다는 것을 깨닫는 건 엄청난 비약이 아니었다. 그리 설득력 있게 들리지 않을 수 있지만, 개가 우리와의 관계로부터 강한 영향을 받은 것처럼 아마 우리도 그들

* 사슴과에서 가장 큰 동물.

과의 관계로부터 강한 영향을 받았을지 모른다. 개가 우리를 개화시켰을지 모른다.

오레오와 내 아버지의 차고 그리고 한 마리의 개가 내 인생에 미친 영향을 돌이켜볼 때, 그랬을 가능성이 터무니없을 것 같지는 않다.

2부

개는 영리하다

개는 말한다

아버지의 차고에서 오레오와 최초의 연구를 시작한 이래, 개의 인지 또는 도그니션 분야는 폭발적으로 성장했다. 개는 가축화되어 멍청해진 별 볼 일 없는 동물에서 갑자기 동물 연구자에게 가장 인기 있는 종의 하나로 떠올랐다. 전 세계의 많은 연구팀이 인간을 포함한 동물의 심리를 알아내기 위해 개에게 관심을 돌리기 시작했다.

도그니션에 관한 초기 연구는 주로 의사소통 능력에 초점을 맞췄다. 우리는 앞에서 사람의 몸짓을 읽는 개의 능력이 천재적이라는 것을 확인했다. 개의 기술은 유아가 보여주는 기술과 비슷하다. 개의 심리적 융통성에 주목한 몇몇 연구자와 나는 개에게 인간의 의사소통적 의도를 이해하는 기본적인 능력이 있다는 견해를 제시했다. 개는 종종 우리의 행동을 이용해서 우리가 원하는 것이 무엇인지 추론하고, 우리가 원하는 것은 대개 자기한테 도움을 주는 것이라고 생각한다.

하지만 의사소통은 시각적일 뿐 아니라 정보를 받고 해석하는 일과도 관련이 있다. 또한 의사소통이 음성적일 때는 의미 있는 신호를 만들어내야 한다. 개들도 우리와 똑같은 방식으로 단어를 이해할까? 개의 발성은 실제로 의미가 있을까? 개의 의사소통은 듣는 이에 따라 달라질까? 수십 개의 연구 집단이 이런 질문에 답하는 것을 목표로 개의 천재성을 자세히 들여다보고 있다.

개는 인간의 단어를 이해할까?

어느 날 아침, 아버지는 길고 가파른 진입로 아래쪽에 떨어져 있는 신문을 바라보았다. 그리고 이제부터는 오레오에게 그걸 물어오게 하기로 작정했다. 그때 오레오는 일곱 살이었는데, 나는 오레오가 너무 늙어서 새로운 기술을 배우긴 힘들 거라고 생각한 기억이 있다.

아버지는 진입로 아래쪽으로 내려간 뒤 신문을 가리키면서 이렇게 말했다. "신문 가져와!" 일요 신문은 꽤 무거워서 오레오의 머리가 축 처졌지만, 아버지가 "잘했어!"라고 말하며 머리를 쓰다듬자 오레오는 좋아하며 꼬리를 흔들었다.

아버지는 일주일 동안 아침마다 이 훈련을 반복했다. 다음 주 아침이 되었을 때 아버지는 진입로 중앙에 서서 "신문 가져와!"라고 말했고, 오레오는 열심히 달려 내려가 신문을 가져왔다. 그렇게 해서 아버지의 개는 신문을 물어올 줄 아는 개가 되었다. 나는 오레오가 신문을 가져오기까지 수백 일이 걸리지 않은 것에 놀라움을 금치 못했고, 오레오가 어떻게 그 단어를 그렇게 빨리 학습했는지가 궁금했다.[1]

이 질문에 답하기 위해서는 리코와 체이서 이야기로 돌아갈 필요가 있다. 리코는 장난감 이름 수백 개를 기억했고, 체이서는 1000개 이상을 기억했다. 1장에서 논의한 이 개들은 배제의 과정을 통해 단어를 학습한다는 것이 밝혀졌다.[2] 새로운 단어를 들었을 때 리코나 체이서는 그것이 새로운 장난감을 가리킨다고 추론했다. 그래서 지금껏 이름을 배운 적이 없는 장난감을 가지고 왔다. 리코와 체이서 모두 새로운 소리를 두 번만 듣고도 이름-물건의 쌍을 최소 10분 동안 기억했다. 리커는 새로운 이름 몇 개를 한 달 후에도 기억했다.[3] 놀라운 것은 연습을 거의 하지 않았는데도 체이서는 배운 단어를 모두 기억했고 어휘력이 계속 늘어만 갔다.

리코와 체이서에게는 인간이 만든 새로운 소리와 새로운 물체를 연결 짓고 그중 많은 이름을 오랫동안 기억하는 능력이 있었다. 이는 연구자들이 아이들의 단어 학습 과정에서 봐온 것과 가장 가까운 능력이다.[4]

하지만 아이들이 '**양말**' 같은 단어를 학습할 때, 단지 '**양말**'이라는 소리를 때마침 그 자리에 있는 어떤 양말과 연결 짓지만은 않는다. 아이들은 양말이란 이름이 우리 발을 보호하는 천의 기능을 하는 모든 물체를 가리킨다고 이해한다. 양말이란 단어는 색깔, 형태, 질감, 크기가 각기 다를 수 있는 여러 물체들의 범주를 대표한다.[5] 리코에 관한 원래 연구에서는 단어가 물체의 범주를 가리킨다는 사실을 리코가 이해하는지 못하는지의 문제를 다루지 않았다. 그 때문에 예일대학교의 심리학자 폴 블룸Paul Bloom 교수는 "아기는 단어를 학습하고 개는 그러지 못할 것"이라고 말했다.

체이서의 주인인 존 필리는 체이서와 함께 이 문제를 풀 수 있는 연구를 고안했다.[6] 필리는 각기 다른 범주의 장난감들—프리스비와 공 그리고 크기와 형태가 모두 다른 무작위 장난감—을 사용했다.

체이서가 다양한 범주의 장난감 이름 수백 개를 알고 난 후에 필리는 새로운 테스트를 소개했다. 같은 범주의 장난감—프리스비 또는 공—만을 늘어놓고 나서 체이서에게 그 범주를 말하면서 "~을 가져와"라고 요구했다.

장난감들은 모두 같은 범주의 것이었기 때문에 체이서는 어느 장난감을 물어와도 칭찬으로 보상받았다. 이렇게 범주별로 구분된 장난감으로 세 차례 시행한 후에, 필리는 소개할 때 사용하지 않았던 여러 범주의 장난감을 뒤섞어놓았다. 그런 뒤 체이서에게 프리스비나 공을 가져오라고 요구했다. 체이서는 그 장난감들로 이런 테스트를 해본 적이 없었지만, 매번 필리가 요구한 장난감을 가져왔다.

이제 더 큰 과제에 도전할 차례였다. 필리는 신발이나 책처럼 체이서가 집에서 알고 있는 물건에 대해서도 똑같이 테스트했다. 필리는 장난감으로 사용하지 않았던 이 물건들을 무작위로 뽑은 체이서의 장난감들과 함께 늘어놓고 체이서에게 '장난감' 또는 '비장난감'을 가져오라고 요구했다. 이번에도 체이서는 절대 실수하지 않았다.[7] 체이서는 어린아이처럼 새로운 장난감의 이름을 학습하고 있었고, 그와 동시에 자연발생적으로 각각의 장난감을 범주(장난감과 비장난감), 더 나아가 하위범주(프리스비, 공, 기타)로 분류했다.

이 실험은 인상적이지만, 발달심리학자 입장에서는 개가 단어를 배운다는 생각에 여전히 의심의 눈길을 보낼 수 있다. 아이들은 그 밖에도 단어의 기호적 성격을 이해하기 때문이다. 아이들이 기호를 이해한다는 것을 보여주는 아주 단순한 증거가 있다. 물건과 그 물건의 시각적 모사물模寫物이 연결되어 있음을 아는 능력이다. 예를 들어, 실험자가 세모난 용기 안에 장난감을 숨긴 뒤 아이에게 세모난 용기의 작은 모형을 보여주면, 아이는 다른 모양의 용기가 아니라 세모난 용기를 들여다봐야 한다고 즉시 이해한다.[8] 아이들은 또한 2차원 그림이 3차원 물체를 나타낼 수 있다는 것도 깨우친다. 사진 속에서 1센티미터인 장난감이 실제로는 훨씬 크다는 걸 아는 것이다.

우리는 소통할 때 이 같은 의미의 층들을 자주 이용한다. 최초의 문자언어 중 하나인 설형문자는 일련의 상형문자로 이루어져 있다. 컴퓨터 아이콘 역시 기호 체계의 예다. 문서를 인쇄하고자 하는 사람은 누구나 툴바에서 작은 프린터 그림을 찾는다. 디자이너가 인쇄하는 행동을 전달하는 효과적이고 간명한 수단으로서 아이콘을 사용한 것이다.

최초로 리코를 연구했던 줄리안 카민스키는 개들이 자연발생적으로 시각적 모사물을 기호로 사용할 줄 아는지를 확인하고 싶었다. 그녀는 아이들에게 하는 것과 비슷한 테스트를 고안했다.[9] 이전에 리코를 테스트했던 것처럼 카민스키는 다른 방에 장난감들을 놓고 리코를 비롯한 보더콜리 몇 마리에게 장난감을 하나씩 차례로 가져오라고 요구했다.

하지만 이번에는 단어를 사용해서 장난감을 요구하지 않았다. 대신에 카민스키는 개들에게 장난감 모형을 보여주고 가져오라고 요구했다. 개들이 그녀의 요구에 담긴 의사소통적 성격을 이해한다면, 시각적 표현에 근거해서 정확한 장난감을 물어와야 했다.

카민스키가 이 실험을 하고 있다는 말을 처음 들었을 때, 나는 개가 기호와 장난감의 연관성을 자연발생적으로 이해할 가능성은 전무하다고 생각했다. 내 예상은 보기 좋게 빗나갔다.

모형이 상징하는 장난감을 모든 개가 자연발생적으로 물어왔다. 카민스키가 핫도그 장난감 모형을 보여주면 개들은 옆방으로 달려가서 그에 해당하는 핫도그 장난감을 가져왔다. 대부분의 개는 모형이 장난감과 같은 크기인지 축소판인지에 구애

받지 않았다. 리코와 또 한 마리의 개는 심지어 장난감의 사진을 단 한 번 보고도 첫 시행에서 정확한 장난감을 가져왔다. 이러한 자연발생적 수행은 한 가지 경우에만 가능하다. 개는 우리의 의사소통적 의도를 이해하는 능력과 도움이 될만한 인간 행동의 기호적 성격을 이해하는 능력, 이 두 가지를 결합할 줄 안다.[10]

최근의 실험들이 보여준 바에 따르면, 최소한 어떤 개들은 인간의 의사소통적 신호가 갖고 있는 범주적 성격과 기호적 성격을 이해한다. 리코와 체이스를 비롯한 몇몇 개를 통해서 우리는 최소한 어떤 개들은 유아들이 보여주는 것에 필적하는 다양한 의사소통 기술을 사용한다는 것을 알 수 있다. 인간을 제외한 다른 어떤 종도 단어의 의미를 그렇게 빨리, 그렇게 유연하게 학습하지 못한다.

나를 포함하여 모든 애견인은 이런 기술이 특이하게도 몇몇 개에게만 있는지 아니면 거의 모든 개에게 있는지 알고 싶을 것이다. 이 연구는 보더콜리에게만 시행되었기 때문에 어쩌면 그런 기술은 그 견종에게서만 드러날 수도 있다.

하지만 리코와 체이서가 빙산의 일각일 가능성도 무시해서는 안 된다. 리코와 체이서의 보호자는 그들의 개가 특별히 재능이 있다고 생각하지 않는다. 둘 중에 어떤 녀석도 그 기술을 발휘하지 못한 큰 집단에서 특별히 눈에 띄어 선택된 건 아니었다. 예를 들어, 체이서는 연구에 참여하도록 훈련시킬 목적으로 한 배에서 태어난 새끼 중에서 무작위로 선택되었다. 최초로 선택된 바로 그 개가 마침 단어 학습 분야에서 세계기록을 깬다는 건 어마어마한 우연의 일치일 것이다.

많은 연구가 다음과 같은 가능성을 가리킨다. 다양한 개가 빠른 의미 연결fast mapping을 할 때 리코와 체이서가 사용하는 것과 같은 추론을 할 줄 안다. 앞에서 얘기한 바와 같이 개는 장난감을 찾거나 컴퓨터 화면에 뜬 새로운 그림을 판단할 때 배제에 기초해서 추론한다.[11] 또한 복잡한 장난감 찾기 게임은 못해도, 실험자가 알려줄 땐 자연발생적으로 해결책을 추론한다.[12]

또한 개가 두 사람의 대화를 듣기만 해도 새로운 물체의 이름을 배운다는 증거도 있다.[13] 두 사람이 새로운 물체에 대해 여러 번 이야기한 뒤 그 새로운 이름을 사용해서 개에게 그걸 가져오라고 요구하고 음식이 아닌 칭찬으로만 개에게 보상했다. 이 개들은 리코와 체이서만큼 빠르게 배우진 못했지만, 새로운 두 물체의 이름을 엿들으면서 그 이름을 습득한 속도가 먹이를 보상으로 주는 전통적인 방법으로 훈련시켰을 때와 비슷했다.[14] 그렇다면 대부분의 개는 적극적으로 훈련시키지 않아도 우리가 쓰는 많은 단어에 반응할 줄 아는 것일 수 있다.

여러분의 개가 리코나 체이서의 수준에 못 미칠 수도 있고 그 이상일 수도 있다. 어느 쪽이든 간에 우리의 반려견들은 리코와 체이서가 사용하는 추론 기술을 적어도 일부는 갖고 있을 것이다. 연구자들이 계속해서 반려견의 의사소통 기술을 연구한다면 우리는 더 많은 진실을 알게 될 것이다.

개는 놀라우리만치 우리를 잘 이해하지만, 이해한다는 것은 의사소통의 한 측면에 불과하다. 의사소통은 정보를 받기만 하는 게 아니다. 인간과 개의 대화는 양방향으로 이루어질까?

개가 말을 할 수 있을까?

미스틱은 버네사Vanessa Woods와 내가 보노보를 연구했던 롤라 야 보노보에 산다. 낮에는 얌전하고 사랑스럽다. 하지만 밤이 되면 다른 동물이 된다. 미스틱은 우리 집 주위를 경계하면서 소리가 들리는 범위 안에서 인기척이 날 때마다 사납게 짖는다. 콩고에서는 약간 더 안전해진 것을 고맙게 생각한다. 하지만 문제가 있다. 해가 진 후에 야간 근무자들이 오고 가는 길목에 우리 집이 있다는 것이다. 미스틱은 하루를 본 사람이든 평생을 본 사람이든 가리지 않고 모두에게 의무적으로 짖는다. 결국 우리는 그 소리를 무시하고 자는 법을 터득했다. 하지만 총을 든 낯선 사람처럼 실제로 경계할 이유가 있다면, 미스틱이 컹컹 짖어서 집에 접근하는 사람이 왠지 위험하고 남다르니 조심하라고 내게 일러줄지가 궁금했다.

개의 발성이 썩 정교하게 들리지 않을 수도 있다. 레이먼드 코핑거는 개의 발성은 대부분 짖는 것이며, 그 짖음은 무차별적인 것 같다고 강조했다.[15] 코핑거는 한 개에 관해서 발표했다. 자유롭게 돌아다니는 가축을 보호하는 개였다. 수마일 안에 다른 개가 없음에도 불구하고 그 개는 일곱 시간 동안 계속 짖었다. 만일 짖음이 의사소통이라면 들을 사람이 없을 땐 짖지 않을 것이다. 코핑거가 보기에 그 개는 단지 어떤 내적 흥분 상태를 해소하고 있었다. 흥분 이론에 따르면, 개들은 자신의 짖음을 거의 통제하지 못한다. 개들은 청자를 고려하지 않으며, 개의 짖음에는 당사자의 감정 상태 외에는 거의 어떤 정보도 담겨 있지 않은 것이다.[16]

짖음도 가축화의 부산물일 수 있다. 개와 달리 늑대는 거의 짖지 않는다. 늑대의 발성에서 짖음이 차지하는 비율은 3퍼센트에 불과하다.[17] 한편, 러시아의 실험군 여우는 사람을 보면 짖는 반면에, 대조군 여우는 사람을 봐도 짖지 않는다. 흥분할 때 자주 짖는 것은 공격성에 반하는 선택의 또 다른 결과일 수 있다.[18]

하지만 최근 연구에 따르면, 짖음에는 우리가 생각했던 것보다 더 많은 비밀이 있다. 개에게는 상당히 유연한 성대, 즉 '조절할 수 있는 목소리 구간modifi able vocal track'이 있다.[19] 개들은 목소리를 미묘하게 바꿔가며 아주 다양한 소리를 내고, 그렇게 해서 각기 다른 의미를 전달하는지 모른다. 심지어 사람에겐 불분명하지만 다른 개들에겐 분명하게 전달되는 식으로 목소리를 변경하고 있을지 모른다. 과학자들이 개의 짖음을 분광 사진으로 찍은 결과, 심지어 같은 개에서도 모든 짖음이 똑같진 않았다.[20] 개의 짖음은 맥락에 따라서 타이밍, 음의 높이, 진폭이 달라진다.[21] 어쩌면 거기에 각기 다른 의미가 있을지 모른다.

나는 호주 개 두 마리, 초콜릿과 시나를 안다. 녀석들은 해변에서 물건 물어오는 놀이를 아주 좋아한다. 물건을 던질 때마다 파도 속으로 첨벙 뛰어들어 마법의 고무공까지 경주를 벌인다. 초콜릿이 공을 물어올 때 시나는 어쩔 수 없이 초콜릿의 입에서 공을 뺏어내려고 몸싸움을 벌인다. 이때 초콜릿은 크게 으르렁 댄다. 또한 두 녀석은 같이 밥을 먹는다. 시나가 초콜릿의 밥을 가지고 같은 장난을 치면 아주 다른 반응이 나온다. '내 밥그릇 에서 썩 물러나!' 하면서 초콜릿이 조용히 으르렁거린다.

시나는 초콜릿의 입에서 뭔가를 빼앗아도 괜찮을 때를 어떻 게 알까? 이걸 확인하길 어렵다. 둘 다 초콜릿이 화가 나고 나누 기 싫을 때 내는 소리이기 때문이다. 어쨌든 초콜릿의 으르렁거 림은 밥을 먹을 때보다 놀이를 할 때 더 크고 무섭게 들린다.

하지만 개들은 각기 다른 짖음과 으르렁거림을 사용해서 각 기 다른 내용을 전달한다는 것이 실험을 통해 밝혀졌다. 한 실 험에서 연구자들은 음식 때문에 내는 '먹이 으르렁거림'과 낯선 사람이 접근할 때 내는 '이방인 으르렁거림'을 녹음했다. 그리 고 맛있는 뼈에 접근하고 있는 개에게 이 두 가지 으르렁거림을 들려주었다. 개들은 '이방인 으르렁거림'보다는 '먹이 으르렁거 림'을 들었을 때, 뼈에 접근하길 더 주저했다.[22]

또 다른 실험에서 연구자들은 개들이 혼자 있을 때 내는 '외 로운 짖음'과 낯선 사람이 접근할 때 내는 '이방인 짖음'을 녹음 했다. 그리고 각기 다른 개들에게 '외로운 짖음'을 세 번 들려주 자 개들은 큰 관심을 보이지 않았다. 하지만 연구자들이 네 번째로 '이방인 짖음'을 들려주자 개들은 곧 주의를 집중하고 재빨리 일어났다. 그 짖음을 되감아서 틀었을 때도 개들은 똑같이 행동했다. 결국 개들은 두 종류의 짖음을 분명히 구별할 줄 알았다.[23] 비슷한 테스트에서 개들은 또한 각기 다른 개의 짖음도 구별해냈다.

사람들은 개가 말하고 있는 것을 얼마나 잘 이해할까? 연구자들은 개의 짖음을 모아 사람들에게 들려주었다. 개를 기르거나 기르지 않거나 사람들은 대부분 개가 혼자 있을 때 내는 짖음과 낯선 사람이 접근할 때 내는 짖음, 그리고 놀이를 하면서 내는 짖음과 공격하는 짖음을 구별했다.[24] 하지만 개들과 달리 사람들은 각기 다른 개를 구별하는 데는 그리 능숙하지 않았다. 사람들이 각기 다른 개들을 구별하는 경우는 '이방인 짖음'을 틀어줬을 때뿐이었다.[25] 이건 개의 주인이 다른 어떤 짖음보다도 이 짖음의 의미를 더 잘 이해하고 싶은 경우일 것이다. 낯선 사람은 문제가 될 수 있기 때문이다.

이 같은 초기 연구들을 통해서, 으르렁거림과 짖음은 다른 개, 심지어 어떤 경우에는 사람이 알아들을 수 있는 의미를 전달한다는 것이 밝혀졌다. 그 복잡성은 놀랍기만 하다. 물론 우리의 개들은 다 알아듣고 있었다. 궁금하다면 초콜릿과 시나에게 물어보라. 하지만 우리는 개의 음성 행동에 대해 아주 조금밖에 모른다.

우리는 개가 무슨 말을 하는지 얼마간 이해한다. 그와는 별

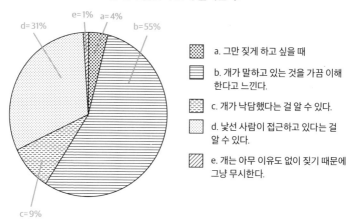

내 개의 짖음이 언제 들리는가?

e=1% a=4%
d=31%   b=55%

- a. 그만 짖게 하고 싶을 때
- b. 개가 말하고 있는 것을 가끔 이해한다고 느낀다.
- c. 개가 낙담했다는 걸 알 수 있다.
- d. 낯선 사람이 접근하고 있다는 걸 알 수 있다.
- e. 개는 아무 이유도 없이 짖기 때문에 그냥 무시한다.

c=9%

듀크 개 인지능력 연구센터Duke Canine Cognition Center를 방문했거나 www.cultureofscience.com에서 온라인 조사에 응한 사람들을 대상으로 했을 때, 86퍼센트의 사람들이 때로는 개가 짖음을 통해 전달하려는 의미를 이해하는 것 같다고 느낀다.

개로, 개들도 우리가 그들의 말을 알아듣는지 아닌지를 파악하고 있을 가능성이 있다. 호주에 사는 나의 갯과 친구, 초콜릿은 봉제인형에 미쳐 있다. 크리스마스에 한 친구가 우리 딸 말루에게 플러시 천으로 만든 산타클로스 인형을 주자 누구보다 흥분한 건 초콜릿이었다. 인형에서 삑삑 소리가 날 땐 주체가 안 될 지경이 되었다. 우리는 산타의 안전이 위험하다는 걸 즉시 깨달았다. 몇 번 단호하게 "안 돼"라고 경고하자 초콜릿은 마지못해 미련을 접었다.

저녁을 먹고 있을 때 산타의 옷을 헤집고 삑삑거리는 소리가 들려왔다. 보통 초콜릿은 가족이 보는 앞에서 자기 개 인형을 물어뜯어 속을 끄집어내고 삑삑 소리까지 멈추게 하는 걸 무척이나 좋아한다. 하지만 이번에는 산타를 물고 우리에게서 최대한 멀리, 뒷방으로 들어갔다. 다행히 산타는 삑삑대고 운 탓에 목숨을 구했지만, 우리가 구하러 달려갔을 때 모자 끝에 달린 솜털은 이미 뜯겨 있었다. 초콜릿은 단지 새로운 장난감과 따로 놀고 싶었을까, 아니면 보이거나 들리지 않는 방에 숨어서 사람들의 관심을 끌려고 했을까?

한 실험에서 연구자들은 입구가 열려 있는 상자를 양옆에 놓았다. 상자 입구에는 종들이 죽 매달려 있어서, 개들은 상자 안에 있는 음식을 먹으려면 종을 밀치고 고개를 넣어야 했다. 요점은 한 상자의 종들에는 소리를 내는 공이 제거되어 있었다.

일단 개들이 시끄러운 상자와 조용한 상자를 숙지했을 때, 실험자는 두 상자에 음식을 넣어두고 개들에게 그걸 못 먹게 했다. 그런 뒤 실험자가 두 상자의 중간에 섰다. 사람이 개와 두 상자를 마주한 상황에서는 개들이 양쪽 상자에 슬쩍슬쩍 입을 대면서 음식을 훔쳐 먹었다. 하지만 사람이 등을 대고 돌아서 있을 땐 종소리가 나는 상자를 피했다. 더욱 놀랍게도 개들은 첫 번째 시행에서 그렇게 했다.[26]

따라서 비록 개들은 사람이 있든 없든 소란을 피우는 듯 보일 수 있지만, 증거에 의하면 주변에 누가 있고 그가 무엇을 들을 수 있는지를 잘 알고 있음이 분명하다.

개들은 몸짓을 이용할까?

우리는 목소리로만 소통하지 않고 시각적 신호도 사용한다. 수화 같은 언어들은 전적으로 시각적 몸짓에 기초해 있다. 유아는 다른 이들의 몸짓을 이해하기 시작할 무렵부터 가리키기를 시작한다.[27] 개는 수화 같은 복잡한 몸짓을 사용하진 않는다. 하지만 연구자들은 개가 유아와 비슷한 방식으로 의사 전달을 위해 시각적 신호를 만들어내는지를 조사하기 시작했다.

개들은 자연스럽게 상호작용하는 과정에서 남들과 소통하려는 목적으로 시각신호를 사용한다.[28] 주의 깊게 관찰한 결과, 개들은 놀이를 할 때 놀이 인사play bow(가슴을 지면까지 떨구고 추적하라는 신호가 떨어지면 즉시 뛰어 나갈 준비를 하는 동작) 같은 몸짓을 사용해서 자신의 행동이 단지 재미로 하는 것임을 알린다. 빠른 접근과 강한 접촉은 대개 공격으로 이어지지만, 똑같은 행동을 한 다음 놀이 인사를 하면 상대는 친근하게 반응한다. 다른 개가 놀이 인사를 봤을 땐 또 다른 시각적 몸짓으로 게임에 동의할 수 있다. 동의의 뜻으로 자기 자신을 더 취약하게 만드는 '자기불구화self-handcapping' 동작(배를 보이고 구른다)을 취한다.[29] 이것으로 보아, 개들은 의사소통을 위해 시각적 몸짓을 유연하게 사용하고, 그걸 음성 행동보다 훨씬 더 많이 사용하는지 모른다.

개는 새로운 맥락에서 자신이 원하는 것을 의도적으로 알릴 때 시각적 몸짓을 사용한다는 것이 실험을 통해 밝혀졌다. 일단 오레오가 우리의 의도를 얼마나 잘 이해하는지를 알았으므로, 우리는 오레오가 우리에게 얼마나 많은 말을 할 수 있을까 하는 의문을 품어볼 수 있다. 그래서 나는 아버지의 뒷마당으로 가서 나무 두 그루에 줄을 매고 중간에 대바구니 세 개를 매달았다. 그런 뒤 동생 케빈에게 부탁해서 내가 집 안에 있는 동안 세 바구니 중 하나에 음식을 숨기게 했다. 케빈은 어느 바구니에 음식이 숨겨져 있는지를 오레오에게 보여주고 자리를 떠났다. 바구니들은 점프해도 닿지 않는 곳에 있었으므로, 오레오는 음식을 먹을 길이 없었다.

내가 바깥으로 나왔을 땐 어느 바구니에 음식이 있는지 알지 못했다. 음식을 찾을 수 있는 희망은 단 하나, 오레오의 행동을 지켜보는 것이었다. 단어도 없고 가리킬 손가락도 없었지만 오레오는 명확했다. 오레오는 음식이 담긴 바구니 밑을 뛰어다니고, 나와 바구니를 번갈아 보면서 짖었다. 내가 바깥으로 나오지 않으면 오레오는 아무 행동도 하지 않았다. 오레오는 내가 있을 때만 의사소통적 행동을 했으므로, 내가 음식을 찾게끔 도와줄 마음으로 행동하고 있는 것이 분명했다.[30]

더 큰 표본으로 후속 연구를 시행한 결과, 오레오가 특이한 게 아님이 밝혀졌다. 대부분의 개가 그와 비슷한 '보여주기' 행동을 하고, 매우 끈기 있게 사람의 도움을 요청한다.[31] 하지만 사람만 보이고 숨겨진 게 없으면 보여주기 행동을 하지 않는다.[32] 우리는 이 연구들을 통해서, 개들은 우리가 그들에게 말

하는 것을 이해할 뿐 아니라, 우리에게 한두 가지 정도는 말할
줄 안다는 사실을 확인할 수 있다.

개의 성대는 사람의 말을 앵무새처럼 흉내 내기에 적합하지
않지만, 언젠가는 더 정교한 언어를 사용하게 될지 모른다. 브라
질 상파울루대학교의 알렉산드르 폰그라츠 로시Alexandre Pongrácz
Rossi 교수는 이미 그 방향으로 한 발 내디뎠다. 그런 종류의 첫
번째 연구에서 로시는 자신의 개 소피아를 훈련시킨 결과, 소피
아는 특수한 키보드의 기호를 사용해서 기호로 산책, 음식, 물,
장난감, 놀이, 자기 하우스를 나타낼 줄 안다는 것을 발견했다.

소피아가 키보드의 기호 중 하나를 누르면 키보드는 그 단어를 말했다. 소피아는 정확한 맥락에서 정확한 자판을 누르는 일에 능숙해졌다. 로시가 새로운 장난감을 사줬을 때 소피아는 키보드로 달려가 장난감에 해당하는 기호를 누르곤 했다. 그뿐 아니라 장난감에 해당하는 키를 누르는 동안 소피아는 로시와 장난감을 번갈아 쳐다봤다. 자기 뜻을 전달하려는 시도인 게 분명했다. 자기 입술을 핥고 자판으로 달려갈 땐 항상 물이나 음식의 자판을 눌렀다. 그리고 혼자 있을 땐 단 한 번도 키보드를 사용하지 않았다.[33]

그 기호들로 소통하는 능력이 있다면, 혹시 더 많은 기호를 배울 순 없을까? 소피아가 호수에 가고 싶다는 뜻을 전하기 위해 두 개의 기호를 엮어서 "산책 물"이라고 말하거나, 잠겨버린 하우스 안에 있는 장난감을 원할 때 "하우스 장난감"이라고 말할 순 없을까? 개들은 유아가 말을 하고 몸짓을 이용하기 시작할 때와 같은 놀라운 기술까지는 결코 보여주지 못할 테고, 대형 유인원에게도 절대 필적하지 못할 것이다(칸지라는 이름의 보노보는 기호가 348개나 되는 자판을 사용한다). 하지만 앞으로 연구가 계속된다면 우리는 개들이 언제 무엇을 원하는지를 더 많이 이해하게 될 것이다. 또한 개가 그들의 세계를 어떻게 보는지도 더 많이 이해하게 될 것이다. 예를 들어, 소피아에게 생전 처음으로 기니피그를 보여줬더니 소피아는 즉시 키보드로 달려가서 음식에 해당하는 자판을 계속 누르고 있었다(장난감이 아니라!).[34]

개는 다른 개들과 인간이 이해할 수 있는 음성신호와 시각신호를 적어도 몇 가지는 만들어 쓸 줄 안다. 다시 말해서, 의도적으로 우리와 소통하려는 것일 수 있다. 이 생각이 옳다면, 개는 낯선 사람을 향해 짖는 경우와 같이 단지 환경 자극에 부딪혔을 때 반사적으로 신호를 보내기만 하는 게 아닐 수 있다. 주변 환경에 관한 정보를 누군가에게 전달하고 있는 것일 수 있다. 예를 들어, 낯선 사람을 쫓아내려고 다른 개들을 불러 모으기 위해 짖는 것이다. 동물이 의도적으로 소통하고 있는지를 확인할 방법이 있다. 청자聽者가 신호를 받을 수 있는가 없는가에 따라 개가 자신의 신호를 조정하는지를 확인하면 된다.

후각신호, 즉 냄새는 벌레를 포함하여 다양한 동물이 사용하는 신호다. 이 신호가 널리 사용되는 이유는 의도적인 의사소통이 필요하지 않기 때문이다. 강한 냄새는 피할 수 없고, 오래 머물고, 여러 장소에 쉽게 퍼뜨릴 수 있다. 그래서 동물은 청자에 대해, 그리고 자신의 신호가 결국 받아들여질지에 대해 이해할 필요가 없다.

그에 비해 시각신호는 훨씬 더 미묘하고 개인적이다. 시각신호는 짧게만 이용할 수 있고 의도된 청자가 바라보고 있을 때만 받아들여질 수 있다. 신호자가 시각적으로 의사를 소통할 때 청자가 그 자리에 없거나 딴 데를 보고 있으면 그 신호는 쉽게 무산된다. 개들은 청자가 무엇을 볼 수 있고 무엇을 볼 수 없는지에 민감하다는 사실이 연구를 통해 서서히 밝혀지고 있다. 이는 개들이 다른 개뿐 아니라 우리와도 의도적으로 의사소통 한다는 생각을 뒷받침한다.

어릴 적 내가 밖에 있을 때마다 오레오는 테니스공을 가져 왔다. 내가 낙엽을 긁어모으든, 친구와 이야기를 나누든, 누가 봐도 분주하게 어떤 일을 하고 있든 간에 오레오는 내 발밑에 테니스공을 떨구었다. 나는 가끔 등을 돌리거나 먼 곳으로 눈을 돌려 무시하려고 했다. 하지만 오레오는 틀림없이 내가 볼 수 있는 곳에 공을 떨구곤 했다. 내 시야에 대한 오레오의 이해 는 말 그대로 회피할 수가 없었다.

오레오에게 영감을 받아 우리는 간단한 실험을 했다. 오레오 를 위해 공을 던져주고 그 공을 물어오기 전에 오레오를 향해 서 있거나 등을 돌리고 서 있었다. 오레오는 항상 내가 볼 수 있 게 내 앞에 공을 떨어뜨렸고, 그러지 않은 몇 번의 시행에서는 등 뒤에서 공을 슬쩍 밀면서 짖기 시작했다.[35]

버나드대학교의 알렉산드라 호로비치Alexandra Horowitz 교수 는 개들이 자연스럽게 상호작용할 때 어떻게 서로 소통하는지 를 연구했다.[36] 호로비츠는 샌프란시스코 애완견 공원에서 수 백 시간 동안 비디오를 찍었다. 그녀의 초점은 놀이 인사처럼 한 개가 다른 개에게 사회적 상호작용을 하자고 청하는 순간이 었다. 호로비츠는 이 관찰에 근거하여 한 가지를 확인하고 싶었 다. 개들이 사회적 상호작용을 개시하고자 시각신호를 사용하는 순간이, 의도된 수신자가 그 신호를 볼 수 있는 순간인가 하는 것이었다.

테이프를 느리게 돌려본 결과, 대부분의 개는 상대방이 자기를 향해 있어서 신호를 볼 수 있을 때만 시각신호(예를 들어, 놀이 인사)를 사용하고 있다. 또한 상대방이 자기를 향하고 있지 않을 땐 상대방을 앞발로 건드리는 등 촉각 행동을 하는 경우가 더 많았다.

한 실험에 따르면, 시각장애인 보조 훈련을 받지 않은 개에 비해서 시각장애인과 함께 사는 안내견은 음식의 위치를 나타낼 때 혀로 핥는 등 소리를 내는 경우가 더 많았다. 이 핥는 행동은 훈련의 일부가 아니라 시각신호에 반응하지 않는 사람과 함께 생활한 결과다.[37] 자연스러운 행동을 체계적으로 관찰한 바에 따르면, 개들은 상대방이 무엇을 볼 수 있고 무엇을 볼 수 없는지에 근거하여 의사소통을 조정하는 것 같다.

또 다른 실험에서 개는 두 사람 중 누구에게 음식을 달라고 해야 할지를 선택할 줄 알았다. 실험의 묘수는, 한 사람은 앞을 볼 수 없다는 것이었다. 예를 들어, 한 사람은 눈에 가리개를 하고 다른 사람은 입에 가리개를 하고 있었다.[38] 몇몇 연구팀이 이런 종류의 상황에서 개를 테스트한 결과, 개들은 눈가리개를 했거나 선글라스를 쓴 사람보다는 자기와 마주하고 있거나 눈을 뜨고 있는 사람에게 음식을 달라고 하기를 더 좋아했다.[39] 이러한 연구를 통해서 우리는 개들이 우리의 관심을 나타내는 미묘한 단서에 민감하다는 것을 알 수 있다. 개는 당신의 얼굴과 눈이 보인다면 당신과 의미를 소통할 줄 안다.

이 같은 결과를 토대로 한 후속 실험에서는 개가 우리의 시각적 관점에 민감한지를 탐구하고 있다. 우리는 항상 타인의 시각적 관점을 취한다. 어떤 사람이 펜을 빌려달라고 하면 나는 그 사람 뒤에 펜이 하나 떨어져 있는 게 보일지라도 그가 내 손에 있는 펜을 보고 그렇게 말한다고 추론한다. 타인의 관점을 취함으로써 나는 내 앞에 펜이 없어도 그 사람의 눈이나 얼굴을 사용해서 답을 생각해낼 수 있다. 시각적 관점을 취할 때, 나는 자기중심적인 세계관을 내려놓고 타인이 소통할 때 볼 수 있는 것과 없는 것이 무엇인지를 생각할 필요가 있다.

줄리안 카민스키와 동료들은 사람이 두 개의 장애물 뒤에 똑같은 공이 하나씩 놓인 실험을 고안했다. 한 장애물은 투명하고 다른 장애물은 불투명했다. 개는 두 공을 모두 볼 수 있는 쪽에 있었다. 사람은 반대편에 있어서 투명한 장애물을 통해 하나의 공만 볼 수 있었다. 그런 뒤 사람이 개에게 "가져와"라고 요구하고, 개가 어느 공을 먼저 물어오든 간에 그에 대한 보상으로 잠시 놀아줬다.

개들은 특별한 보상이 없는데도 사람이 볼 수 있는 공을 더 많이 가져왔다.[40] 하지만 사람이 개와 같은 편에 있는 통제 조건에서 개들은 무작위로 공을 물어왔다.

개들은 적어도 이 상황에서만큼은 사람이 볼 수 있는 것과

없는 것에 기초하여 그 사람의 의사소통적 요구에 반응하고 있었다. 개들은 귀를 기울이고 있거나 우리와 소통하려고 할 때 우리가 볼 수 있는 것을 모니터하고 있을 수 있다.

개들은 청자의 행동을 읽는 것에 그치지 않고, 청자가 아는 것과 모르는 것에 맞춰 자신의 의사소통 전략을 수정하는지도 모른다. 유아는 타인이 무엇을 알고 무엇을 모르는지를 안다. 이러한 이해를 드러내는 생애 초기의 방식으로, 유아는 타인이 과거에 무엇을 봤는지를 추적한다. 예를 들어, 어른이 물건을 찾는 것을 보면 유아는 그가 그 물건을 찾게끔 도와주려고 한다. 만일 어른이 방에 없을 때 어떤 사람이 방에 들어와서 물건을 숨기면, 유아는 어른에게 그 물건이 숨겨진 장소를 보여준다. 하지만 어른이 방에 있을 때 어떤 사람이 들어와 물건을 숨기면 유아가 그 물건을 가리키는 경우는 급격히 줄어든다. 유아는 생후 12개월만 되도 성인이 과거에 봤던 것에 기초하여 그 성인에게 정보를 준다.[41]

오랫동안 연구자들은 어떤 사람이 알고 있을 때와 모르고 있을 때를 인식할 줄 아는 종은 우리 인간뿐이라고 생각해왔지만, 이젠 그 통념에 도전하기 시작했다.[42] 필립은 보조견 훈련을 받은 벨지안터뷰렌이다. 외트뵈시로란드대학교의 요제프 토팔 교수는 필립과 함께 개가 아는 사람과 모르는 사람을 분간할 줄 아는지를 최초로 테스트했다. 보조견으로서 필립은 주인에게 물건을 가져오는 것뿐 아니라 물건의 위치를 가리킬 수 있게 훈련받았다.

토팔은 안에 다양한 장난감을 숨길 수 있는 상자 몇 개를 늘어놓았다. 상자는 잠글 수 있었고, 열쇠는 다른 곳에 숨겨놓을 수 있었다. 문제는, 사람이 본 것에 기초하여 과연 필립이 열쇠의 위치와 숨겨진 장난감의 위치를 언제 알려주는가였다.[43] 필립은 사람이 물건만 찾게 도와줄 수도 있었고, 사람이 과거에 본 것과 보지 못한 것에 근거하여 자신의 노력을 조정할 수도 있었다.

결과적으로 필립의 행동은 유아의 행동과 비슷했다. 토팔이 물건을 숨길 때 그 사람이 보지 못했다면 필립은 열쇠를 가져오고 숨겨진 장소의 방향을 정확히 알려주었다. 하지만 토팔이 장난감을 숨길 때 그 사람이 거기 있었다면, 필립은 열쇠나 물건이 어디에 숨겨져 있는지를 적극적으로 알려주지 않았다.

토팔은 필립과 함께 얻어낸 최초의 결과에 고무되어 더 많은 개를 대상으로 같은 결과가 나오는지를 알아보았다. 그 결과, 심지어 애완견들도 사람이 과거에 무엇을 봤는지에 민감했다. 개들은 누군가가 장난감을 숨길 때 그 사람이 보지 못했다면 짖거나 머리를 움직여서 숨겨진 장난감의 위치를 알려줄 때가 더 많았다. 그에 따라 연구자들은 개는 무엇을 알고 무엇을 모르는지에 근거하여 사람을 구분한다고 주장했다.[44]

같은 방법을 똑같이 엄밀하게 적용한 연구에서는 이 결과가 되풀이되지 않았다.[45] 비슷한 연구에서도 개는 보여주기 행동을 통해 의도적으로 요청하긴 하지만 그들이 원하는 물건에 대해서만 그렇게 한다는 것이 밝혀졌다. 개는 만일 사람만 흥미가 있고 자기는 흥미가 없다면 물건이 숨겨진 곳을 사람에게 알려주지 않는다. 이것으로 보아, 개는 사람이 알고 있는지 모르고 있는지를 이해하지 못한다고 생각할 수 있다.[46] 또한 개가 우리에게 '말'을 할 땐 우리를 도와주고 싶어서라기보다는 우리에게 도움받기를 바라는 마음이 더 큰 거라고 생각할 수 있다.

필립을 비롯한 그 밖의 보조견들이 성공했다는 점을 고려할 때, 그 결과는 우리에게 정보를 알려주는 개의 잠재력보다는 집단의 구성에 따라 더 크게 좌우될지 모른다.

대화

개와 사람의 대화는 절대로 일방적이지 않으며, 나를 포함한 일부 과학자들이 짐작하는 것보다 훨씬 정교하다. 개는 각기 다른 발성으로 각기 다른 의미를 표현한다. 개와 사람은 개의 몇 가지 발성이 이루어지는 맥락을 구별할 줄 알고, 심지어는 그 발성에 근거하여 개체를 식별한다. 개의 의사소통적 행동은 단지 흥분했을 때 나오는 통제할 수 없는 소음이 아니다. 그리고 개는 어떻게 하면 청자가 이 신호를 더 잘 받을 수 있을까를 토대로 시각신호와 음성신호를 조정한다.

하지만 현재의 연구를 돌이켜볼 때 개의 의사소통 기술은 다른 여러 동물이 보여주는 것과 비슷하다.[47] 개는 유아의 수준에 한참 못 미친다. 유아는 몸짓과 단어를 사용하기 시작할 때 문법을 습득하기 시작한다. 또한 개는 시각적 신호를 사용해서 어떤 것을 요구할 줄은 알지만, 그러한 행동을 사용해서 사람에게 정보를 알려주진 못한다(아마 필립은 예외일 것이다).

다른 동물에 비해 개는 인간의 의사소통을 이해하는 능력이 정말로 탁월하다. 어떤 개들은 물건의 이름을 수백 개까지 외운다. 그리고 이름을 배울 땐 배제라는 추론 과정을 통해서 대단히 빨리 배운다. 또한 각기 다른 물건이 포함된 범주를 자연발생적으로 이해한다. 심지어 어떤 개들은 인간이 물건에 붙인 이름의 기호적 성격을 이해하는 것처럼 보인다. 개는 실제로 단어를 이해하는 것일 수 있다.

지금까지 우리는 개가 어떻게 의사소통을 통해서 문제를 해결하는지를 살펴보았다. 하지만 개들은 다른 동료에게 기댈 수 없을 때, 즉 주변에 아무도 없을 때에도 문제를 해결한다. 그땐 그 일을 어떻게 해낼까?

7

길 잃는 개

모든 면에서 늑대를 앞지르지는 못한다

인간은 초*超*사회적인 동물이지만, 종종 혼자 문제를 해결해왔다. 우리는 차를 후진해서 차고 밖으로 뺄 때, 선반에서 상자가 떨어지지 않을지를 판단할 때, 내가 아는 것과 모르는 것을 돌이켜볼 때, 다른 이에게 도움을 청하지 않는다. 우리가 종으로서 거둔 성공은 단지 사회적 이야기만은 아니다. 우리는 성장하는 동안 우리를 둘러싼 세계를 주무르는 힘—예를 들어, 중력—을 빠르게 인식한다. 또한 A 지점에서 B 지점까지 길을 잃지 않고 이동해야 한다.

개의 세계도 별로 다르지 않다.

공간에서 길을 잃다

모든 동물은 살아남기 위해 음식, 물, 은신처를 찾아야 한다. 공간에서 길을 찾고 어디에 무엇이 있는지를 아는 능력은 필수적이다. 하지만 개(그리고 일반적으로 가축화된 동물)는 특별한 경우에 속한다. 인간에게 모든 필수품(때로는 그 이상)을 제공받아 생존 문제를 해결해왔기 때문이다. 가축화로 동물이 멍청해졌다는 생각으로 되돌아가보자. 어떤 사람들은 가축화된 동물의 길 찾기 능력이 가축화로 쇠퇴한 건 아닐까 하고 생각한다. 가축은 대문을 벗어날 필요가 없으니 말이다.[1]

호주에 있을 때 매일 아침 나는 두 마리의 갯과 친구, 초콜릿과 시나를 데리고 해변으로 갔다. 돌아오는 길에 우리는 가파른 언덕을 올라야 한다. 초콜릿은 언제나 충실하게 내 곁에서 종종걸음 치지만, 시나는 절반쯤만 오르고 그런 뒤에는 동네를 가로질러 지름길로 귀가한다.

최근에 지름길을 택하는 개의 능력이 연구 대상에 올랐다. 한 실험에서, 개가 지켜보는 가운데 사람이 넓은 들판에 음식을 숨겼다. 실험자는 그 음식으로부터 30미터 거리까지 개를 데리고 가서는 90도 방향을 틀고 그 방향으로 10미터 걸어갔다.

이제 이 지점에서 음식까지 가장 빠른 경로는 방금 걸어온 길이 아니었다. 나는 개를 풀어 음식을 찾을 수 있게 했다. 이건 쉬운 테스트처럼 들릴지 모르지만, 음식은 숨겨져 있고, 개는 눈을 가렸고, 음식은 위장되어 있고, 개는 귀마개를 하고 있었다. 개는 음식을 볼 수 없었고, 어쩌면 더 중요하게는 냄새를 맡거나 환경 정보를 이용할 수도 없었다. 그러한 감각 정보에 의지하기보다는 최단 경로를 머릿속으로 계산해야만 했다.

모든 시행 중 97퍼센트에서 개들은 평균 20초 만에 음식을 찾았다. 그렇다면 개들은 3학년 수준의 삼각법을 풀어낸 것이다. 삼각형의 빗변, 즉 지금 있는 장소와 보상 사이의 최단 거리를 찾아냈기 때문이다.[2]

아침 산책을 할 때 초콜릿과 시나는 파도를 헤치고 공을 추적한다. 초콜릿은 도시 개에 가깝지만 시나는 해변에서 자랐다. 초콜릿은 내가 어디로 공을 던지든 간에 공을 향해서 충동적으로 첨벙 뛰어든다. 시나는 내가 어디로 공을 던지는가에 따라 전략을 조정한다. 만일 내가 공을 똑바로 던지면 시나는 초콜릿보다 조금 늦는다. 하지만 내가 공을 해변과 평행으로 던지면, 시나는 우회로를 택한다. 해변을 따라 달려간 뒤 최단 거리로 헤엄쳐서 공을 물어온다. 심지어 물 밖으로 나와 해변을 달린 뒤 다시 물로 뛰어들 때도 있다. 이건 우회로를 이해하기 때문에 발휘하는 융통성 있는 기술일 수도 있고, 해변에서 수천 번 공을 추적하다보니 습득하게 된 융통성 없는 요령일 수도 있다.

증거에 따르면 개들은 장애물이나 우회로를 만나면 길을 잃을 수 있다고 한다. 한 실험에서 개들은 장애물을 돌아서 주인에게 다가가야 했다. 주인은 음식과 칭찬으로 보상했다. 처음 네 번의 시행에서 개들은 장애물의 한쪽에 있는 트인 곳을 통해서 주인에게 다가갔다.

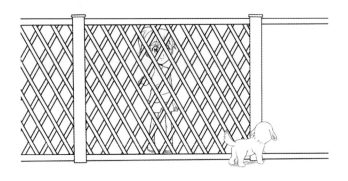

하지만 다음에는 트인 곳이 장애물 반대쪽으로 바뀌었고, 그러자 단 한 마리도 이 간단한 우회로 문제를 첫 번째 시행에서 풀어내지 못했다. 새로운 입구가 훤히 보이고 과거의 입구는 사라졌음에도 개들은 이미 사라진 과거의 입구를 찾아갔다. 개들이 새로운 입구를 향해 직진해야 한다는 걸 알아내기까지는 몇 번의 시행이 필요했고, 어떤 개들은 끝내 문제를 풀지 못했다. 길을 찾아야 할 때 가끔 개들은 과거에 효과적이었던 전략이 이젠 통하지 않는다는 걸 좀처럼 깨닫지 못한다. 개들이 어질리티agility* 나 보조견 훈련을 받을 때 부딪히는 문제는 주로 이것 때문이다.[3]

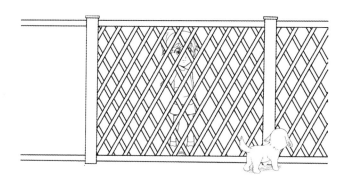

개들이 간단한 우회로 문제를 풀지 못한다면, 미로에서는 틀림없이 길을 잃고 헤맬 것이다. 연구자들은 다섯 견종의 강아지 200여 마리를 대상으로 미로에서 길 찾는 능력을 실험했다. 미로를 빠져나오려면 각기 다른 방향으로 10번을 돌고 막다른 골목 5개를 피해야 했다.

* 다양한 장애물을 통과하여 목적지까지 달리게 하는 도그 스포츠의 일종.

미로의 길이는 고작 18피트(약 5.5미터)였지만 강아지들은 첫 번째 시행에서 2~7분 동안 정처 없이 돌아다녔고, 그런 뒤에야 결국 출구를 찾아 실험자로부터 작은 고기와 큰 포옹을 보상받았다.[4] 강아지들은 연습을 통해 향상되었다. 10번째 시행에서는 모든 강아지가 1분 안에 미로를 빠져나왔다. 흥미롭게도 견종에 따라 강아지들은 다른 전략을 사용했다. 비글은 모퉁이마다 코를 대고 냄새를 맡는 통에 주의가 산만했고, 폭스테리어는 벽을 물어뜯어 구멍을 내느라 속도가 느렸으며, 바센지는 침착하지만 신속하게 미로를 통과했다. 대부분은 처음 몇 번의 시행에서 오류를 20번 정도 저질렀지만, 몇몇 재능 있는 강아지는 거의 실수하지 않았다. 그 아이들은 방향을 틀 때마다 어느 쪽으로 가야 할지를 신중히 생각하면서 천천히 미로를 빠져나왔다. 대부분의 강아지가 처음 몇 번의 시행에서 대략 20번 정도 막다른 골목에 부딪힌 점을 고려할 때 그건 괄목할만한 성적이었다.

하지만 최상위권 강아지들도 자기가 뭘 하고 있는지 이해하지 못했다. 이 아이들은 곧 앞을 가로막는 것이 무엇이든 교대로 왼쪽과 오른쪽으로 방향을 트는 좌우 전략을 구사했다. 그 결과, 미로 과제를 하면 할수록 재능 있는 강아지들도 성적이 떨어져서 결국 재능 없는 강아지들과 비슷해지고 말았다.[5]

미시건대학교의 해리 프랭크Harry Frank와 마사 프랭크Martha Frank 교수는 늑대와 개가 간단한 우회로 문제를 어떻게 해결하는지를 테스트했다. 철망 울타리 너머에 음식이 놓여 있었고, 울타리는 짧거나(약 1미터) 길거나(약 7미터) U자 형태였다. 실험자들은 몇 마리의 늑대와 개를 대상으로 울타리를 우회해서 음식을 얻는 능력을 테스트했다.

늑대들은 재빨리 다양한 우회로 문제를 모두 해결한 반면, 개들은 울타리 앞에서 음식을 바라보고 철망을 계속 긁거나 방향 틀기를 반복한 후에야 울타리 끝에 도달했다. 긴 울타리가 있을 때 개들은 늑대보다 실수를 2배 많이 했고, U자형 울타리에서는 거의 10배나 더 많이 했다. 여러분도 기억하겠지만, 천재성의 기준은 가까운 친척들을 능가하는 것이다. 그렇다면 우회로 과제에서는 늑대가 천재 트로피를 획득할 것으로 보인다.

개와 고양이의 기억력을 비교할 땐 희망이 엿보인다. 한 실험에서는 개나 고양이가 지켜보는 가운데 실험자가 4개의 상자 중 하나에 보상물을 숨겼다. 개와 고양이는 보상물을 탐색하도록 허락될 때까지 기다려야 했다. 고양이는 10초만 지나면 음식의 위치를 잊기 시작했지만, 개는 30초가 지나서야 음식의 위치를 잊기 시작했다. 고양이는 60초가 지나면 음식이 어디에 있는지를 거의 완전히 잊었지만, 개는 4분이 지난 후에도 얼마간 성공적으로 기억했다.

지금까지 단 한 가지 지능에서도 개보다 영리하지 않은 동물은 무엇일까?

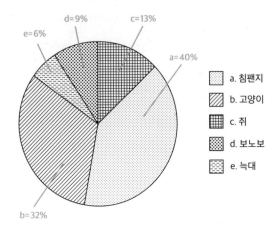

비록 3분의 1에 해당하는 사람이 고양이가 개보다 영리하지 않다고 옳게 추정했지만, 그보다 훨씬 더 많은 사람이 침팬지가 개보다 영리하지 않다고 믿었다. 사실 침팬지는 거의 모든 맥락에서 개보다 영리하다. 주목할만한 예외가 사람과 소통하는 능력이다.

하지만 개가 고양이보다 기억력이 좋을진 몰라도 그건 큰 의미가 없다. 노화와 기억력을 테스트하는 과제에서 개와 쥐는 여덟 개의 가지가 햇살처럼 중앙의 출발지점으로부터 방사형으로 뻗은 미로를 통과해야 했다. 각각의 가지에는 음식이 숨겨져 있었으므로, 동물은 이미 탐색한 가지가 어느 가지인지를 기억해야 했다. 개는 81퍼센트의 성공률을 보인 반면, 쥐는 첫 번째 탐색에서만 90퍼센트 이상의 성공률을 올렸다. 같은 게임을 약간 더 어렵게 변형한 테스트에서 쥐는 95퍼센트 정확하게 선택한 반면, 개는 55퍼센트만 정확했다.[6]

개의 GPS 같은 능력에 대해 알려주는 수많은 기사를 고려할 때, 개가 늑대처럼 울타리를 우회하지 못하거나 쥐처럼 자기가 탐색했던 장소를 기억하지 못한다는 것은 놀라운 일일 수 있다. 텁수룩한 시추 프린스는 주인이 네 번 이사했음에도 5년 후에 집을 찾아왔다.[7] 테리어 종인 메이슨은 토네이도에 날려갔다가 두 다리가 부러진 채 집으로 돌아왔다.[8]

나의 장모님 재키는 1991년에 반려견 스누퍼와 함께 차를 몰고 집에서 4마일(약 6.5킬로미터) 거리에 있는 친구 집에 갔다. 장모님이 잠깐 일을 보러 나간 사이에 스누퍼는 그 집을 뛰쳐나와 도망치고 말았다. 한겨울 초저녁이고 칠흑같이 어두웠다. 자정이 되어 수색팀이 철수한 뒤 장모님은 집으로 차를 몰았다. 집에 도착해보니 스누퍼가 진입로에 앉아 꼬리를 흔들고 있었다. 스누퍼는 어떻게 길을 찾아 집으로 왔을까?

경우에 따라서는 랜드마크를 이용한다. 랜드마크를 이용하면 여러 출발점에서 목적지를 쉽게 찾을 수 있다.[9] 실험자는 개들이 지켜보는 동안 장난감을 우드칩 밑에 묻고 같은 우드칩으로 바닥 전체를 덮었다. 장난감은 개들이 찾거나 냄새를 맡을 수 없도록 완벽하게 숨겼다. 실험자는 장난감이 묻힌 곳에서 0.5미터 이내에 작은 쐐기를 박아두었다. 개들은 그 쐐기를 랜드마크로 사용해서 장난감을 찾아냈다.

심지어 개가 보지 못하는 사이에 실험자가 쐐기의 위치를 바꿨을 때도 개들은 쐐기의 새로운 위치를 기준으로 거리에 비례해서 탐색 범위를 수정했다.[10] 만약 개들이 그 랜드마크를 활용해서 탐색하지 않고 있었다면, 이 같은 비례적인 수정은 보이지 않았을 것이다.

하지만 개들은 랜드마크를 **활용할 줄은 알아도** 대체로 그러지 않는다. 음식물을 개의 왼쪽에 숨겼다고 가정해보자. 그런 뒤 개를 제자리에서 반 바퀴 돌려서, 반대 방향으로부터 음식물에 다가가게 해보자. 이제 음식물은 개의 오른쪽에 있다. 하지만 애석하게도 개들은 여전히 왼쪽으로 간다. 연구자들은 이것을 자기중심적 접근법을 사용한다고 표현한다.[11]

장모님의 개를 포함하여 길을 찾아 집으로 오는 모든 개는 단지 운이 좋은 녀석들일지 모른다. 아담 미클로시는 이에 동의하면서 이렇게 말한다. "길 잃은 개는 대부분 집을 찾아오지 못한다."[12] 해마다 보호소에 개와 고양이 600만~800만 마리가 오는데 그중 약 30퍼센트의 개가 주인 품으로 되돌아간다. 대개 길을 잃고 헤매던 개들이었다. 개들은 우회로나 랜드마크 또는 작업 기억과 관련된 길 찾기 문제의 해결 능력이 썩 뛰어나지 않기 때문에, 개가 집을 찾아 돌아오리라고 믿어서는 안 된다. 꼭 마이크로칩을 장착해줘야 한다.

개는 물리학 개론을 통과할 수 있을까?

인간은 심지어 유아기에도 물리학의 기초 원리를 금방 이해한다.[13] 아기들은 장난감을 놓으면 밑으로 떨어지고,[14] 공은 벽처럼 단단한 물체를 통과하지 못하고,[15] 장난감 두 개를 연결해서 하나를 움직이면 다른 하나도 같이 움직인다는 것을 이해하기 시작한다.[16] 물리학을 기초적으로 이해하는 덕분에 우리는 필요한 것을 어떻게 찾고, 회수하고, 제자리에 놓을지를 결정할 수 있다.

개들도 그러한 원리를 이해하는지에 대해 생각할 때마다 나는 독일에서 나의 개 밀로와 함께 추운 날 산책하던 기억이 난다. 밀로를 입양할 당시만 해도 그로 인해 날마다 5마일(약 8킬로미터)을 걷게 되리라고는 생각조차 하지 못했다. 라이프니츠에서는 대부분 자전거를 타고 돌아다닌다. 그렇게 밀로와 산책하기는 불가능했다. 밀로에겐 높은 기둥만 나오면 내 반대쪽으로 지나가는 유감스러운 습관이 있었다. 목줄을 채웠을 때 우리는 항상 그 기둥에 묶이곤 했다. 자전거로 한 시간에 20마일(약 32킬로미터)을 주파하는 사람에게 그건 재난이었다. 그래서 그런 기둥을 지나갈 때 밀로가 내 뒤를 따라오는 법을 배울 때까지 나는 뚜벅뚜벅 걷기로 했지만, 결국 그것이 나의 영구적인 이동 방법이 되었다. 나는 이런 문제가 밀로에게만 있을까 하고 의심한다. 심지어 오레오도 나무에 묶어놓으면 금세 나무에 둘둘 묶일 것이다.

실험을 통해 밝혀진 바에 따르면, 개들은 연결성의 원리를 이해하지 못한다. 해리 프랭크와 마사 프랭크는 맬러뮤트와 늑대에게 다양한 과제를 주었다. 줄을 끌어당겨 음식 그릇을 사정거리 안으로 가져오는 과제였다. 다양한 줄 당기기 문제를 즉시 풀어낸 건 늑대뿐이었고, 개들은 더 복잡한 버전들에서는 모두 실패했다.[17]

또 다른 실험이 보여준 바에 따르면, 개들은 줄을 사용해서 투명한 상자 밖으로 음식을 꺼내지 못한다.[18] 처음에 개들은 줄을 무시했다. 상자의 투명한 상판을 계속 긁기만 했고, 수십 번 시행하고 나서야 우연히 해답을 찾았다(208쪽 그림).

심지어는 줄을 당겨 음식을 꺼내는 법을 알게 된 후에도, 줄의 위치를 조금만 변경하면 문제를 전혀 해결하지 못했다(209쪽 상단 그림).

또한 음식을 상자의 구멍과 가까운 데로 옮겨놓으면, 개들은 줄의 존재를 완전히 잊고서 독창적이지만 완전히 쓸모없는 '핥기' 전술에 의존했다. 혀를 길게 뻗어 음식을 잡으려고 한 것이다(209쪽 하단 그림).

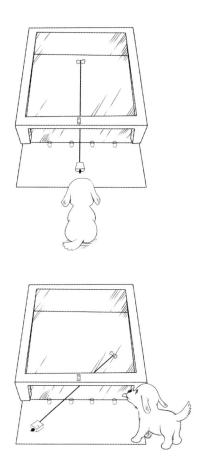

　　개들은 서서히 나아졌지만, 성공의 원인에 대해서는 아무것
도 배우지 못하고 있음이 또 다른 실험을 통해 밝혀졌다. 이번
에는 줄 두 개를 X자 모양으로 교차시켜놓고, 한 줄에만 음식
을 매어놓았다. 개들은 음식과 가까운 줄에 이끌려가서 그 줄

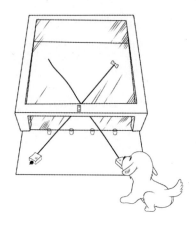

만 잡아당겼다. 줄이 음식과 연결되어 있어야 한다는 것을 이해하지 못한 것이다(210쪽 그림).[19]

그에 비해 영장류와 까마귀(조류 세계의 '유인원')는 그와 비슷한 문제들을 대체로 능숙하게 해결한다.[20] (비록 어떤 개들은 비슷한 과제를 성공적으로 해결하지만.)[21]

연결성을 이해하는 문제에서 개는 고양이만큼 한심하다. 고양이도 위와 같은 테스트를 엉망으로 치른다.[22] 그런 이유로 나는 라이프니츠에서 자전거를 타지 못했으며, 개를 나무에 묶어놓을 땐 관심을 기울여야 한다.

개는 청각이 날카롭기로 유명하다. 개는 종종 우리가 듣지 못하는 것을 듣는다. 개가 남들의 발성을 이해하는 건 분명하지만, 세계에는 비사회적인 소음도 있다. 개가 폭포 끝에 서 있다면 저 무시무시한 소리가 물의 힘이며 벼랑에 다가가서는 안 된다는 것을 알까?

간단한 실험이 그렇지 않다는 것을 말해준다. 이 과제에서는 두 용기 중 하나에 음식을 담아놓고 사람이 한쪽 용기를 흔든 뒤 개들에게 그릇을 선택하게 했다. 어느 땐 용기에서 소리가 났고, 어느 땐 소리가 나지 않았다. 물체가 충돌할 때 소리가 난다는 것을 개들이 이해한다면, 소리가 나지 않은 용기보다는 소리가 나는 용기를 봐야 한다. 하지만 침팬지와는 달리 개들은 흔들 때 소리가 나는지 안 나는지에 상관없이 사람이 건드린 컵을 선택했다.[23]

개들이 이해하는 것처럼 보이는 건 고체의 원리다. 물체는 다른 물체를 통과할 수 없다. 예를 들어, 개들은 당신이 던진 공이 소파나 집을 통과하지 못한다는 걸 이해한다. 이걸 테스트하기 위해 실험자는 개들에게 판자 두 개를 보여주었다. 실험자는 한 판자를 들어 올려 그 밑에 음식을 숨기고 판자를 경사지게 했다. 그런 뒤 두 번째 판자를 똑같이 들어 올리고 음식을 숨겼지만, 이번에는 평평하게 놔두었다. 음식은 판자를 통과할 수 없으므로, 밑에서 판자를 받치고 있어야 한다. 개들은 그렇게 추론하는 것 같았다.[24] 경사진 판자를 선택하는 경향이 강했기 때문이다.

이와 비슷한 실험에서 실험자는 음식물이 튜브를 타고 미끄러져 내려가 상자 안으로 떨어지는 것을 개들에게 보여주었다. 음식은 상자의 먼 구석으로 굴러갔으니, 이제는 미끄럼틀에서

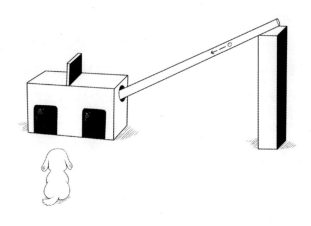

멀리 있는 입구로만 접근할 수 있었다.[25] 다음으로, 실험자는 물리적 장벽을 집어넣어 상자를 두 구역으로 분리했다. 이제 음식은 미끄럼틀에서 가까운 문으로만 접근할 수 있었다(212쪽 그림).

모든 개가 장벽의 존재를 고려하여 교대로 음식을 찾았다. 장벽이 있을 땐 음식물이 장벽을 통과해 더 먼 데까지 굴러갈 수 없다는 걸 추론하는 것 같았다.

하지만 개들은 고체성을 이해할진 몰라도 고체성과 중력이 뒤섞였을 땐 약간 혼란스러워했다. 개가 지켜보는 상황에서 실험자는 튜브를 통해 음식물을 세 개의 상자 중 하나에 떨어뜨렸다. 튜브는 바로 밑에 있는 상자와 일직선으로 연결되기도 했고, 다른 상자와 비스듬히 연결되기도 했다(213쪽 그림).

튜브가 똑바로 내려갈 때 개들은 음식물이 중력 때문에 아

래에 있는 상자로 떨어지게 된다는 걸 이해했다. 하지만 튜브가
꺾여서 다른 상자로 들어갈 때, 개들은 튜브 때문에 음식물이
똑바로 떨어지지 않게 된다는 걸 이해하지 못했다. 유아나 일부
영장류와는 달리 개는 연습을 하면 성적을 올릴 수 있다.[26] 이
는 중력 편향을 극복할 능력이 있음을 의미한다. 하지만 자연발
생적으로 성공하지는 못하는 것으로 보아, 낙하하던 음식물이
왜 중력을 거부하는지는 이해하지 못하는 게 분명하다.[27]

　지금까지 알게 된 것으로 미루어, 개가 조만간 노벨 물리학
상을 받을 가능성은 희박하다. 연결성에 부딪히면 당황하고, 기
본적으로 고체성을 이해하긴 해도 중력이 개입하면 혼란에 빠
진다.

오레오를 대상으로 한 그 첫 번째 실험에서 나는 오레오가 테니스공을 쫓아 헤엄치는 중에 가리키기 몸짓을 따를 줄 아는지를 테스트했다. 가끔 호수에서 테니스공을 놓치면 내가 방향을 가리킬 때까지 나를 향해 다가왔기 때문이다. 이는 어느 정도 자기 인식이 있음을 가리킨다. 즉, 오레오는 공이 어디 있는지를 몰라 나에게 어디를 봐야 하는지를 묻고 있었다.

이 가능성을 뒷받침하는 또 다른 실험에서 개들은 병 안에 어떤 종류의 '쿠키'가 들어 있는지를 대형 유인원만큼이나 잘 기억했다. 유인원처럼 개들도 사람이 용기 안에 음식을 넣는 것을 본 뒤 그 용기에서 다른 음식이 나오면 놀라움을 표시한다.[28] 병 안에 쿠키를 넣는 것을 본다면 그와 똑같은 쿠키가 나올 거라고 예상하는 것이다. 다른 어떤 걸 보고 놀란다는 것으로 미루어, 개들은 내용물이 무엇인지를 자기가 알고 있다는 걸 '아는' 거라고 추정할 수 있다.

개가 자신의 무지를 인식한다는 것을 가리키는 근거가 하나 더 있다. 개들은 불가능한 문제에 부딪히면 즉시 사람에게 도움을 요청한다.[29] 음식이 용기 안에 잠겨 있을 때 개들은 즉시 사람을 쳐다보고 상자를 직접 열려고 하지 않는다. 아마 그 이유는 개들은 상황이 어려워지면 좌절하고 항상 부모에게 찾아오기 때문만은 아닐 것이다. 개들은 해결책을 몰라 도움이 필요하다는 걸 아는 것이다.

하지만 개들이 과연 자기가 '어떤 것을 알고 있다는 걸' 아는지 모르는지를 조사할 목적으로 특별한 연구가 고안되었고, 결국 개들이 자기 자신의 무지를 인식한다는 증거는 거의 발견되지 않았다. 침팬지는 음식이 어디에 숨겨져 있는지 모르면 모든 장소를 조사한 뒤 한 곳을 선택한다. 예를 들어, 음식이 두 개의 튜브 중 하나 안에 숨겨져 있으면, 침팬지는 몸을 숙여 튜브를 하나씩 들여다보고 음식을 찾는다.[30] 하지만 두 건의 실험에서 개는 그러한 자기성찰 행동을 보이지 않았다. 두 실험에서 개는 음식이 어디 있는지를 모른 채 즉시 선택했다.[31] 선택하기 전에 은닉 장소 두 곳을 다 조사할 기회가 주어졌음에도,[32] 그저 어림짐작으로 한 곳을 고른 것이다.

어떤 것을 봤는지 못 봤는지를 아는 것은 자기 인식의 한 가지 유형일 뿐이다. 또 다른 유형은 자기 자신과 남을 구별하는 능력이다. 1970년대에 고든 갤럽Gordon Gallup은 거울 테스트를 개발했다. 동물을 거울 앞에 데려다놓고 몇 시간 동안 관찰한 것이다. 동물은 대부분 거울 속에서 자기를 보고 있는 존재가 다른 동물인 것처럼 행동했다(계속해서 거울을 위협하거나 거울 뒤로 가서 다른 동물이 있는지를 살펴봤다). 하지만 대형 유인원을 포함한 몇몇 종은 즉시 행동을 바꿨다. 다른 개체를 보는 듯 행동하지 않고, 거울을 도구 삼아 평소에 볼 수 없었던 신체 부위를 보기 시작했다. 보노보는 이빨 수를 셌고, 침팬지는 눈썹을 정리했으며, 고릴라는 등에 난 은백색 털을 살펴봤고, 오랑우탄은 커다란 턱의 안쪽을 들여다봤다.

개는 거울상을 이해한다는 표시를 전혀 보이지 않는 종에 속한다.[33] 거울을 향해 짖거나 거울 뒤를 탐색하다가 금세 흥미를 잃는다(216쪽 그림).

하지만 콜로라도대학교의 유명한 개 전문가인 마크 베코프 Marc Bekoff 교수는 거울 테스트 자체를 의심했다. 그는 새로 내린 눈 위에서 반려견 제스로가 다른 개들의 소변 냄새를 맡는 것을 지켜보기 시작했다. 제스로는 전에 마킹했던 눈에 다시 마킹하는 데 시간을 거의 허비하지 않았다. 대신에 지난번에 산책한 이후로 다른 개가 마킹한 곳을 조사하고 다시 마킹하느라 많은 시간을 보냈다. 제스로는 분명 자기 자신의 광고와 다른 개들의 광고를 구별할 줄 알았다.[34]

개들은 또한 자기 자신의 크기가 어느 정도인지를 기준으로 다른 개들의 크기를 평가할 줄 안다(비록 씩씩하기로 이름난 몇몇

잭러셀테리어는 이 능력을 잃어버린 것 같지만). 따라서 개들은 다른 개를 이해하는 법은 잘 알고 있지만, 자기 자신을 되돌아보는 능력은 그보다 제한적일지 모른다. 개들은 자기 자신을 다른 개들과 지각적으로(예를 들어, 냄새를 통해서) 구별할 줄 알지만, 우리처럼 자아감을 가지고 있다거나 자기가 아는 것과 모르는 것을 재고한다는 경험적 증거는 존재하지 않는다.[35]

혼자일 때

지금까지 내가 본 가장 인상적인 장면 중 하나는 저스틴 비버Justin Bieber의 히트곡 〈베이비〉에 맞춰 치와와가 복잡한 발레 동작을 연이어 해내는 모습이었다. '뮤지컬 캐나인 프리스타일Musical Canine Freestyle'* 경연대회에서 그 치와와는 비버와도 어깨를 견줄 만큼 화려하게 스피닝, 트위스팅, 바우잉 동작을 조합해서 연기했다.

우리는 개에게 멋진 묘기를 가르칠 수 있기 때문에 개가 연합 학습을 특별히 잘한다고 생각하는 경향이 있다. 하지만 연합 학습 분야에서도 개는 그리 인상적이 아니다. 해리 프랭크는 개들이 색깔 있는 블록과 음식의 위치를 연관 짓는 법을 늑대보다 빨리 배울 거라고 생각했다.[36] 흰색 블록은 음식이 숨겨져 있는 곳을 나타냈고, 검은색 블록 두 개는 아무것도 없다는 것

---

* 개와 사람이 어울려 음악에 맞춰 춤을 추는 애완동물 스포츠.

을 나타냈다.

프랭크는 새끼 늑대들을 직접 길러서 늑대와 맬러뮤트를 비교했다. 늑대는 시행을 50번만 하고도 검은색이 아닌 흰색 블록을 잘 선택한 반면, 개들은 100번 이상을 해야 했다. 프랭크가 연합을 바꿔서 흰색이 아닌 검은색 블록이 음식의 위치를 나타내게 했을 때에도, 개들은 그 과제에 숙달하기까지 늑대보다 30퍼센트 더 많은 시간을 보냈다.[37] 혼자일 때 개들은 외로운 늑대에 맞서지 못한다.[38]

빅토리아 워버와 나도 비슷한 연구를 했다. 하지만 우리는 임의적인 연합(장소와 색)을 알아보는 테스트 외에도 사회적 성격이 가미된 테스트를 추가했다. 개가 늑대보다 못한 이유는 임의적인 것을 학습하고 있었기 때문일지 몰랐다. 우리는 개가 사람의 정체성 같은 더 친숙한 단서를 사용해야 한다면 더 나을 거라고 예상했다.

우리가 고안한 사회적 테스트에서 한 사람은 개에게 항상 보상을 주고, 다른 사람은 전혀 보상을 주지 않았다. 우리는 한 사람이 항상 관대하다는 것을 개가 얼마 만에 파악하는지를 측정했다. 그런 뒤 역할을 바꿔서 갑자기 인색한 사람이 관대한 사람이 되고 관대한 사람이 인색한 사람이 되었다. 이번에도 우리는 개가 이 새로운 조합을 얼마 만에 학습하는지를 측정했다.

실험을 마치고 개의 결과와 침팬지의 결과를 비교했더니, 한 사람이 항상 관대하다는 것을 학습한 시간은 거의 같았다. 하지만 관대한 사람이 인색해졌을 때 침팬지는 즉시 변화를 알아챈 반면, 개는 훨씬 더 오래 걸렸다.[39] 개보다 침팬지와 늑대가 연합 학습에 더 뛰어난 것으로 보인다.

지금까지 우리는 의사소통에 뛰어난 바로 그 동물이 길을 찾을 때나 물리적 법칙을 이해할 때는 눈에 띄게 이해가 느리다는 걸 확인했다. 물론 연합 학습을 통해 그런 문제를 서서히 배워나가긴 한다. 하지만 늑대나 쥐 또는 침팬지와 비교할 때, 개는 혼자서 문제를 해결하는 능력이 그리 인상적이지 않다. 하지만 다시 비범해 보일 때가 있다. 자기가 속한 곳으로 돌아와 무리와 함께 달릴 때다.

8
무리 동물

개는 애초부터 외로운 늑대가 아니다. 물론 그들은 다양한 인지 문제를 풀 때마다 진땀을 흘리고, 유아도 이해하는 간단한 자연의 법칙을 이해하지 못한다. 하지만 개의 의사소통 능력만큼은 사회적 생활방식에 더 적합하다.

사회에서 생활하면 혼자서는 알아내지 못할 새로운 것들을 남에게서 배울 수 있다는 이점이 있다. 또 다른 이점은 다수가 협력해서 힘을 불릴 수 있다는 것이다. 많은 동물이 서로에게 배우고 협력하는데, 그와 관련된 인지는 단순할 수도 있지만 타자에 대한 풍부한 이해를 요구할 수도 있다. 개가 무리와 함께 달리게 된 배경에는 우리가 밝혀내야 하는 또 다른 천재성이 숨어 있을지 모른다.

여름에 내 동생은 반려견인 커즌 카터를 데리고 와서 우리 개 태시하고 호수에서 놀게 했다. 카터와 태시는 나이가 거의 비슷했지만, 카터는 래브라도라서 네 발로 걷자마자 물에 들어가 헤엄치는 걸 좋아했다. 카터가 좋아하는 게임은 호수에서 테니스공을 추적하는 것이다. 어릴 적에 태시는 물에 좀 더 조심스럽게 접근했다. 물에 발을 살짝 담갔고, 사람이 공을 던지면 머리가 흠뻑 젖지 않는 한에서 공을 물어왔다.

하지만 태시는 경쟁심이 대단했다. 처음에 태시와 카터를 데리고 호수에 갔을 때였다. 카터가 배치기 다이빙을 해서 공을 물고 의기양양하게 돌아오자 그걸 본 태시는 안절부절못하고 힘겨워했다. 하지만 곧 태시도 배치기 다이빙을 시작했고, 잠시 후에는 카터보다 유리하게 출발할 수 있게 던져주면 공을 물고 개선장군처럼 귀환했다. 그때부터 태시는 젖는 것에 전혀 개의치 않았다. 물론 태시에게 헤엄은 충분히 혼자 배울 수 있는 기술이었지만, 행동이 그렇게 빨리 변한 것으로 보아 틀림없이 카터의 영향도 한몫했다.

개는 다른 개를 지켜봄으로써 영향을 받는다. 동물이 습득해야 하는 기초 기술 중에는 좋은 음식과 나쁜 음식을 구별하는 법이 있다. 예를 들어, 쥐는 최근에 죽은 쥐의 얼굴에서 새로운 냄새가 나면, 그와 똑같은 냄새가 나는 모든 음식을 회피한다(그래서 쥐약은 대개 무용지물이 된다). 반면에 건강한 쥐의 입에

서 새로운 냄새가 나면 그 냄새에 이끌린다.[1]

개도 쥐와 같은 방법으로 음식에 대해 배울까? 이 문제를 풀기 위해 한 실험자는 바질이나 백리향을 친 새로운 음식을 내놓고 개들에게 선택권을 주었다. 처음에 개들은 어느 한 음식을 선호하지 않았다. 하지만 한 음식에 입을 댄 다른 개를 먼저 만났을 땐, 그 개를 따라 주로 그 향을 선호했다.[2] 만일 당신의 개가 새로운 음식을 잘 먹지 못한다면, 사회적 환경을 만들어주는 것이 입맛을 바꾸는 데 도움이 될 것이다.

개는 남들과의 상호작용을 통해 무엇을 먹을지 결정할 뿐 아니라, 얼마나 많이 먹을지도 결정한다. 다른 실험에서 실험자는 개가 혼자 있을 때 밥을 주거나, 다른 개들이 식사하고 있는 자리에서 밥을 줬다. 개들은 혼자 먹을 때보다 눈앞에서 다른 개들이 밥을 먹고 있을 때 최대 86퍼센트까지 더 많이 먹었다.[3] 만일 당신의 개가 칼로리를 줄여야 한다면 독상을 차려주는 게 좋을 듯하다.

개는 남을 지켜봄으로써 혼자서는 진땀을 흘려야 할 문제를 자연발생적으로 해결한다. 앞에서 본 바와 같이 늑대는 개보다 더 빨리 장벽을 돌아 음식에 도달했고, 실수를 더 적게 했다.[4] 하지만 헝가리 외트뵈시로란드대학교의 페테르 폰그라츠Peter Pongrácz 교수에 따르면, 개는 무리 동물이기 때문에 혼자 해결책을 알아내기보다는 다른 개가 위험이나 장애물을 피하는 것을 보고 배울 줄 아는 능력이 있을 거라고 생각했다. 따라서 만일 다른 개가 눈앞에서 먼저 우회로 문제를 풀면 같은 우회로 문제를 훨씬 더 빨리 풀 거라는 것이 그의 예측이었다.

폰그라츠는 V 자형 울타리를 우회해야 하는 문제를 개들에게 냈다.[5] 울타리는 양쪽으로 각각 3미터 길이였고, 음식은 V 자 안에 놓여 있었다.

혼자 있을 때 개들은 울타리 끝을 도느라 애를 먹었다. 개들은 30초 동안 왔다 갔다 한 후에야 음식에 도달하는 법을 깨달았다. 심지어 문제를 여러 번 해결한 후에도 속도가 나아지지 않았다. 테스트가 사회적으로 변하자 모든 게 변했다. 다른 개나 사람이 먼저 문제를 해결하면 그들은 그 모습을 보고 첫 번째 시행에서 10초 이내에 곧바로 장애물을 우회했다.

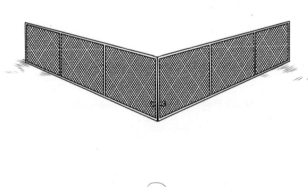

이것으로 보아 때때로 개들은 동일한 성공에 직접 도달하기보다는 남들의 성공을 지켜본 다음에 더 빨리 문제를 해결한다고 결론지을 수 있다.

모방의 천재

로이드 모건이 기르는 테리어, 토니는 시행착오를 통해 대문 여는 법을 알아냈다. 토니는 복잡한 행동을 간단한 형태의 인지로 어떻게 설명할 수 있는지의 고전적인 예가 되었다. 토니가 시행착오에 의지할 수밖에 없었던 이유는, 걸쇠를 이동시켜야만 대문과 걸쇠의 연결을 끊을 수 있다는 점을 이해하지 못했기 때문이다. 하지만 토니는 다른 방법으로도 대문을 여는 방법을 즉시 배울 수 있었다. 누군가가 먼저 문을 여는 것을 보았다면 말이다.

비록 개들은 리드줄을 하고 있을 때 연결성을 이해하는 건 서툴지라도, 남을 지켜봄으로써 해법을 학습하는 데는 탁월하다. 작동방식을 이해하진 못해도 남이 어떻게 하는지는 알아내는 것이다. 최근에 한 연구에서 실험자는 문 뒤에 상자를 놓고 그 안에 음식을 숨겼다. 오른쪽으로 밀거나 왼쪽으로 밀 수 있는 문이었다. 실험자는 개들에게 문을 열고 음식을 찾을 기회를 주었다. 개들은 어느 방향으로나 문을 밀면 보상을 얻을 수 있었지만, 다른 개가 시범을 보인 방향으로만 문을 이동시켰다.[6]

하지만 비슷한 연구에서 개들은 자연발생적으로 사람을 모방하지 않았다. 개들이 지켜보는 가운데 사람이 손잡이를 한 방향으로 움직여서 장난감을 꺼내주었다. 사람이 손잡이를 만진 후에 개들은 손잡이에 더 많은 관심을 보였지만, 손잡이를 똑같은 방향으로 이동시키진 않았다.[7]

비록 개들이 자연발생적으로 인간을 따라 하진 못해도,[8] 그렇게 하도록 천천히 길들일 순 있다. 실험자들은 개들에게 문을 밀어서 열 수 있는 조건을 만들어주었다. 절반의 개가 사람과 같은 방법을 사용해서 보상을 받았고, 나머지 절반은 다른 수단을 사용해서 보상을 받았다. 사람을 모방해서 보상받은 개들은 다르게 행동해서 보상받은 개들보다 학습하는 시간이 훨씬 짧았다. 개들에겐 남의 행동을 모방하는 선천적 성향이 있는 것으로 보인다. 그렇다면 우리가 행동하지 않고 말로만 가르치려 할 때 개들은 과제를 잘 학습하지 못할 수 있다.[9]

연구에 따르면 개들은 다른 개의 한 가지 행동을 자연발생적으로 모방할 뿐 아니라 어떤 경우에는 인간을 모방하는 경향이 있다고 한다. 하지만 많은 문제가 울타리를 우회하거나 문을 좌우로 이동시키는 것보다 복잡한 해결책을 필요로 한다.

인간은 유아기에도 순차적인 행동을 모방해서 문제를 해결한다. 개들도 순차적인 행동을 모방할 줄 아는지를 테스트한 사람이 있다. 요제프 토팔은 우리가 이미 만난 적이 있는 보조견, 필립을 선정했다.[10]

필립은 세 가지 음성신호에 반응해서 세 가지 행동을 하도록 훈련받았다. 그런 뒤 토팔은 필립에게 각각의 행동에 대한 세 가지 음성신호를 주는 대신 필립에게 "나처럼 해봐!"라고 말한 뒤 한 가지 행동을 몸소 보여주었다. 필립은 토팔의 행동만 보고서 어느 행동을 수행할지 판단해야 했지만, 토팔의 행동을 금세 따라 했다.

필립이 자신의 모방 기술을 일반화할 줄 아는지를 보기 위해 토팔은 새로운 행동 조합으로 필립을 테스트했다. 그러자 필립은 가끔 자신과 토팔의 차이를 보완해야 했음에도 새로운 행동을 자연발생적으로 모방할 때가 더 많았다. 예를 들어, 토팔이 두 다리로 빙글 돌면 필립은 네 다리로 빙글 돌았다.

멋진 피날레가 남아 있다. 필립이 지켜보는 가운데 토팔은 다양한 물건을 각기 다른 위치로 옮겨놓았다. 필립은 지금까지 이런 종류의 문제를 풀어보라고 요구받은 적이 없었음에도 토팔이 "나처럼 해봐!"라고 말하자 1초도 주저하지 않았다. 필립은 토팔이 한 것처럼 물건을 각기 다른 위치로 옮겨놓았다.[11]

개들은 적어도 한 가지 조치만 필요로 한다면, 자연발생적으로 문제 해결 방법을 찾을 수 있다. 그리고 적어도 한 마리의 개는 훈련을 통해 복잡한 순차적 행동을 모방할 줄 안다. 그렇다면 여기서, 개는 남의 행동을 모방할 때 추론을 하느냐고 물을 수 있다. 예를 들어, 눈앞에서 어떤 사람이 이케아 가구를 조립하는데, 중간에 그 사람 코에 상처가 났다고 가정해보자. 직접 본 것에 기초하여 이번에는 당신이 이케아 가구를 조립할 때, 당신은 코에 상처를 내지 않는다. 코의 상처는 가구 조립과 무관하다는 것을 추론하기 때문이다.

한 실험에서 유아가 지켜보는 가운데 성인이 머리로 전등을 켰다. 유아들은 성인이 손을 사용해서 전등을 켜지 않은 데는 이유가 있다고 추론했고, 그에 따라 성인의 방법을 모방해서 머리로 전등을 켰다.[12] 하지만 다음에는 담요로 두 팔을 감고 손을 사용할 수 없는 상태에서 머리로 전등을 켜자 아기들은 더 이상 머리를 사용하지 않고 손으로 전등을 켰다.[13] 유아들은 어른이 손을 사용할 수 없기 때문에 손으로 전등을 켜지 않았다고 추론했고, 그래서 그 이상한 방법을 무시하고 손으로 전등을 켠 것이다.

실험 결과는 논란의 여지가 있지만, 한 연구자는 개가 유아와 똑같이 추론한다고 주장한다. 연구자는 개를 훈련시켜 어색한 기술을 다른 개에게 시범 보이게 했다. 앞발로 줄을 당겨 음식이 나오게 하는 기술이었다(229쪽 상단 그림).

눈앞에서 시범견이 그렇게 하자 개들은 입으로 당기는 게 더 쉬웠음에도 시범견을 열심히 모방했다. 하지만 시범견이 공을 물고 있어서 앞발을 쓸 수밖에 없었을 땐, 개들이 입을 사용하는 경우가 더 많았다(229쪽 하단 그림).

이 결과가 놀라운 것은 유아들에게서 얻은 결과와 유사하기 때문이다.[14] 또한 논란의 여지가 있는 것은 그 후로 이 연구 결과가 되풀이되지 않았기 때문이다.[15]

개들은 틀림없이 무리의 힘에 의지한다.[16] 혼자서는 문제를 해결하지 못해도 무리와 함께 생활하면 누군가 우연히라도 해법을 발견할 가능성이 커진다. 일단 누군가가 해법을 우연히 발견하면 나머지는 그 성공으로부터 금방 배울 수 있다.

그렇다고 해서 개들이 사람과 똑같이 사회적으로 배운다는 뜻은 아니다. 개들은 무엇을 모방하고 무엇을 모방하지 않을지를 결정할 때 사회적 추론을 하기는 해도, 사람만큼 융통성 있게 또는 능숙하게 행동을 모방하지 못한다. 이는 여러 가지 면에서 축복이다. 만일 개들이 우리를 지켜보고 도구 사용법을 익힐 줄 안다면 우리 방문에 채워야 할 자물쇠들을 상상해보라!

야생에서 협력하기

많은 개가 인간의 가족이 되어 살지 않으며, 어떤 개들은 사람과 직접 접촉하는 일이 거의 또는 전혀 없다. 떠돌이개는 가축화되었지만 야생의 삶으로 돌아간 개들이다. 여기에는 딩고와 뉴기니싱잉독처럼,[17] 인간으로부터 완전히 독립해서 살아가는 개와 인간의 쓰레기를 뒤지면서 살아가는 유기견이 포함된다.[18] 떠돌며 사는 많은 집단은 인간의 의도적인 번식을 여러 세대 동안 겪지 않았다.[19] 따라서 떠돌이개를 연구하면 개들이 인간의 개입 없이 어떻게 의사결정 하는지를 알 수 있다.

몇 가지 측면에서 떠돌이개 무리는 늑대 무리와 비슷하게 조직되어 있다. 떠돌이개 무리는 대개 몇 마리에 불과하지만 10

마리 이상까지 안정적인 규모를 유지하기도 한다.[20] 이 점에 있어 개는 늑대와 비슷한데, 늑대 무리의 전형적인 규모는 보통 7마리를 넘지 않지만 먹이가 풍부할 때는 30마리까지 늘어난다.

연구자들은 지배 위계를 중심으로 떠돌이개 무리를 관찰해 왔다. 무리 안에서는 보통 성견成犬이 준準성견 개와 미성숙 개를 지배한다.[21] 늑대처럼 개도 무리 안에 친한 친구가 있으며 그들과 더 많이 어울린다.

개와 늑대는 무리의 구성원을 소중히 여긴다. 이를 보여주는 가장 확실한 징후는 어떤 갈등이 일어나도 나중에 화해한다는 것이다. 개와 늑대 모두 시끄럽게 다투거나 심지어 으르렁거렸더라도 몇 분 안에 달려가 화해한다. 무리의 유대가 강하다면 싸운 후에 더 잘 화해하는 종은 늑대다. 개는 잘 모르는 개보다는 친한 개와 싸운 뒤에 더 잘 화해한다. 싸운 직후에 주고받는 긍정적 상호작용은 사회적 유대를 복구해서 협력을 촉진하는 강력한 메커니즘이다.[22]

하지만 떠돌이개 무리는 몇 가지 중요한 면에서 늑대 무리와 다르다. 떠돌이개 무리는 혈연이 아닌 개들의 집단인 반면, 늑대 무리는 보통 가까운 친족들이다. 우리가 낯선 사람보다는 자기 가족을 흔쾌히 돕는 것처럼 동물도 가족 구성원을 잘 도와주는 경향이 있다. 무리에 가족이 적으므로 떠돌이개는 늑대와 다르게 협력에 접근한다.[23]

특별히 규모가 큰 경우를 제외하고 늑대 무리에서는 번식을 주도하는 우두머리 부부가 다른 모든 늑대를 지배한다.[24] 이 부부는 지배력을 행사해서 다른 구성원의 번식을 억제한다.[25] 우두머리 암컷은 1년 내내 공격적이며, 다른 암컷들이 짝짓기하지 못하도록 합당한 이유 없이 공격한다.[26] 서열이 낮은 암컷이 용케 번식하면 우두머리 암컷은 그 새끼를 죽이기까지 한다.[27] 수컷 늑대들은 짝짓기 철에 가장 공격적으로 변한다. 수컷들은 자기가 좋아하는 암컷과 다른 수컷이 짝짓기를 시도하면 참지 못하고 공격한다. 이 행동은 질투와 비슷할 수 있다.[28]

어리고 서열이 낮은 구성원은 대개 우두머리 부부가 전해에 낳은 자식들이다. 어린 늑대는 부모 곁을 떠나지 못한다. 다 자라기 전에 다른 무리를 만나는 건 위험하기 때문이다.[29] 어린 늑대는 밥값을 하기 위해 부모를 도와 다음 세대를 양육한다. 이들은 사냥을 마치고 나면 동생들에게 음식을 가져오고, 부모가 사냥하는 동안 새끼들을 지킨다.[30] 어린 늑대는 자기 새끼를 낳을 수 없지만, 형제자매의 생존에 기여함으로써 유전자를 간접적으로 전달한다. 우두머리 부부는 그러한 협력 구조의 이득을 톡톡히 본다. 나이 든 자식들이 성숙할 때까지 무리 안에서 안전하게 살 수 있는 동시에, 새로 태어난 자식들도 살아남을 가능성이 커지기 때문이다.[31]

떠돌이개는 다른 체계에 의존한다. 어떤 무리에는 지배 위계가 있어서 먹이나 짝짓기 파트너에게 먼저 접근할 수 있다. 하지만 떠돌이개의 위계는 늑대 무리의 위계만큼 엄격하진 않다.[32]

무리를 이끄는 우두머리 부부가 없으며,[33] 친구를 가장 많이 둔 개가 무리를 이끈다.[34] 떠돌이개는 갈 곳을 정할 때 가장 지배적인 개를 따르지 않고, 사회관계망이 가장 강한 개를 따른다.

떠돌이개는 협력적인 번식이나 우두머리 쌍의 독점적 번식을 모른다.[35] 대신에 성생활이 난잡해서 상대를 가리지 않는다.[36] 암컷은 여러 마리 수컷과 짝을 짓고 좀처럼 일대일 유대를 형성하지 않는다. 늑대와 달리 지배적인 암컷은 서열이 낮은 암컷이 번식하려 해도 방해하지 않는다.[37]

떠돌이개들의 성적 자유에는 무거운 책임이 따른다. 짝과 유대를 맺거나 어린 자식들을 억압하지 않는 대가로 암컷은 양육의 짐을 혼자 다 진다. 먹이를 공급해줄 조력자가 없다.[38] 그 결과 떠돌이개의 새끼는 특히 높은 사망률을 보이는데, 생후 1년 생존율이 5퍼센트에도 못 미친다.[39]

떠돌이개는 자식을 기를 때 협력하지 않는다. 하지만 갈등이 일어났을 때도 협력하지 않는지에 관해 연구자들은 관심을 기울였다. 무리 생활은 항상 평화롭지는 않으며, 늑대와 개도 여느 동물 못지않게 무리 안에서 갈등을 경험한다. 감금 상태의 늑대 무리 안에서 세 형제가 힘을 합쳐 무리를 지배하던 아버지를 끌어내린 일이 있다.[40] 떠돌이개가 그렇게 연합하는 건 보기 어렵지만,[41] 어린 애완견들은 다른 강아지를 장난으로 공격할 때 서로 연합하곤 한다. 강아지 두 마리가 싸움 놀이를 하고 있을 때 세 번째 개가 합류하면 그 개는 거의 항상 지고 있는

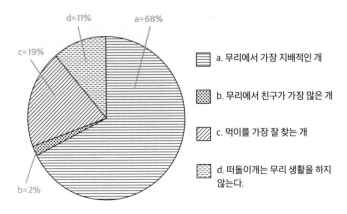

떠돌이개들은 다음 행선지를 결정할 때 누구를 따를까?

d=11%   a=68%

c=19%

a. 무리에서 가장 지배적인 개

b. 무리에서 친구가 가장 많은 개

c. 먹이를 가장 잘 찾는 개

d. 떠돌이개는 무리 생활을 하지 않는다.

b=2%

68퍼센트의 사람들이 떠돌이개는 지배적인 개를 따른다고 믿는다. 2퍼센트만이 친구가 가장 많은 개가 무리의 리더라고 옳게 대답했다.

강아지를 장난으로 공격한다.[42] 이러한 팀플레이는 늑대에게서 물려받았을 것이다. 새끼 늑대가 놀이를 할 땐 다른 늑대를 연합해서 공격하기 때문이다.[43]

　무리 생활의 큰 이점 중 하나는 힘을 합쳐 영역을 지킴으로써 자신을 보호할 수 있다는 것이다. 늑대는 같은 종의 구성원을 공격하고 죽이는 몇 안 되는 동물에 속한다.[44] 늑대 무리가 외톨이 늑대를 발견하면 쫓아가 죽이려고 한다.[45] 극단적인 경우지만 알래스카주 디날리에서는 40~65퍼센트로 추정되는 늑대의 수가 다른 늑대에게 죽었다.[46] 어린 늑대가 번식을 못해도 안전한 무리 생활을 선호하는 건 이상한 일이 아니다.

떠돌이개도 영역성을 보이지만, 서로 죽이는 경우를 보고한 사람은 없었다.[47] 관찰 결과에 따르면, 개들은 수적인 우세를 힘으로 드러내긴 해도, 서로에게 가하는 위협은 늑대 집단에 비해 미미하다. 떠돌이개가 무리끼리 만나면 주로 짖기 경쟁이 벌어진다.[48] 결국 한 무리의 한 일원이 무리를 이끌고 공격을 감행해서 다른 무리를 쫓아버리는 것이 일반적이다. 물리적 싸움은 늑대와 비교할 때 훨씬 드물지만,[49] 중대한 부상의 위험은 존재한다. 연구자들은 무엇이 한 무리를 공세적으로 만들고 무엇이 다른 무리의 반응을 결정하는지에 호기심을 느꼈다. 그리고 대체로 집단의 규모로 승패가 결정된다는 것을 발견했다. 주로 큰 무리가 작은 무리를 쫓아냈다. 결론적으로, 늑대와 개는 모두 집단에서 함께 사는 것이 다른 무리를 이기는 가장 중요한 전략이다.[50]

늑대와 개의 협력 행동에서 나타나는 또 다른 차이는 먹이를 어떻게 찾느냐다. 늑대는 이용할 수 있는 먹잇감과 사냥 파트너에 따라 사냥 전략을 유연하게 구사한다. 외톨이 늑대나 소규모 집단은 작은 동물을 다양하게 사냥해서 생계를 유지한다. 큰 집단은 사자와 같은 방식으로 협동해가면서 캐나다의 무스나 몽골의 사향소musk-ox를 쓰러뜨린다.[51]

그에 비해 떠돌이개는 사냥 솜씨가 변변치 않다.[52] 떠돌이개는 사람이 만든 식량원인 쓰레기 더미에 의존한다.[53] 사냥을 해도 보통 성공하지 못한다.[54] 예외가 있다면, 큰 포유동물 포식자로 진화하지 않은 동물, 즉 호주의 다양한 유대류 동물을 사냥해서 먹는 개를 들 수 있다.[55] 떠돌이개가 사냥하는 모습을 연구자들이 지켜봤을 때, 다른 포유동물에게서 볼 수 있는 협동 전술은 전혀 없었다.[56]

이 사실이 놀라울 수도 있다. 개는 인간 사냥꾼에게 대단히 유용한 듯 보이기 때문이다. 개는 사람과 협동하여 사냥감을 탐지하고 때로는 포획하게끔 교배되고 길들여왔다.[57] 리트리버를 비롯한 오늘날의 많은 견종이 총 같은 현대 무기를 사용하는 인간과 협력해서 사냥한다. 이 견종들은 인간의 몸짓과 발성을 보거나 듣고 자신의 활동을 조율함으로써 개의 천재성을 발휘한다.

하지만 오래된 기술을 이용해서 사람과 함께 사냥하는 개들은 그렇게 정교한 협동을 보이지 않는다. 니카라과의 마양나 부족과 미스키토 부족은 체격과 행동이 '일반적인' 동네 개처럼 보이는 개와 함께 사냥하는 것으로 유명하다. 마양나와 미스키토 사냥꾼들은 개를 자유롭게 풀어둘 뿐 관리나 훈련이나 의도적인 번식을 전혀 하지 않는다. 개가 여러 마리이면 맥貘 같은 사냥감을 탐지할 가능성이 크지만, 개들은 서로 협동하지 않는다. 대신에 두 부족의 사냥꾼들은 개가 짖는 소리를 따라간다. 그 소리는 한 마리나 몇 마리가 먹잇감을 발견했거나 궁지에 몰았다는 신호다. 사냥꾼들은 다트나 화살로 사냥감을 쏜다.[58] 현대의 시각형하운드도 비슷한 사냥 전략을 구사한다. 먹잇감을

늑대와 개의 협력 행동 비교

협력 형태	늑대	떠돌이개와 애완견
영역 보호	한다. 다른 무리 구성원에 대한 치명적인 공격도 있다.	한다. 치명적인 공격은 없고, 신체 접촉도 드물다. 분쟁은 대개 짖기 경쟁을 통해 결판이 난다.
연합 형성	한다. 우두머리 쌍이 연합해서 다른 개체들의 번식을 억제한다. 우두머리 쌍의 수컷을 끌어내린다.	한다. 주로 놀이 중에 관찰된다.
협력적 새끼 양육	한다. 우두머리 쌍의 어린 자식들과 수컷이 무리의 새끼들에게 먹이를 공급한다.	드물다. 수컷이 새끼에게 먹이를 나눠주는 것이 몇 번 관찰되었다. 이전에 태어난 새끼들은 도움을 주지 않는다.
사냥	한다. 큰 집단이 함께 행동해서 가장 큰 포유동물도 쓰러뜨린다. 늑대의 협동능력이나 다른 협력적인 종(이를테면, 하이에나와 침팬지)이 하는 것처럼 적극적으로 도움을 끌어들이는 능력에 대해서는 실험이 이뤄진 적이 없다.	사람과 함께 사냥할 때만 한다. 떠돌이개는 주로 찌꺼기를 청소하거나 작은 먹잇감에 집중한다(딩고는 예외다). 인간이 사냥을 주도하는 동안 개는 단지 큰 사냥감의 위치를 파악하는 것에만 능숙하다.
싸운 뒤 화해	한다. 다투고 나서 2분 안에 화해하고, 가장 중요한 사회적 파트너와 가장 빨리 화해한다.	한다. 낯선 개보다는 친한 개와 빠르게, 더 자주 화해한다.
싸운 뒤 제삼자가 위로	한다. 싸움과 무관한 늑대가 싸운 늑대들과 제휴하거나 그를 '위로'한다.	한다. 영장류와 달리 싸움과 무관한 개가 승자보다는 주로 패자를 위로한다.
파트너 선호 성향	한다. 무리 구성원이 선호하는 사회적 파트너와 제휴하면 질투한다. 새로운 사회적 파트너에게서 다른 차원의 기술, 쾌활함, 관대함을 인식하는지는 확인되지 않았다.	한다. 이동 결정을 내릴 때 떠돌이개는 지배적인 개보다는 좋아하는 개를 따른다. 애완견은 관대하고 쾌활한 인간 파트너를 자연발생적으로 선호한다.
인간과의 협력	안 한다. 사람이 키웠어도 인간에겐 상대적으로 관심이 없다.	한다. 사람이 키운 개는 인간에 의지해서 문제를 해결한다. 인간을 도와 사냥하고, 가축을 몰고, 이동하도록 훈련시킬 수 있다. 최근에는 신체 및 정신 장애가 있는 사람을 돕거나, 질병, 폭발물, 실종자를 탐지하도록 훈련시킨다.

찾아내고 추적하지만 인간과 긴밀히 협동하지 않는 것이다.

개는 무리 생활로 이득을 본다. 혼자서 풀지 못하는 문제를 다른 개가 해결하는 것을 보고 자신의 부족함을 보완한다. 다른 무리와 부딪혔을 땐 단결해서 무리를 방어한다. 늑대의 연합 행동과 협동 사냥은 떠돌이개보다 더 많은 증거를 통해 확인된다. 연구자들은 개들이 특별히 잘 협력한다는 점을 고려하여, 과연 개에게 어떤 인지능력이 있기에 그러한 협력 행동이 가능한지를 이해하고자 다양한 실험을 하고 있다.

개는 배신자를 알아볼까?

떠돌이개는 협력에 의지해서 생존한다. 다양한 협력 행동을 보이면서 무리 친구들과 상호작용하고 영역을 방어한다. 개에게 어떤 인지기능이 있기에 그런 협력이 가능한지를 이해하고자 연구자들은 개들이 자신의 사회적 파트너를 어떻게 인지하고 기억하는지, 새로운 사회적 파트너를 어떤 방식으로 가늠하는지를 연구해왔다. 그리고 개들이 협력해야 할 때와 그렇지 않을 때를 어떻게 결정하는지, 배신하지 않을 협력자를 어떻게 선택하는지도 연구해왔다. 또한 연구자들은 가장 논란의 여지가 많은 주제로서, 개들이 남에 대한 배려나 형평 의식 때문에 협력하는지도 알아보기 시작했다.

협력하기 위해서는 잠재적인 협력 파트너를 알아보고 그런 파트너를 만났을 때 그가 배신할지를 분간해야 한다. 둘 다 개체를 식별할 수 있어야 가능하다. 개는 친구를 기억하는 능력이 뛰어나다. 그리스 신화에서 오디세우스의 개 아르고스는 20년이 지난 후에도 오디세우스를 알아본 것으로 유명하다. 다윈은 왕립해군함 비글호로 세계를 일주하고 3년 만에 돌아왔을 때 '야만적인' 개 차르가 그를 보고 으르렁거리지 않았다고 기록했다.[59] 내가 수년 만에 호주에서 돌아왔을 때, 강아지 적에 키웠던 시나는 나를 주인 반기듯 맞이했다.

연구자들은 개들이 개체를 알아보는지를 확인하기 위해 몇 가지 실험을 했다. 한 실험에서, 개와 그 어미는 2년 동안 떨어져 산 후에도 서로를 알아보았다. 개가 자신의 어미에게 다가갈지, 나이와 견종이 같은 암컷에게 다가갈지를 선택할 수 있을 때는 십중팔구 어미에게 다가갔다. 마찬가지로 어미 개도 주로 자식을 선택했다. 개는 또한 다른 개의 냄새가 나는 천보다는 어미와 같은 냄새가 나는 천을 더 좋아했다.

놀랍게도 개들은 한배에서 태어났더라도 함께 살지 않았다면 2년 후에는 형제를 알아보지 못했다.[60] 이것으로 미루어 볼 때, 개는 사회적 집단 내에서 누구와 협력할지를 결정할 때 적어도 자신의 어미와 자식을 알아보는 것이 분명하다. 또한 계속 함께 살았다면 자신의 형제도 알아볼 것이다.

하지만 애완견에게 가장 중요한 사회적 파트너는 뭐니 뭐니 해도 인간이다. 개가 사람을 알아볼 때는 명백히 냄새를 이용하지만, 또한 청각 정보와 시각 정보를 통합하기도 한다. 개들에게 주인의 목소리나 낯선 사람의 목소리를 녹음해서 들어주고, 그런 뒤 주인의 사진이나 낯선 사람의 사진을 보여주었다. 사진이 목소리와 일치하지 않았을 때 개들은 마치 놀란 것처럼 사진을 더 오래 바라보았다. 개들은 자기가 들은 목소리에 근거하여 보게 될 사진을 기대한 것이다. 그런 기대를 형성한 것은 (주인의 목소리를 들었을 때) 주인의 모습을 기억해냈기 때문이다.[61] 추론하지 않았다면 그런 일은 일어나지 않았을 것이다.

협력의 다음 단계는 좋은 협력 파트너와 나쁜 파트너를 구별하는 일이다. 개가 지켜보는 가운데 사람이 다른 사람이나 다른 개와 상호작용을 주고받은 뒤, 그 개에게 누구와 상호작용하고 싶은지를 선택하게 했다. 한 실험 조건에서, 첫 번째 사람은 다른 사람과 음식을 나눠 먹고, 두 번째 사람은 다른 사람의 음식을 훔쳤다. 다른 실험 조건에서, 첫 번째 사람은 개와 밧줄 당기기 싸움을 하다가 개에게 양보했고, 두 번째 사람은 개에게 승리를 허락하지 않았다.

두 상황에서 개들은 음식을 나눠 준 관대한 사람과 개에게 승리를 양보한 착한 사람을 즉시 선택했다. 개들은 잠재적 협력 파트너와 상호작용하지 않아도 그에 대한 견해를 형성한다. 잠재적 파트너가 놀거나 경쟁하거나 음식을 나눠 먹는 걸 보기만 해도 협력 파트너를 평가할 줄 안다. 개들은 어떤 사람이 최고의 협력 파트너일지를 능숙하게 탐지한다.[62]

개들이 나쁜 협력 파트너를 탐지하고 기억할 수 있다는 것은 특히 다행스러운 일이다. 떠돌이개들이 영토 분쟁을 치를 때 몇몇은 '배신'하는 모습을 보였기 때문이다. 이 배신자들은 분쟁이 일 동안 부상 위험을 최소화하려고 무리의 뒤쪽을 향해 돌아서서 가만히 머문다.[63] 개는 각기 다른 개체를 알아보고, 누가 협력적이고 누가 아닌지를 평가할 줄 알기에 또다시 배신당하는 일을 피할 수 있다.

성공적으로 협력하려면, 필요할 때 협력을 구해야 한다. 한 연구에서 연구자들은 개에게 스스로 열 수 있는 상자를 주었고, 그런 뒤 상자를 조작해서 개가 더 이상 상자를 열 수 없게 했다. 개들은 스스로 문제를 해결하려고 계속 노력하는 대신, 마치 도움을 청하듯 재빨리 사람을 쳐다보았다.[64] 개들은 또한 물건을 얻고 싶을 때 사람을 그 물건 쪽으로 인도하는 '보여주기' 행동을 한다.[65] 이 연구들로 미루어 볼 때, 개들은 필요할 때 능숙하게 도움을 청한다는 걸 알 수 있다.

하지만 개들은 도움을 청할 줄은 알아도, 누가 도움을 청하기에 가장 좋은 사람인지를 안다는 증거는 나오지 않았다. 당신은 엔진오일을 교환해야 할 때 차를 크린토피아로 끌고 가진 않는다. 도움을 청하기에 적합한 사람을 골라야 성공할 수 있는 테스트를 시행했을 때, 개들은 썩 좋은 성적을 올리지 못했다.[66]

협력에 중요한 또 다른 기술은 얼마나 많은 파트너가 필요한지를 아는 능력이다. 몇몇 실험에 따르면, 개는 수량을 추산할 줄 안다. 한 실험에서는 5개월 된 유아에게 기초적인 셈 능력이 있는지를 알아볼 때 사용한 테스트를 개에게 적용했다.[67] 개가 지켜보는 동안 실험자는 장벽 뒤에 간식을 한두 개 숨겼다. 장벽을 치웠을 땐 가끔 간식이 실험자가 숨긴 것보다 더 많거나 적게 있었다. 간식을 숨길 때 봤던 것과 간식의 수가 다를 때 개들은 더 오래 응시했다. 같은 개수가 나오리라고 기대한 것이 분명하다. 개들은 눈에 보이는 음식의 개수와 실험자가 숨겼다고 기억하는 개수를 비교하고 있었다.[68]

다른 실험에서는 똑같은 음식을 두 접시에 각기 다른 양으로 담아 개에게 선택하게 했다. 양의 차이가 클수록 개들은 더 쉽게 많은 쪽을 선택했다. 예를 들어, 두 조각과 다섯 조각 중 하나를 선택하는 건 아무 문제가 없었다. 하지만 세 조각과 두 조각 중 하나를 선택해야 했을 땐 그보다 더 어려워했다.[69]

이 연구에 따르면, 개는 적어도 수량을 추산할 줄 알고 기초적인 셈도 해내는 것으로 보인다. 정말 흥미로운 부분은, 이 연구들이 파르마대학교의 로베르토 보나니Roberto Bonanni 교수가 이탈리아 떠돌이개에게서 관찰한 것과 일치한다는 점이다.[70] 보나니와 동료들은 떠돌이개 무리가 집단끼리 싸우는 동안 어떻게 접근하고 도망치는지를 관찰했다.

영역 분쟁이 일어나면 대개 더 큰 무리가 이기기 때문에 개들은 종종 힘을 합친다. 더 큰 무리가 안전하다는 것을 개들이 안다면, 자기 무리가 상대보다 크다면 더 대담해질 것이다. 보나니는 공세를 취하는 개가 거의 항상 더 큰 무리의 구성원인 것을 발견했다.[71] 그렇다면 개는 수가 많으면 안전하다는 것을 알고, 각기 다른 무리의 상대적 크기를 평가할 줄 안다는 것이다.

또한 보나니가 관찰한 바에 따르면, 양쪽 무리가 모두 작거나(네 마리 미만) 한 무리가 다른 무리보다 월등히 클 때 작은 무리의 구성원들은 절대로 공세에 나서는 실수를 범하지 않는다. 양쪽 무리가 모두 더 크고 규모가 더 비슷할수록 개들은 덜 조심했다. 개는 복잡한 수학을 하진 못해도 대치하는 무리의 상대적 크기에 근거하여 언제 자신들에게 승산이 있는지를 머릿속으로 추적하는 것이다.[72] 개들은 영역을 지키는 문제에 있어서는 힘을 합쳐야 이긴다는 걸 아는 듯하다.

이 모든 연구가 가리키는 결론은 다음과 같다. 개는 배신자를 알아보고 기억하는 능력, 필요할 때 도움을 구하는 능력, 얼마나 많은 파트너가 필요한지를 아는 능력 등 여러 가지 기초적인 인지능력을 갖추고 있다.

개는 협력을 가능하게 하는 인지적 기술을 갖춘 것으로 보이기 때문에 연구자들은 그러한 협력 행동의 동기가 무엇일지 궁금해했다. 어쩌면 우리와 비슷하게 죄책감, 공감, 형평 의식이 동기일 수 있다.

죄책감은 공격을 했거나 사회적 규범을 위반하고 난 뒤 이를 깊이 후회하는 감정이다. 75퍼센트 이상의 견주가 자신의 개가 불복종한 것에 죄책감을 느낀다고 믿는다.[73] 개가 나쁜 짓을 하다가 당신에게 걸렸을 때 몸을 움츠리고 살금살금 도망치는 모습은 죄책감을 느낀다는 인상을 주기에 충분하다. 만일 개들이 죄책감을 느낀다면, 그것도 우리에게 복종하고 협력하는 동기일 수 있다.

알렉산드라 호로비치는 실험을 통해서 개들이 죄책감을 느낄 수 있는지를 알아보았다. 견주가 자신의 개에게 바닥에 있는 간식을 먹지 말라고 명령한 뒤 방에서 나갔다. 견주가 돌아왔을 때 실험자는 개가 간식을 먹었는지 안 먹었는지를 견주에게 알려주었다. 실험의 묘수는 다음과 같다. 어떤 시행에서 실험자는 개가 간식을 먹지 않았는데도 먹었다고 견주에게 말했다. 다른 시행에서는, 개가 먹었는데도 먹지 않았다고 견주에게 말했다.

죄책감을 느낄 이유가 있든 없든 간에, 개들은 자신이 불복종했다는 말을 견주가 들었을 때마다 항상 '가책하는' 모습을 보였다. 그 이유는 견주가 못마땅한 소리를 내거나 개를 꾸짖어서였을 것이다. 적어도 이 실험에서는 개들이 죄책감을 느낀다고 보이진 않는다.[74] 개들은 앞선 행동과 무관하게 그저 주인의 행동에 반응했을 뿐이다.

연구자들은 또한 사람처럼 동물들도 형평 의식에 자극받을 때 더 잘 협력하는지를 두고 논쟁을 벌여왔다. 동물에게도 형평 의식이 있어서, 협력의 결과에 대한 감정적 반응에 영향을 미칠까?[75] 연구자들은 이 점을 테스트하는 방법으로 개들에게 '앞발을 주면' 보상물을 주기로 했다. 먼저, 개에게 앞발을 달라고 반복적으로 요구했다. 그리고 개들이 보상을 받지 않는 조건에서 앞발을 얼마나 빠르게, 몇 번이나 주는지를 측정했다. 일단 이 결과를 토대로 앞발 주기의 기준을 확정한 뒤, 연구자들은 개 두 마리를 나란히 앉히고 교대로 개에게 앞발을 달라고 요구했다. 그런 뒤 한 마리에겐 다른 개보다 더 좋은 보상물을 주었다. 그러자 똑같은 일을 하고 '보상'을 적게 받는 개는 더 마지못해 앞발을 주고, 더 일찍 그 일을 중단했다. 이 최초의 발견이 알려진 후로 개에겐 기초적인 형평 의식이 있거나 적어도 불평등에 대한 반감이 있을 흥미로운 가능성이 대두되었다.

공감 역시 협력 행동의 동기일 수 있다. 기차역에서 아이가 혼자 울고 있는 것을 보면 누구나 아이를 도와야 한다고 느낀다. 강아지가 어떤 개에게 괴롭힘을 당해 낑낑거리고 있는 것을 볼 때도 도와주고 싶은 마음이 든다. 인간으로서 우리는 타인의 고통을 여실히 느낀다.[76] 어떤 사람이 고통받고 있는 것을 볼 때 우리는 그에 대한 반응으로 부정적인 감정을 경험한다.

연구자들은 다양한 동물로부터 공감의 증거를 찾고 있다. 동물이 남의 고통을 느끼는지를 확인하긴 어렵지만, 적어도 남의 고통에 반응한다는 증거는 존재한다. 고통당하는 생쥐 근처에 다른 생쥐가 있으면 그 생쥐도 강한 고통의 신호를 나타낸다.[77] 보노보와 침팬지는 종종 괴롭힘을 당한 개체에게 다가가 포옹을 하거나 입을 맞춘다.[78]

동물의 공감을 주장하는 주요한 근거는 위로 행동이다. 침팬지 두 마리가 싸우고 나면 대개 한 마리가 다른 녀석에게 다가가서 털을 고르거나 껴안거나 입을 맞추고 화해한다. 하지만 어떤 싸움에서는 둘 다 화해하려 하지 않는다. 이럴 때는 싸움과 관계없지만 대개 친구나 가족에 해당하는 또 다른 침팬지가 한쪽이나 양쪽에게 다가가 껴안거나 털을 골라주면서 위로해준다. 위로 행동은 무리 내에서 긴장을 낮추고 미래의 싸움을 예방하는 효과적인 수단이다.[79]

두 건의 연구에 따르면 늑대와 개는 모두 위로 행동을 보인다.[80] 특히 개의 위로 행동이 주목할만하다. 개는 싸움의 승자보다는 지거나 굴복한 쪽을 위로하길 좋아한다. 개가 남을 위로하는 경우의 절반에서, 싸움과 관계없는 제삼자가 피해자에게 접근해서 적극적으로 접촉을 시도한다. 대개 위로하는 개가 싸움을 목격하지 못했어도 그런 일이 벌어진다. 개는 피해자의 낑낑거림에 반응하는 것으로 보인다. 인간이 다른 개에게 괴롭힘을 당한 강아지를 위로하듯이, 개도 그러한 위로 행동을 보인다.

개가 사람에게 공감을 느끼려면 인간의 다양한 감정을 알아볼 줄 알아야 한다. 개들은 우리가 화를 낼 때 목소리를 듣고 우리 감정을 인식한다. 하지만 어떤 연구자들은 개가 우리의 표정에 숨어 있는 더 미묘한 시각적 단서들을 알아보는지 확인해보았다.

연구자들은 개들을 훈련시켜 주인의 무표정한 사진이 아니라 미소 띤 사진을 항상 선택하게 했다. 그런 뒤 사진 20쌍을 보여주었다. 각 쌍에는 어떤 사람이 미소 짓는 사진과 그렇지 않은 사진이 있었다. 개들은 주인의 얼굴을 보면서 훈련받았던 지식을 모르는 사람들에게 이입했다. 단 하나, 개들은 사진 속의 사람이 주인과 성별이 같은 경우에만 미소 띤 얼굴과 그렇지 않은 얼굴을 구분했다.

적어도 개들은 사람의 표정이 차별성이 큰 결과—긍정적 감정인가 부정적 감정인가—와 관련되어 있을 때 구별하는 법을 빠르게 학습하는 것으로 보인다. 하지만 희한하게도 개들은 주인을 보면서 학습한 것을 성별이 같은 다른 사람에게만 이입한다. 이로 미루어 개들은 남녀를 구분할 줄 알지만, 자신의 주 보호자와 성별이 다른 사람의 행동은 잘 예측하지 못하는 듯하다.[81]

진정한 공감은 다른 사람이 고통받고 있을 때 부정적인 감정을 경험하고, 다른 사람이 행복할 때 긍정적인 감정을 느끼는 것이다. 마치 다른 사람의 감정에 전염되는 듯 보인다. 이러한 사회적 전염의 기준이 하품이다. 옆 사람이 하품을 하면(심지어 '하품'이란 단어를 읽기만 해도) 그 반응으로 하품이 쉽게 나온다. 이른바 전염성 하품이다. 전염성 하품이 타인의 감정에 반응하는 우리 능력과 관련되어 있다고 말하는 사람들이 있다. 전염성 하품은 성인의 공감능력과 관계가 있는 반면, 타인의 감정에 무딘 자폐 아동은 대체로 전염성 하품을 하지 않는다.[82]

연구자들이 개들도 전염성 하품을 하는지 알아보았다. 70퍼센트 이상이 실험자의 하품에 반응해서 같이 하품했다. 실험자가 입만 벌리고 하품하지 않는 통제 조건에서는 하품하는 개가 훨씬 적었다. 그렇다면 개들이 타인의 감정에 민감하며 심지어 전염을 통해 타인과 비슷한 감정을 느낄 가능성이 커진다.[83] 하지만 그런 비상한 발견은 다른 연구자들을 통해 재현 연구를 거칠 필요가 있다. 그래서 개가 우리의 고통을 느낄 수 있는 것이 정말 확실한지에 대해 더 다양한 이해를 제공해야 한다.[84]

개는 틀림없는 사회적 동물이다. 개는 무리 생활을 영위할 정도로 관용적일 뿐 아니라, 스스로 해결하지 못하는 문제를 남이 해결하는 것을 관찰하면서 불가능을 성취한다. 개는 또한 재능 있는 협력자다. 앞서 봤듯이 개는 협력할 때를 알고, 잠재적인 협력 파트너를 알아볼 줄 알고, 좋은 파트너와 나쁜 파트너를 구별할 줄 안다. 개가 최고일 때는 우리에게든 동료에게든 힘을 합쳐 협력할 때다.

3부

당신의 개

9
최고의 견종

모두가 하는 질문, 어떤 종이 가장 영리해?

1994년 애견 공원에 소문이 퍼졌다. 과학 연구에 따르면 지능이 가장 높은 종은 보더콜리(다음은 푸들, 독일셰퍼드, 골든리트리버 순)라는 것이다. 전국에 있는 보더콜리 주인들은 의기양양했고, 보더콜리 새끼들은 날개 돋친 듯 팔리기 시작했다.

보통 우리가 반려견에 대해 가장 먼저 얘기하는 것은 견종이다. 또는 반려견이 믹스견이라면 즉시 이 개는 무슨 종과 무슨 종이 섞여 있다고 말한다. 견종은 애견 공원에서 주고받는 대화의 거의 전부다. 나는 그런 흐름이 바뀌어도 개의치 않으련다.

내가 개에게 매혹되는 이유는 모든 개가 개의 고유한 지능을 가졌기 때문이다. 모든 개가 사회적 단서를 따르지만, 일부는 특별히 잘 따른다. 다른 개들은 추론을 더 잘하거나, 몸짓을 더 잘 이해하거나, 길을 잘 찾는다. 나는 멋진 묘기나 개가 훈련을 받아 할 수 있게 된 것에는 별 관심이 없다. 나는 개가 어떤 문제를 처음 마주할 때 어떻게 행동하는지를 유심히 본다. 개들은 저 문제의 어떤 면을 이해할까? 어떤 종류의 지능을 드러낼까? 어떤 기술을 사용해서 문제를 해결할까?

애견 공원에서 사람들이 견종에 관한 정보를 주고받는 대신, 반려견들의 고유한 지능을 공유한다면 훨씬 더 흥미로울 것이다. 그들의 반려견을 정말 특별하게 하는 것은 그러한 지능이기 때문이다.

견종들의 인지적 차이를 발견하기 어려운 데에는 다양한 방법론적인 문제가 있다. 첫째, 견종이 과연 무엇인지에 대해 아무도 동의할 수가 없다. 미국애견협회는 170종, 영국애견협회는 210종, 호주국립애견협회는 201종을 인정한다. 단지 영어권 국가에서만이다. 전 세계 애견협회가 인정하는 견종은 400종이 넘는다.[1]

오늘날 대부분의 견종에 적용되는 주된 기준은 외모다. 사냥감을 회수retrieve하지 않으면서도 리트리버retriever처럼 생기기만 하면 리트리버로 분류된다. 쉽독sheepdog은 양sheep을 몰지 않아도 쉽독이다. 번식이 특정한 행동에 기초해서 이루어지지 않기 때문에 어떤 견종이 어떤 인지에서 우수하거나 열등한지를 예측하기가 어렵다.

항상 그랬던 건 아니었다. 현재 우리가 알고 있는 견종들은 현대판 버전으로, 그 대부분은 불과 몇백 년밖에 되지 않았다. 역사적으로 개들은 외모가 아니라 기능에 따라서 구분되었다.

그래서 토끼hare를 추격하는 모든 개는 해리어harrier, 무릎에 앉히는 소형견은 스패니얼, 크고 위협적인 개는 마스티프였다.[2]

시간이 흐름에 따라 견종의 기능을 중시하는 경향이 약해지고 특정한 외모를 선호하는 경향이 부상했다. 예를 들어, 미개한 전통이지만 18세기 영국의 도축업자들은 황소를 말뚝에 묶어놓고 개들을 풀어 죽이라는 요구를 받았다. 그렇게 해야 고기가 연해진다는 속설 때문이었다.[3] 불바이팅bullbaiting이라는 이름의 이 관습은 곧 대중적인 스포츠로 떠오르고 도박사들을 끌어들였다.

성난 황소bull를 향해 돌진하는 기질이 있는 개는 모두 불독bulldog이라 불렸지만, 황소는 머리를 숙이고 공격하기 때문에 일반적으로 그런 개는 땅에 바짝 붙어야 유리했다. 또한 황소의 부드러운 코를 물고 늘어질 수 있도록 턱이 강해야 하고, 황소가 내동댕이치려 할 때 이빨이 뽑히지 않아야 했다. 그러는 내내 숨을 쉴 수 있으려면 아래턱뼈가 튀어나오고, 콧구멍이 넓고 나팔 모양으로 벌어진 것이 유리했다.[4] 이런 특성들을 선택한 결과로 현재 우리가 아는 불독이 만들어졌다.

19세기에 개 번식이 영국인의 강박으로 떠오른 건 출세를 염원하는 중산층 때문이었다. 중산층은 혈통과 사회적 지위가 늘 불안했던 탓에 리드줄 끝에서 믹스견이 달리는 걸 원하지 않았다. 그들은 값이 비싸고 혈통이 완벽한 일등급 개가 따라다니는 것을 사람들이 한눈에 알아봐주길 원했다. 그걸 가장

쉽게 광고하는 수단이 개의 외모였다.[5]

처음에 사냥을 좋아하는 상류층은 경악했다. 기능보다 외모에 초점을 맞추다니, 사냥과 그 모든 스포츠에 쓰는 개들을 망가뜨리기로 작정했나? 수렵견은 능숙한 사냥꾼이 아니면 다루거나 훈련시킬 수 없었지만, 애완견은 누구나 소유할 수 있었다.

이러한 반발을 가라앉힐 목적이었는지는 몰라도 최초의 공식 도그쇼가 사냥을 즐기는 상류층을 대상으로 1859년 6월 28일에 개최되었다. 다윈이 《종의 기원》을 발표한 해다.[6] 이 기념비적인 행사에는 단 두 견종, 포인터와 세터만 참가했다.

4년이 지나자 쇼는 1000마리 이상이 참가할 정도로 거대해졌다. 도그쇼는 벼락부자들이 찾아와 돈을 뿌리는 장소가 되었다. 쉽독 한 마리가 1파운드였던 시절에, 도그쇼에 나갈 수 있는 일등급 콜리의 가격은 1천 파운드, 요즘 시세로 약 12만 달러까지 치솟았다.[7]

누구나 상상할 수 있듯이, 이런 돈은 부도덕한 사람들을 끌어들인다. 약간만 다듬고 광을 내면 쉽독이 쇼 콜리로 탈바꿈했고, 사기가 밝혀졌을 땐 범인이 이미 사라지고 없었다. 이에 대처하여 족보 있는 개들의 정체성과 혈통을 정립하기 위해 1873년에 처음으로 애견협회가 설립되었다.

견종의 유전학

따라서 오늘날 우리가 알아보는 견종은 대부분 생긴 지 150

년도 안 된 것들이다. 진화의 시간으로 볼 때 150년은 나노세컨드*에 불과하다. 개와 늑대는 1만 5000년에서 4만 년 전 사이에 갈라진 것으로 추정된다. 개의 유전체에서 그 후로 진화한 것은 약 0.04퍼센트에 불과하다.[8] 개는 유전적으로 99.96퍼센트 늑대인 셈이다.

2003년에 개 유전체가 공표되면서 유전학자들은 마침내 개가 늑대의 후손이라고 자신 있게 말할 수 있게 되었다.[9]

또한 오늘날 존재하는 모든 견종의 유전적 관계를 분류할 수 있게 되었다. 이 비교를 토대로 개는 단 두 개의 주요 견종으로 나뉜다는 사실을 알게 되었다.[10]

첫 번째 그룹은 유전적으로 늑대와 더 비슷한 아홉 견종으로 이루어진다. 늑대와 더 가까운 이 견종들의 특이점은 지리적으로 한곳에서 출현하지 않았다는 것이다. 이 사실은 개가 자기가축화한 덕분에 여러 시대에 여러 곳에서 진화했다는 생각을 뒷받침한다.[11] 중앙아시아 견종(아프간하운드와 살루키)을 제외하고 늑대와 가장 가까운 개는 아프리카의 바센지다.[12] 아시아에는 아키타, 차우차우, 딩고, 뉴기니싱잉독, 샤페이, 이렇게 다섯 견종이 있다. 북극 견종인 시베리안허스키와 알래스칸맬러뮤트는 최근에 늑대와 이종교배 했다는 증거를 보여주는 유

---

* 시간의 단위로, 1나노세컨드는 1초의 1억분의 1이다. 여기서는 매우 짧은 시간을 의미한다.

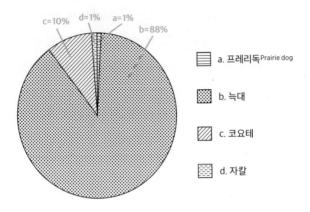

어느 동물이 유전적으로 개와 가장 가까울까?

c=10%   d=1%   a=1%
                        b=88%

a. 프레리독 Prairie dog

b. 늑대

c. 코요테

d. 자칼

사람들은 대부분 개와 가장 가까운 친척을 늑대로 알고 있지만, 열 사람 중 한 명은 코요테가 가장 가깝다고 믿는다.

일한 견종이다. 두 견종이 현대 늑대의 영역 안에서 사는 유일한 개임을 고려할 때 그러한 이종교배는 일리가 있다.[13]

두 번째 그룹은 현대 견종의 대부분으로 이루어진다. 이 견종들을 하나로 묶어, '유럽 기원 European origin'의 개라고 한다.[14] 이 개들은 외모와 행동이 제각각이지만, 그 차이는 대부분 유전적 변화로 인한 것이 아니다. 유전적으로 분리된 것이 고작 150년 전인 탓에 유럽 견종들의 차이는 너무 작아 탐지하기도 어려울 지경이다.[15]

반면에 신체적으로는 지구상의 어떤 동물보다 다양해서, 많은 사람이 치와와와 세인트버나드는 분명 유전체 프로필이 다를 거라고 생각한다. 하지만 유전자가 몇 개만 달라도 그로 인해 엄청난 신체적 변화가 나타난다. 예를 들어, 코몬도르의 레게머리부터 푸들의 심한 곱슬머리에 이르기까지 개들의 그 모든 털색과 감촉을 생각해보라. 개 유전체에 유전자가 몇 개인지는 정확히 알려지지 않았지만, 아마도 수만 개가 있을 텐데, 개들의 털 유형은 대부분 단 3개의 유전자에 의해 조절된다.[16] 개의 외양에 집중하는 브리더breeder*들은 해당 견종에 큰 변화를 일으킬 수 있지만, 유전학적 변화는 그 형태학적 특성에 관여하는 몇몇 유전자에 국한되는 것이다. 외모는 천차만별이지만 유전적으로 매우 비슷한 건 그 때문이다.

대부분의 견종이 유전적으로 비슷하다는 점, 그리고 대체로 외모에 기초하여 선택되었다는 사실을 고려할 때, 다양한 견종 간에 인지적 차이는 설령 있다 해도 매우 적다는 것이 우리의 기본 가설이다. 이 생각이 직관에 반하는 것처럼 보일 수 있다. 어떤 견종들은 특수한 일을 잘하기로 유명하기 때문이다. 하지만 과학적으로 이야기할 때, 진화로 야기된 인지 변화는 반드시 유전자 변화로부터 발생해야 한다.

유럽 견종들이 유전적으로 매우 가까운 상황에서 유전학자들은 견종들의 관계를 계속 새롭게 보고 있다. 예를 들어, 2004년에 독일셰퍼드는 뉴펀들랜드나 로트와일러 같은 커다란 마

---

* 개를 번식시키고 종을 개량하는 사육자.

스티프형 개들과 함께 묶였으나,[17] 2007년에는 새로운 집단—세인트버나드를 포함한 산악견—에 들어갔고,[18] 2010년에는 도베르만핀셔와 포르투갈워터도그와 함께 작업견으로 분류되었다.[19]

퍼즐 조각

유전학의 지평이 끊임없이 변하고 있음에도 여러분은 유전자검사를 하면 내 개가 어떤 종인지 알 수 있다는 말을 들어봤을 것이다. 모건 헨더슨Morgan Henderson은 듀크대학교 유전학과 대학원생으로, 2010년에 동물보호소에서 록시라는 이름의 믹스견을 입양했다. 입양 후 모건은 록시가 어떤 종일까 하는 생각에 자주 사로잡혔다. 외모, 색, 그리고 주의를 끌 때 꼬리를 사용하는 방식으로 봐서는 덕톨링리트리버일 것 같았다. 이 개는 꼬리를 흔들어 오리의 관심을 끌고 오리를 유혹해서 사냥꾼 가까이 끌어들인다고 알려져 있다. 그래서 모건은 록시의 유전자를 검사하기로 했지만, 유전학자로서 조금 더 생각해보았다.

알고 보니 검사법에는 두 종류가 있었다. 침 속의 유전자를 보는 입안면봉검사는 비용이 60~80달러이고, 채혈검사는 비용이 대략 150달러이며 수의사가 해야 한다. 모건은 채혈검사로 정했다. 유전학자로서 채혈이 더 정확하다는 걸 알고 있어서였다.

유전자검사를 하는 회사는 유전체 중에서 견종 간에 유전자 차이가 있을만한 특정 부위, 이른바 마커marker(표지자)를 들여다본다. 예를 들어, 유전체의 한 마커에서 복서는 GGT라는 유전자 코드를 갖고 있는 반면,[20] 잭러셀테리어는 같은 위치에 GGC 암호가 있다. 따라서 만일 여러분이 반려견의 혈액을 보내 검사를 의뢰할 때 유전체 중 그 마커의 암호가 GGT로 나타나면, 여러분의 반려견은 조상이 복서일 확률이 높다고 할 수 있다.

DNA 회사는 의뢰받은 반려견의 유전자 마커 중 321개에 관한 정보를 모은다. 회사에는 225개 견종이 이 마커 321개 자리에서 어떤 암호를 나타내는지에 관한 데이터가 있다. 그래서 회사는 반려견의 마커들이 각각의 자리에서 각기 다른 견종의 암호와 얼마나 일치하는지를 비교할 수 있다. 그런 뒤 반려견의 유전자가 어느 종과 일치할 가능성이 큰지를 컴퓨터로 계산한다. 이 검사법도 100퍼센트 정확하지 않으며, 어떤 개라도 여러 종이 섞여 있을 수 있다. DNA 회사는 우리 개와 가장 일치하는 견종 세 개를 골라준다. 유전자검사는 개의 혈통을 확인하는 것에서부터 어느 견주가 강아지 똥을 치우지 않았는지를 알아내기 위해 아파트 관리사무소에서 개를 탐색하는 것에 이르기까지 다양한 용도로 쓰이고 있다.[21] 록시가 받아 든 우세 품종 셋은 시추, 복서, 바센지였다. 모건으로서는 짐작조차 하지 못했을 것이다.

개의 유전체를 전체적으로 조사하는 것이 가능해지기 훨씬 이전부터 과학자들은 개의 행동유전학에 매료되었다. 20세기 초, 멘델과 완두콩 모종의 의미를 두고 온 세상이 흥분하고 있을 때 유전학자들은 개의 유전적 성질에서 같은 패턴을 찾기 시작했다. 그들의 궁극적인 목표는 각각의 견종에서 드러나는 행동 차이가 유전학적으로 어떻게 발생하는지를 이해하는 것이었다.

애석하지만, 아직도 그건 너무 큰 도전이다. 첫째, 대부분의 행동 특성은 하나의 유전자가 지배하는 멘델 특성이 아니다. 행동 특성은 유전자군의 통제를 받는다. 이 유전자군에서 특정한 유전자와 그 유전자의 역할을 발견하기는 과일파리fruit fly 연구에서도 어려운 일이다. 개같이 복잡하고 느리게 번식하는 동물이라면, 불가능에 가깝다.

둘째, 견종의 행동 차이를 이해하려면 견종마다 최소 30마리를 비교해야 한다. 양육의 역사와 나이가 수행에 미치는 영향을 통제하기 위해서는 모든 개를 어릴 적부터 비슷하게 양육한 후 테스트해야 한다. 미국애견협회가 인정하는 품종이나 전 세계 모든 품종을 조사하려면 6000~1만 2000마리의 강아지, 수십 가지 연구, 수백만 달러, 대학원생 1000명 정도가 필요할 것이다.

그와 비슷하게 근접한 과학자가 한 명 있다. 존 폴 스코트 John Paul Scott는 20세기 역사상 가장 포괄적인 품종 실험을 해냈다. 제2차 세계대전이 끝나고 미국 경제가 날로 성장하던 시기에 미국 정부는 러시아와 경쟁하기 위해 과학에 돈을 쏟아붓고 있었다. 1945년에서 1965년까지 이른바 과학의 황금시대에 재능 있는 젊은이들이 과학 분야에 몰려들었고 해마다 중대한 발견이 이루어졌다.

스코트는 과일파리로 유전학 연구를 시작했지만, 행동유전학—한 세대에서 다음 세대로 전달되는 행동—이 더 흥미로웠고, 이를 위해서는 포유동물을 연구할 필요가 있었다. 우연히 크고 재정이 풍부한 개 연구소를 물려받은(프로젝트 팀장이 사망했다) 스코트는 1947년에 존 풀러John Fuller를 채용했다. 풀러는 과거에 생쥐를 연구한 재능 있는 행동유전학자였다.

손을 맞잡은 두 사람은 새롭고 대담한 연구에 착수했다. 유전자가 행동에 미치는 영향을 들여다보기 시작한 것이다. 제2차 세계대전의 여파로 세계는 나치의 과학을 빙자한 우생학과 '우수 민족'을 육성한다는 이념을 분노와 당혹의 눈길로 바라보고 있었다. 이런 분위기에서 원하는 특징의 유전을 연구하는 건 그리 인기 있는 일이 아니었다. 하지만 인간에게 적용될 수 있다는 확신을 갖고서 스코트와 풀러는 참을성 있게 연구에 몰두했다.

비록 견종 400종과 강아지 1만 2000마리까지에는 못 미쳤지만, 그래도 꽤 많은 자원—견종 5종에 강아지 470마리—이 있었다. 이 다섯 견종을 선택한 것은 비슷한 크기, '보통' 체격

(다리가 짧지 않았다), 폭넓은 행동 차이 때문이었다.[22] 두 사람은 다음과 같은 견종을 269마리 번식시켰다. 바센지(51), 비글(70), 아메리칸코카스패니얼(70), 셔틀랜드쉽독(34), 털이 뻣뻣한 폭스테리어(44). 또한 멘델 유전의 특성을 테스트하기 위해 믹스견 201마리를 번식시켰다.

순혈종 강아지들은 엄격하게 통제된 환경에서 키워졌다. 다시 말해서 똑같은 음식을 먹고, 동일한 사육장에서 살고, 같은 나이에 같은 테스트로 훈련을 시작했다.

스코트와 풀러는 행동부터 지능에 이르기까지 다양한 실험을 진행했다. 그리고 브리더와 수의사, 과학자들의 성경이 된 500쪽 분량의 책, 《개의 유전학과 사회적 행동Genetics and the Social Behavior of the Dog》에 그 결과를 담았다.

이 책은 독자의 바람과 믿음을 비춰준다는 점에서 일종의 마술 거울이다. 스코트와 풀러가 중요한 품종 차이를 많이 발견했다고 말하고 싶은 사람은 이 책에서 그 증거를 발견할 수 있다. 그들이 품종 차이를 거의 발견하지 못했다고 말하고 싶다면, 그 증거 역시 이 책 속에 있다.

연구 결과는 난해했다. 예를 들어, 스코트와 풀러는 감정 반응성을 테스트할 때 개들을 파블로프 스탠드에 속박했다. 파블로프 스탠드는 반응을 유발할 수 있는 다양한 상황—전기충격, 큰 소리, "또는 크고 거친 목소리로 말하면서 개의 입마개를 잡고 머리를 좌우로 흔들어대는"[23] 실험자—을 개에게 강제로 부과하는 장치였다. 어떤 견종이 가장 반응성이 높은지는 말하기 어렵다. 바센지는 가장 많이 물었고(83퍼센트), 비글은 대부분 짖었으며(89퍼센트), 테리어는 강요된 움직임에 가장 많이 저항했다(53퍼센트). '반응성'이 어떤 기준—물기, 짖기, 버둥대기—으로 구성되는지가 불명확했다.

훈련성trainability(학습능력)을 측정한 결과도 난해했다. 예를 들어, 리드줄 테스트에서 개들은 줄을 매고 침착하게 걸어야 했는데, 바센지는 속박에 치를 떨며 저항했지만 짖지는 않았고, 비글은 줄에 얌전했지만 큰 소리로 울부짖었다. 코카스패니얼은 문 앞에만 오면 얼음이 되는 반면, 셔틀랜드쉽독은 핸들러에게 뛰어오르고 줄을 다리에 감아 완전히 엉켜버리는 경향이 있었다.[24]

스코트와 풀러는 또한 일련의 '지능'검사도 시행했지만, 이 검사는 행동주의자 심리학자들이 비둘기와 쥐에게 하려고 고안했던 검사—미로 테스트와 우회로 테스트 등—와 똑같았다.[25] 모두 개 인지의 융통성을 차단한 검사들이었다. 하지만 어떤 견종도 분명한 승자와 패자로 나뉘지 않았다. 속도가 우월한 견종이라도 정확성은 열등할 수 있었다.

내가 마술 거울을 읽고 내린 결론은 다음과 같다. 스코트와 풀러는 기본적으로 품종 차이를 전혀 발견하지 못했고, 그들도 아래와 같은 구절로 그 점을 충분히 인정했다.

지금까지 품종 간 차이를 강조했지만 …… 우리는 품종의 전형이
라는 개념을 신중하게 받아들일 것을 독자에게 당부하고 싶다.[26]

그 책은 가볍게 읽히는 책이 아니며, 출간된 지도 반세기가
지났다. 저자들이 여성을 "약한 성weaker sex"이라 지칭하고도 문
제없이 지나간 것은 시대적인 특징이었다. 또한 저자들은 개를
이종교배시키면 "신체적·행동적으로 우수한 동물"[27]이 태어난
다는 점을 강조해야 한다고 느꼈다. 당시에 앨라배마 주지사는
인간의 이종교배 위험성을 경고하기 위해, 믹스견의 '신체적·행
동적 부조화'를 토대로 한 논문을 의뢰했기 때문이다.[28]
스코트와 풀러 이후로, 그들의 실험을 더 큰 규모로 되풀이
할 재정 또는 의향을 가진 사람은 없었다. 거의 500마리의 개
를 10년 동안 키우고, 재우고, 훈련시키는 일이 엄청나게 비싸
다는 점을 제외하고도, 실험을 마친 후 그 500마리를 어떻게 해
야 할지도 윤리적으로 고려해야 했다.

견종의 개성

견종 차이를 발견하기는 어렵지만, 그렇다고 해서 그런 차
이가 없는 것은 아니다. 퍼그에게 호흡기 문제가 있고 독일셰퍼
드에게 특정한 암이 있는 것처럼, 어떤 견종에겐 고유한 신체적
장애가 있다. 심리적인 문제도 빼놓을 수 없다. 예를 들어, 어떤
불테리어는 강박장애로 인해 하루에 몇 시간씩이나 자기 꼬리

를 추적한다.[29]

행동 역시 유전될 수 있다. 가축을 모으는 개 중에서 오스트레일리안캐틀독은 가축의 발뒤꿈치를 깨물어 무리를 모은다. 보더콜리 같은 종은 가축 앞으로 가서 '눈싸움'으로 기선을 제압한다.

문제는, 견종에 따라 어떤 '행동'이 보존되고, 어떤 '성격'이 나타나느냐다. 원래 개는 외모보다 기능 때문에 교배되었으므로, 그런 기능적 특성이 여전히 존재하는지를 알아보는 것도 흥미로울 것이다.

심지어 인간을 대상으로 한 성격 연구도 1980년대까지 폭넓은 인정을 받지 못했다.[30] 성격을 측정할 목적으로 심리학자들은 '한 사람의 행동을 다른 사람의 행동과 구별'할 때 쓰이는 모든 단어를 수집했다. 그러자 1만 8000개의 단어가 수북이 쌓였다.[31] 심리학자들은 그 말들을 고르고 다듬어 "빅 파이브Big Five"라 불리는 다섯 가지 성격 요인으로 분류했다.

1. 경험에 대한 개방성(미적 추구, 모험심, 공상, 그 밖의 다양한 관심)

2. 성실성(유능감, 질서, 의무감, 포부, 만족 지연)

3. 외향성(자기주장, 활동성, 흥분 추구, 사교성)

4. 친화성(신뢰성, 도덕성, 이타성, 온유함)

5. 신경증(불안, 적대감, 긴장, 자의식, 우울)

먼저 "내겐 생생하게 상상하는 능력이 있다" 또는 "나는 질서를 좋아한다"와 같은 진술에 사람들이 점수를 매긴다. 그런 뒤 빅 파이브를 기준으로 그 점수를 합산하고 각 요인에 대한 각각의 비율을 산출한다.

성격검사가 유용한 것은 성격 특성에 근거해서 당사자의 삶을 예측할 수 있기 때문이다. 예를 들어, 성실성과 개방성이 높으면 그 사람은 보통 학문적으로 두각을 나타낸다. 아동기에 친화성과 성실성이 낮은 것은 청소년 범죄를 예고한다. 외향성이 높은 사람은 주로 판매와 경영 분야에서 성공한다. 심지어 연구자들은 성격 특성과 건강의 연관성을 발견했다. 성실성이 높은 사람은 대체로 오래 건강하게 살고, 신경증이 높은 사람은 건강이 위험해질 수 있다.[32]

물론 성격은 사람들의 삶을 예측하는 여러 가지 요인 중 하나다. 적절한 상황과 적절한 (또는 부적절한) 환경이 성격과 결합해야 한다. 하지만 성격검사는 위기에 처한 사람을 확인하는 데 도움이 될 뿐 아니라, 어떤 특성들을 조정하면 당사자의 건강, 행복, 성공 가능성을 높일 수도 있다.

인간 성격검사가 인기를 얻을 때 연구자들은 동물에게도 성격검사가 가능한지를 알아보았다. 지난 10년에 걸쳐 개의 성격검사가 인기를 끌었다.[33] 개가 특정한 과제를 잘 해낼지를 예측하면 도움이 되기 때문이다. 좋은 안내견이나 아이들의 친구로 어떤 개가 좋을지 또는 특정한 상황에서 어떤 개가 공격적이고 위험할 수 있는지를 테스트할 수 있다고 상상해보라.

동물은 말을 하지 못하기 때문에 인간 성격검사를 적용하기는 다소 까다롭다. 인간 성격검사는 어휘, 즉 남들이 나를 묘사할 쓰는 어휘만이 아니라 내가 나 자신을 묘사할 때 쓰는 어휘에도 의존한다. 당신의 닥스훈트가 아름다움을 감상할 정도로 상상력이 풍부한지, 혹은 당신의 푸들이 질서와 효율성을 좋아하는지를 알아낼 방법은 어디에도 없다.

하지만 스톡홀름대학교의 켄트 스발트버그Kenth Svartberg 교수와 덴마크 왕립수의학농업대학교의 비요른 포크만Björn Forkman 교수는 개의 성격을 더 잘 이해하기 위해 164개 품종의 개 1만 5329마리를 포함하는 방대한 데이터를 분석했다.

당신이 개와 함께 숲속 오솔길에 서 있다. 낯선 사람이 다가온다. 낯선 사람은 당신과 악수하고 당신의 개를 쓰다듬는다. 그런 뒤 당신의 개를 데리고 15피트(약 50미터) 정도 짧게 산책한다. 만일 여기까지 모든 게 순조롭다면, 그 사람은 천 조각을 꺼내 줄다리기와 '물어와' 놀이를 하려고 한다.

조금 더 들어가자 작고 복슬복슬한 물체가 줄에 매여 지그재그로 움직인다. 당신의 개가 추격하면 그 신비한 털북숭이 물체는 마치 살아 있는 것처럼 달아난다.

이제 상황이 약간 기이해진다. 200여 피트(약 61미터)에서 망토를 걸친 낯선 사람이 불쑥 나타난다. 후드로 얼굴을 가리고 당신을 향해 천천히 다가온다. 다가오는 내내 박쥐처럼 망토를

펄럭인다. 만일 당신의 개가 공격하지 않는다면, 그는 후드를 젖혀 얼굴을 드러낸 다음 당신의 개와 놀아주려고 한다.

당신과 개는 계속 걷는다. 상하 작업복(영화에서 연쇄살인범이 입는 옷)을 입은 인체 모형이 바닥에 누워 있다. 두 발이 지면에 고정되어 있고, 팔이 밧줄과 쇠고리로 두 나무에 연결되어 있는 것이 마치 숨어 있는 사람이 밧줄을 당기면 모형이 벌떡 일어날 것처럼 보인다. 당신과 개가 10피트(약 3미터) 이내로 접근할 때 정말 숨어 있는 사람이 밧줄을 당기고 모형이 튀어 올라선 자세가 된다.

조금 더 들어간 곳에서 어떤 사람을 만난다. 당신이 막 지나치는 순간 그 사람이 골판형 금속 표면에 쇠사슬을 대고 끌면서 끔찍한 소리를 낸다.

다음은 내가 제일 좋아하는 상황이다. 두 사람이 새하얀 유령 옷을 온몸에 걸치고 숲속에 숨는다. 머리에는 흰색 플라스틱 양동이를 뒤집어썼고, 내다볼 수 있도록 구멍을 냈다. 양동이 위에 눈과 입이 검은색으로 그려져 있다. 당신이 약 60피트(18미터) 거리로 접근할 때 유령들은 나무 뒤에서 서서히 모습을 드러내더니 당신과 개를 향해 유령같이 다가온다.

점입가경으로, 장애물 코스의 마지막에서는 어떤 사람이 총을 발사한다.

여러분은 스웨덴 사람을 사랑해야 한다. 지루한 설문지와는 비교가 안 된다(심장이 약한 사람은 검진을 받아보는 게 좋겠지만!).

테스트를 하는 내내 검사자는 각기 다른 상황에 대한 반응을 보고 개들에게 점수를 매긴다. 낯선 사람과 편안하게 놀고 상호 작용하는지, 작은 털북숭이 물체를 추격하는지, 인체 모형을 찢어 죽일 듯 공격하는지 등등.

1만 5000여 마리의 개에게 이 테스트를 시행한 뒤 스발트버그와 포크만은 사람의 빅 파이브에 상응하는 개의 다섯 가지 성격 특성을 정립했다.

1. 장난기Payfulness
2. 호기심Curiosity/겁 없음Fealessness
3. 추적 경향성Chase Proneness
4. 사회성Sociability
5. 공격성Aggressiveness

첫째, 견종 차이와 관련해서는 각각의 견종 안에 큰 편차가 존재하므로 견종 간 차이는 없다고 두 연구자는 결론지었다. 둘째, 인간에게 빅 파이브는 서로 관계가 없다. 즉, 성실성은 높지만 외향성은 낮은 사람, 친화성은 낮지만 개방성은 높은 사람이 있을 수 있다. 하지만 개의 경우에 처음 네 가지 성격 특성은 서로 연결되어 있다. 그래서 장난스러운 개는 호기심이 많고, 사교적이고, 추적하길 좋아한다. 스발트버그와 포크만은 이 특성들의 조합을 대담성boldness이라 불렀다. 스펙트럼의 반대편 끝에는 수줍음shyness이 있었다. 그래서 수줍은 개는 소심하고 신중하며, 사회적이든 비사회적이든 새로운 상황에서는 회피적으로 행동한다. 반면에 대담한 개는 탐험하길 좋아한다.[34]

다른 모든 특성과 무관한 단 하나의 특성은 공격성이었다. 그래서 당신의 개는 장난스럽고 호기심이 많고 사교적이면서도 어떤 상황에서는 공격적일 수 있었다.

수줍음-대담성 스펙트럼에는 흥미로운 점이 있었다. 사람의 손에 접근하는 대담한 여우가 사람의 사회적 단서를 더 성공적으로 사용한 것처럼, 스발트버그가 벨지안터뷰렌과 독일셰퍼드를 테스트했을 때 더 대담한 개들이 복종, 수색, 추적 같은 과제를 더 잘 해낸 것이다.[35] 또한 더 대담한 개들은 더 어린 나이에 그 시행들을 성공적으로 해냈다.

수줍음-대담성 스펙트럼은 어린아이에게도 유의미하다고 입증되었다. 2살 때 수줍어하고 새로운 상황을 회피하려는 아이들은 7살에도 조용하고 사회적으로 회피하는 경향이 있고, 반면에 새로운 상황에서 대담한 아이들은 나이를 먹었을 때 더 말이 많고 상호작용을 많이 한다. 수줍음-대담성 스펙트럼은 시간을 가로질러 보존되는 연속체인 것이다.[36]

수줍음-대담성 연속체는 새끼 늑대를 포함하여 다른 많은 동물에게도 존재한다. (더 대담한 새끼 늑대가 먹잇감을 더 성공적으로 죽인다.)[37]

외트뵈시로란드대학교의 보르발라 투르산Borbála Turcsán 교수와 동료들은 조금 더 평화로운 방법을 통해서 각각의 견종에게 성격 특성을 부여했다. 그들은 견주 1만 4000여 명에게 설문지를 작성하게 했다. 인간의 성격검사법을 개에 맞춰 각색한 설문이었다.

대담성 외에 연구자들은 세 가지 특성을 추가했다. 사회성(반려견이 다른 개와 잘 어울리는가), 침착성(스트레스가 많은 상황에서도 침착한가), 훈련성(반려견이 빠르게 학습하는가[38])이었다. 연구자들은 또한 최신 유전자 데이터를 사용해서 각각의 개를 다섯 그룹에 배정했다. 고대 품종(고대 아시아와 아프리카에 기원을 둔, 늑대와 더 가까운 품종), 그리고 현대 품종에 속하는 네 가지 유형, 마스티프/테리어(마스티프형 품종이나 마스티프형 조상을 가진 품종 그리고 테리어), 목축견/시각형하운드(목축견과 시각형하운드로 사용된 품종들), 수렵견(최근에 유럽에서 기원한 품종으로, 다양한 사냥개들인 스패니얼, 테리어, 하운드), 산악견(대형 산악견과 일부 스패니얼)이다.

연구자들은 다음과 같은 결과를 얻었다. 차우차우, 허스키, 바센지를 포함하는 고대 품종은 훈련성이 가장 낮고 수줍음이 가장 많으면서도 가장 침착하다. 이러한 성격은 유전자가 늑대와 더 가깝다는 점에 비추어 일리가 있다. 불독, 핏불, 마스티프가 속한 마스티프·테리어 그룹은 가장 대담하고, 보더콜리와 그레이하운드 같은 목축견/시각형하운드는 가장 사회적이고 훈련성이 가장 뛰어나다. 가장 비사회적인 그룹은 산악견으로, 여

협력 형태	최대	최소
대담성	마스티프/테리어	고대 품종
사회성	목축견/시각형하운드	고대 품종
침착성	고대 품종	산악견/수렵견/목축견/시각형하운드
훈련성	목축견/시각형하운드	고대 품종

기에는 잉글리시코카스패니얼과 세인트버나드 같은 견종들이 포함된다.

이중 어떤 결과는 몇몇 나라의 애견협회가 예측하는 내용과 모순된다. 예를 들어, 국제애견협회(FCI)에 따르면 스패니시그레이하운드는 과도하게 소심하지 않은 반면, 투르산은 이 개가 모든 품종 중 가장 소심하다고 밝혔다. 아나톨리아셰퍼드도 마찬가지다. 이 개는 도그쇼에서 공격성 때문에 벌점을 받곤 하는데, 토르산은 주로 다른 개에게 공격적이라고 밝혔다.

투르산과 동료들은 단지 애견협회가 전통적으로 체계화한 방식이 아니라 유전적 관련성에 따라 품종을 생각함으로써, 적어도 그룹 차원에서는 각 품종의 특징을 설득력 있게 규정해내는 진전을 이루었다.

공격적인 견종에 관한 미신

품종 차이에 관한 연구는 대부분 한 가지 특성에 집중된다.

바로 공격성이다. 가장 믿을만한 추산에 따르면 미국에서 해마다 개에게 물리는 사람이 4700만 명에 달하며, 질병예방통제센터의 추산으로는 그중 88만 5000명이 병원 치료를 받아야 한다. 2006년 미국에서 3만 명 이상이 개 물림으로 인해 재건 수술을 받아야만 했다.[39] 사고의 피해자는 대부분 어린이이며, 한 연구 결과에 따르면, 미국에서 전체 아동의 절반이 12살까지 개에게 물린 적이 있으며,[40] 그중 절반 이상이 외상후스트레스장애를 겪는다고 한다.[41]

10대의 약물 남용 다음으로 개 물림은 미국에서 가장 큰 비용을 치르는 공중보건 문제가 되었다. 해마다 보험회사들은 3억 4500만 달러를 지급하고,[42] 개 물림 사고와 관련된 손실 총액은 10억 달러에 이른다. 피해자 수만 따졌을 때 개 물림은 유행성 질병에 버금간다. 몇몇 견종이 특히 더 위험하다면 입법자, 정치가, 보험회사, 부모 등이 그에 대해 자세히 알고 싶어 하는 건 당연한 일이다.

여러분이 지난 10년간 나온 뉴스를 믿는다면 개와 관련된 사망과 상해의 주범은 단연 핏불이라고 생각할 것이다. 핏불은 특정한 견종이 아니라 세 가지 품종—아메리칸스태포드셔테리어, 스태포드셔불테리어, 아메리칸핏불테리어—을 통칭해서 부르는 말이다(비록 미국애견협회는 아메리칸핏불테리어를 하나의 견종으로 인정하지 않지만).

유전자 연구에 따르면, 핏불은 유전학적으로 불독과 비슷해서 과거에 불바이팅에 쓰였던 공통 조상의 후손이라고 추정된다. 겁 없음, 용맹함, 한번 붙으면 물러서지 않는 근성을 갖춘 덕분에 핏불은 투견 같은 불법 활동에 가치 있는 개가 되었다. 충분히 공격적이지 않은 핏불은 링에서 죽거나 살처분된다. 이렇게 되면 개들은 공격성이 더 강해지도록 선택을 겪을 수 있다. 러시아인들이 사람을 가장 많이 공격하는 여우를 번식시켜서 더 공격적인 여우 혈통을 만들어내는 것과 비슷하다. 더 공격적인 이 개들이 결국 지역의 개체군과 섞이고, 일반적인 개들과 섞인다.[43]

1980년대에 몇 건의 사고가 세상을 떠들썩하게 한 이후로 핏불은 공격 훈련을 시킬 목적으로 다부진 개를 찾는 사람들에게 인기를 끌게 되었다. 과학적 증거는 없었지만, 핏불은 한번 물면 놓지 않는 자물쇠 턱이고, 치악력이 평방 인치당 1800파운드(약 816킬로그램)라는 소문이 돌았다. 하지만 내셔널지오그래픽의 다큐멘터리 〈위험한 만남Dangerous Encounters〉에서 브래디 바Brady Barr 박사가 테스트했을 때 핏불의 치악력(235프사이[*])은 로트와일러(328프사이)보다 상당히 약하고, 늑대(400프사이)보다 훨씬 약했다. 핏불을 포함하여 어떤 개에게도 턱을 잠그는 메커니즘 같은 건 없다.[44]

[*]　압력의 단위로, 1프사이psi는 1제곱인치 넓이에 가해지는 1파운드의 압력이다.

그럼에도 우리는 핏불 공격에 관한 기사를 눈에 불을 켜고 읽는다. 2001년에서 2010년까지 10년 동안 핏불 공격에 관한 뉴스는 3340건으로, 위험한 견종 2위라고 알려진 독일셰퍼드 보다 2배 이상 많았다. DogsBite.org라는 단체가 인터넷에서 미디어 기사를 샅샅이 조사한 결과, 2006년부터 2008년까지 3년 동안 개와 관련된 사망 사고는 총 88건이었다. 이 사고의 59퍼센트가 핏불의 공격 때문이었다.[45] DogsBite.org는 또한 핏불이 어린이를 공격한 사고의 94퍼센트가 정당한 이유 없이 공격한 경우이며, 매일 3마리의 핏불이 공격성 때문에 총에 맞아 죽는다고 주장한다.[46]

다양한 과학 논문이 이 주장을 뒷받침하는 것으로 보인다. 한 연구에서는 1979년에서 1988년 사이에 보도된 개 물림 관련 사망 사고 중 42퍼센트가 핏불 종류에 의한 것이었음이 밝혀졌다.[47] 또 다른 연구에 따르면 1979년에서 1996년 사이에 사망 사고의 60퍼센트가 핏불과 로트와일러의 소행이라고 한다.

간혹 대단히 끔찍한 공격이 보도되면 여론이 들끓어 신속한 입법을 촉구한다.[48] 이런 바람을 타고 미국의 지자체 수백 곳이 핏불에게 등록, 경고용 스프레이, 중성화, 입마개, 완전한 금지를 명하는 특정 견종 통제법을 제정했다.[49]

오하이오주는 핏불과 관련하여 주 전체에 다음과 같이 선포했다.

그와 같은 견종(핏불 종류)을 소유하거나 기르거나 거처를 제공하는 것은 맹견을 소유하거나 기르거나 거처를 제공한다는 자명한 증거가 될 것이다. …… 맹견은 견주의 사유지 안에 잠금장치와 담장이 있는 마당이나 잠금장치와 지붕이 갖춰진 우리, 또는 그 밖의 지붕이 있는 폐쇄된 울타리(집과 같은 형태) 안에 가둬길러야 한다. 견주는 맹견에 대해서 배상액이 최소 10만 달러 이상인 책임보험에 가입해야 한다.[50]

이 모든 것이 위험할 수 있는 개로부터 어린아이와 일반 대중을 보호하기 위한 합리적인 조치로 보인다. 하지만 문제는 공격에 연루된 핏불이 정말로 핏불인지가 불확실하다는 것이다.

2009년 한 연구에서 과학자들은 입양 기관 17곳에서 견종을 어떻게 분류하는지를 조사했다. 보호소에 실려 오는 개는 응급실에 실려 오는 아이보다는 스트레스를 훨씬 적게 받는다거나, 개를 다루는 사람은 보통 사람보다 견종을 더 잘 식별한다고 사람들은 주장할지 모른다.

연구자들은 입양 기관 종사자들에게 개 몇 마리의 지배적인 품종을 식별해달라고 요청했다. 그리고 그 개들의 혈액 표본을 DNA 분석 기관에 보냈다. 3분의 2의 비율로 입양 기관은 개의 혈통과 완전히 무관한 견종이 지배적인 견종이라고 말했다. 지배적인 견종이 달마시안인데, 그들은 테리어라고 불렀다. 또한 알래스칸맬러뮤트와 다름없는 개를 호주 목양견이라 불렀다.

개와 함께 종일 일하는 숙련된 사람들이 올바른 견종을 3분의 1밖에 맞히지 못한다면, 우리 같은 평범한 사람들은 견종을 틀리게 추측할 확률이 훨씬 높을 것이다.

아이를 문 개가 핏불이라고 병원 직원이 보고했을 때, 그 말은 피해자나 부모 또는 목격자의 보고에 의존한 것이다. 어떤 사람도 확인을 위해 DNA검사를 하지 않는다. 털이 짧고, 중간 체격이고, 얼굴이 넓적하면 모두 핏불로 불린다. 그리고 스코트와 풀러가 발견한 바에 따르자면, 가끔 개들은 부모와 전혀 다른 외모를 갖는다. 그들이 바센지와 코카스패니얼을 교배시켰을 때 새끼들은 대부분 중간 체격에 털이 얼룩덜룩한 것을 제외하고는 종을 알아볼 수가 없었다. 이는 외모에 속을 수 있다는 뜻이다. 핏불과 완전히 다르게 생긴 개가 핏불 유전자를 가질 수 있고, 핏불과 똑같이 생긴 개가 완전히 엉뚱한 개일 수 있는 것이다.

또 다른 연구에 따르면, 사람들은 개와 견주가 착용한 액세서리를 보고 개가 위험하다고 인지하는 경향이 있다. 사진 속에서 30대 백인 남성이 스포츠 재킷과 셔츠에 넥타이 차림으로 검은색 래브라도와 서 있고, 래브라도는 세트로 된 목줄과 리드줄을 하고 있다. 다른 사진에서는 같은 남자가 찢어지고 지저분한 청바지에 낡은 티셔츠를 입고 흠집이 난 작업 부츠를 신었고, 래브라도는 징이 박힌 가죽 목줄에 너덜너덜한 밧줄로 리드줄을 대신하고 있다. 사람들은 두 번째 사진이 더 공격적인 개

라고 평가했다. 같은 개의 사진인데도 말이다.[51]

다른 과학 연구들을 검토해보면, 핏불은 절대 주범이 아니다. 어린이 개 물림 사고 84건을 분석한 결과, 핏불은 물림 사고 중 '눈에 띄는 비율'을 차지하지만,[52] 단 13퍼센트에 불과하다. 다른 연구에 따르면, 개 물림 사고의 주범은 독일셰퍼드이며[53] 잉글리시스프링거스파니엘도 순위가 높았다.[54] 1971년에서 1989년까지 발표된 연구들을 검토했을 때, 잘 무는 개 '3위 안'에는 다음과 같은 견종이 포함된다. 차우차우, 콜리, 독일셰퍼드, 믹스종, 아메리칸스태포드셔테리어, 코카스패니얼, 세인트버나드, 라사압소, 도베르만핀셔, 로트와일러, 푸들, 덕톨링리트리버. 도무지 종잡을 수 없는 데이터다.

다음으로 공격의 유형도 문제다. 누구에게 공격적인가? 주인인가, 낯선 사람인가, 다른 개인가? 한 연구에 따르면 낯선 사람과 다른 개에게 가장 공격적인 개는 닥스훈트였다.[55]

과학적 결론이 나지 않은 상황에서 미국의 17개 주는 특정 견종 통제법을 자제하는 대신, 개가 사람을 한 번 문 뒤에만 견주에게 책임을 지우는 '원바이트one bite' 법을 제정했다. 대부분의 개는 초범이기 때문에 이것으론 완벽하지 않지만, 대부분 사고에 책임이 없는 특정 견종에게 금지령을 내려 그릇된 안전 의식을 조장하는 것보단 나아 보인다.[56] 개 물림 팬데믹에 효과 있는 법률을 제정하고자 한다면, 먼저 행동 차원의 공격성에 대해 더 많이 알 필요가 있다.

개 물림으로 인한 사망률은 390만 마리당 1로, 극히 낮은 편이다. 개에게 물려 발생하는 사망률보다는 자동차로 인한 사망률이 573배 높고,[57] 번개에 맞을 확률이 3배 높다.[58]

공격성과 관련하여 우리는 견종 차이를 확실히 알지 못하지만, 과학이 우리에게 말해줄 수 있는 것이 있다. 개 물림 사고의 70퍼센트는 10세 이하의 아동에게 일어난다.[59] 물린 아이의 60퍼센트 이상이 남자아이고, 87퍼센트가 백인이다.[60] 아이들은 개의 먹이나 소유물과 접촉할 때 가장 자주 물린다(그럴 때의 61퍼센트).[61] 주로 머리와 목 부위에 상처를 입고, 55퍼센트가 뺨과 입술을 물리는데 상처의 길이는 평균 3인치(약 7.6센티미터)다.[62] 공격 견종은 대부분 대형견이고, 암컷보다 수컷이 더 잘문다. 아이를 무는 개의 3분의 2는 과거에 아이를 문 적이 없으며, 무는 개의 25~33퍼센트는 가정견이었다.[63]

결론을 내보자. 심각한 개 물림 사고의 위험성이 높은 견종은 아이들, 그중에서도 특히 10세 이하의 백인 남성과 함께 사는 대형견 수컷이다.[64]

가장 영리한 견종

모든 사람이 생각하는 질문이 있다. 어떤 개가 가장 영리할까? 인지와 관련하여 견종 차이를 연구한 결과물은 없다시피하다. 의외다. '가장 영리한' 견종이 무엇인가로 대중에게 알려진 문헌이 꽤 많지 않은가? 연구가 이뤄지지 않은 이유는 대체로, 견종은 너무 많은데 견종이 무엇인가에 대한 합의가 거의 없고, 유전적 관계에 기초해서 견종을 분류할 수 있는 유전자 데이터가 최근에야 완성되었기 때문이다.

현재 상황에서 어느 견종의 인지가 가장 뛰어난지에 대하여 과학자들은 할 말이 거의 없지만, 그렇다고 해서 사람들까지 할 말이 없는 건 아니다. 일반적인 견해에 따르면, 비록 순서는 변할지 몰라도 최고 등급의 개들은 변함이 없다. 대체로 보더콜리, 독일셰퍼드, 리트리버, 푸들을 첫손에 꼽는다.[65]

하지만 우리가 견종 차이를 평가할 때 사용하는 얼마 안 되는 데이터는 사람들의 선택을 지지하지 않는다. 인간의 시범을 보고 장애물을 우회하는 과제에서는 견종 차이가 전혀 나타나지 않았다.[66] 가리키기 몸짓을 따르는 능력에서도 분류할 수 있는 견종 차이가 거의 없었다.[67] 뉴기니싱잉독, 딩고, 보호소 유기견을 비교할 때, 모든 개가 인간의 몸짓을 아주 능숙하게 사용한다.[68]

몇 건의 연구만이 인지 과제에서 견종 차이가 드러났다고 보고했다. 그중 하나가 2부에서 작업견과 비작업견의 능력을 비교한 나의 연구다. 두 그룹이 똑같이 사람의 몸짓을 잘 읽었지만, 작업견이 더 잘 읽었다.[69]

앞에서 보았듯이 개의 천재성은 주로 의사소통에 달려 있다. 개의 시선을 추적하는 기술은 개의 인지를 들여다볼 수 있는 값진 수단이 분명하다. 아르헨티나 부에노스아이레스대학교의 마리아나 벤토셀라Mariana Bentosela 교수와 그녀의 팀은 각기 다른 견종이 주인의 얼굴을 얼마나 오래 바라보는지에 주목했다.[70] 먹이 보상을 얻고자 할 때 리트리버가 독일셰퍼드보다 더 오래 실험자의 얼굴을 바라보았다. 연구팀은 리트리버가 어디로 달려가서 사냥감을 물어와야 할지에 대해 인간 파트너와 상호작용할 필요가 있다는 점에서 그 이유를 찾았다. 가축을 지키는 일은 더 독립적이어야 하므로, 셰퍼드는 사람에게 덜 의존할 것이다.

하지만 이러한 연구에는 문제가 있다. 개를 비교할 때는 비슷하게 키우고 실험한 집단들을 비교하는 것이 이상적이라는 점이다. 현재까지의 견종 비교를 보면 양육 경험의 차이가 결과에 미치는 영향을 배제하지 않고 있다.[71]

그뿐 아니라 뉴질랜드 캔터베리대학교의 윌리엄 헬튼William Helton 교수는 인지능력과 무관하게 견종 차이를 밝혀야 할 이유를 하나 더 제시했다.[72] 헬튼이 생각하기에, 사람들이 관찰하는 견종 차이 중 몇몇은 작업견이나 비작업견으로 살아온 역사보다는 견종의 크기와 더 큰 관계가 있다.

개는 장두형(긴 두개골, 예를 들어, 그레이하운드)이거나 중두형(평균적인 두개골, 예를 들어, 보더콜리)이거나 단두형(넓적한 두개골, 예를 들어, 스탠퍼드셔불테리어)이다. 개의 두개골이 형성되는 과정은 개가 세계를 어떻게 보는가와 관계가 깊다. 장두형 개는 단두형 두개골과 짧은 코를 가진 개만큼 물체나 사람에게 초점을 잘 맞추지 못한다. 그 이유는 단두형 개의 양쪽 시야가 장두형 개보다 훨씬 더 많이 겹치기 때문이다. 그 결과 두개골이 긴 개보다 두개골이 넓고 코가 짧은 개가 인간과 더 비슷한 입체시를 갖고 있는 것이다.[73]

큰 개일수록 단두형이고 따라서 두개골이 넓은 경향이 있다고 헬튼은 주장한다. 두개골이 넓다는 것은 두개골이 좁은 개보다 두 눈이 더 전면을 향해 있고 눈 사이의 거리가 더 멀다는 점에서 사람의 눈과 더 비슷하다는 것을 의미한다.[74] 그러면 시력과 깊이 지각이 더 좋아진다. 헬튼은 큰 개가 작은 개보다 가리키기 과제를 더 잘 해내는 것이 다름 아닌 크기 때문일 수 있다는 점을 밝혀냈다.

여러분도 알다시피 연구 자체가 드물고 일치하는 내용도 많지 않지만, 과학 혁명의 묘미는 거기서 나온다. 과학 혁명은 원래 혼란스럽고 독단적인, 그러나 데이터에 기초한 대화여야 한다. 데이터를 많이 모을수록 더 시끄러워진다. 진보는 그렇게 이루어진다.

형태학의 반격

가장 영리한 견종으로 돌아가보자. 테스트는 주로 특수한 지능—작업 또는 복종 지능—을 평가한다. 아담 미클로시와 그의 팀은 이 성격 특성을 훈련성이라 불렀다.

헬튼은 목록을 보면서 최상위 엘리트 견종들이 어질리티 대회에서 얼마나 좋은 성적을 올리는지를 비교했다. 어질리티 대회는 개들이 주인의 요구에 따라 다양한 과제를 수행해야 하므로 훈련성을 평가하기에 안성맞춤이다.

어질리티는 두 부분으로 이루어진다. 요구를 따를 때 나타나는 **정확성**은 훈련성이라는 성격 특성과 관계가 있고, **속도**는 신체적 능력과 더 관계가 있다. 엘리트 견종(보더콜리, 독일셰퍼드, 리트리버)은 확실히 빨랐다. 대중문화에서는 이 견종들이 가장 영리하고, 어질리티 대회에서 경쟁하는 수가 더 많으며, 그에 따라 더 많은 메달을 획득한다고 생각한다.

그러나 **정확성** 면에서 엘리트 견종들은 치와와나 시추 같은 하위 견종과 거의 똑같았다.[75] 그리고 하위 견종이라고 불리는 몇몇 견종은 실제로 엘리트 견종보다 더 정확했다. 또한 헬튼은 훈련성을 평가하고 있었기 때문에, 견주들에게 얼마나 오랫동안 개를 훈련시켰는지 물어보았다. 훈련성이 좋다면 그에 비례해서 훈련 시간이 짧아야 한다. 하지만 이 점에 있어서도 엘리트 견종과 하위 견종 사이에 실질적 차이는 없었다.

헬튼은 결국 훈련성이 좋다는 **인상**을 주는 엘리트 견종이 모두 비슷하게 생겼다는 사실을 발견했다. 엘리트 견종은 모두 두개골이 중간 길이였다. 닥스훈트 같은 짧은 다리, 마스티프 같은 거대한 체격, 그레이하운드 같은 긴 두개골, 불독 같은 넓적한 두개골이 아니었다.[76]

모든 견종이 정확성 면에서는 엘리트 견종 못지않게 잘했지만, 어질리티 코스를 뒤뚱거리며 도는 닥스훈트를 상상해보라. 제비처럼 날랜 보더콜리보다 훨씬 덜 인상적으로 **보일** 것이다. 닥스훈트가 조련사의 명령을 정확히 따르고 있을지라도 말이다. 어쩌면 우리가 '영리한' 견종을 생각할 때 그 생각은 개들이 얼마나 영리한가보다는 어떻게 보이는가와 더 큰 관련이 있을지 모른다. 표지로 책을 판단하지 말고, 두개골 형태로 개를 판단하지 말라.

견종 차이를 논할 때 이 모든 사실은 다음과 같은 결론을 가리킨다. 만일 여러분이 사랑스러운 반려견을 최고의 견종이라고 생각한다면, 애석하게도 여러분의 생각을 뒷받침하는 과학적 증거는 존재하지 않는다. 하지만 희망적인 것은, 그 생각에 반하는 증거도 역시 존재하지 않는다는 것이다.

천재 교육

개의 인지능력을 높이는 훈련 방법

안락사를 집행하지 않는 보호소에서 밀로를 입양한 것은 보스턴에서 겨울 끝자락에 봄기운이 젖어들 때였다. 밀로는 인식표도 없이 거리를 떠돌다 발견되었고, 보호소에서 열흘 머무는 동안 실종 신고를 하거나 찾으러 오는 사람이 아무도 없었다. 보호소에 도착하자 개들이 미친 듯이 꼬리를 흔들면서 컹컹대거나 낑낑거렸다. 두 다리를 가진 존재로부터 포옹 한번 얻기 위해서였다. 밀로는 비교적 당당했다. 큰 덩치에도 불구하고 나를 향해 우아하게 걸어왔다.

"헤이, 친구." 나는 인사를 하고 철망 앞에 웅크리고 앉았다. 밀로가 꼬리를 흔들기 시작하자 흰 털이 구름처럼 피어올랐다. 밀로는 나를 차분하게 바라보았다. 영리함이 내비치는 깊은 갈색 눈이 내 시선을 사로잡았다. 지금까지 본 중에 가장 아름다운 개였다. 래브라도와 북극곰이 섞인 듯 보였다.

입양할지 결정하기 위해 보호소를 다시 방문했다. 나는 바닥에 앉아 있었다. 밀로가 방에 들어와 내 무릎으로 뛰어들더니 60파운드(약 27킬로그램)의 몸으로 어색하지만 행복하게 꼼지락거렸다.

결정했다. 이 녀석이 나의 새로운 소울메이트다. 우린 대단한 일을 하게 될 거다. 심지어 오레오가 떠난 자리를 밀로가 채우고 도그니션의 지평을 넓힌다면 바랄 게 없다. 밀로는 내가 상상할 수 있는 것 이상을 내게 가르쳐주었고, 그건 내가 기대한 게 아니었다.

보호소에서 집으로 데려온 지 일주일 만에 밀로가 '특별하다'는 최초의 신호가 나타났다. 모든 게 더없이 순조로웠다. 밀로는 아주 점잖은 개였고, 보호소 직원의 말마따나 아파트 안에선 절대로 소변을 보지 않았다.

어느 날 오후 나는 친구들과 함께 보스턴 공원에 앉아 있었다. 멀리서 구급차 사이렌이 울렸다. 그러자 밀로가 하늘을 향해 머리를 아치형으로 구부리고 긴 울부짖음을 토해냈다. 친구들과 나는 웃었다. 정말 귀여웠다. 그런 뒤 밀로는 헐떡거리면서 내 다리에 몸을 기댔다. 나는 밀로의 귀를 쓰다듬었지만, 여전히 녀석의 행동을 이해하지 못했다. 그건 앞으로 일어날 일의 조짐이었다.

내가 개를 원했던 건 독일에 가면 혼자 살아야 하는데 개가 주는 무조건적인 사랑이 나를 외롭지 않게 할 거라 생각해서였다. 기대 이상이었다. 밀로는 너무 많이 사랑하는 개가 되었다.
나는 9개월 동안 인질처럼 살았다. 매일 밀로를 데리고 출근했
다. 밤에 데이트하러 레스토랑에 갈 때도 밀로를 데리고 갔다.
심지어 욕실에 갈 때도 데리고 갔다. 혼자 몇 분만 놔두면 내가
돌아올 때까지 죽어가는 개처럼 울부짖었기 때문이다. 나는 아
파트에서 쫓겨날 뻔했다. 어쩔 수 없이 밀로를 혼자 두었을 때
녀석이 너무 크게 울부짖는 바람에 이웃들이 문제가 있는 줄
알고 경찰에 신고했기 때문이다.

다행히 독일 사람들은 개에 관한 한 매우 진보적이다. 개는
사무용 빌딩, 백화점, 카페, 레스토랑에 출입할 수 있다. 심지어
버스와 기차도 탈 수 있다. 개를 허락하지 않는 유일한 장소는
식료품점이다. 나는 식료품이 필요할 때마다 번개처럼 장을 봤
고, 그동안 밀로는 밖에서 울부짖고 있었다.

이상하게도 밀로는 그리 다정하지 않았다. 개보다는 고양이
에 가까웠다. 내가 껴안으면 몸을 맡기긴 해도 썩 좋아하는 것
같지 않았다. 다시는 내 무릎 위로 뛰어올라오지 않았다. '물어
와' 놀이도 하지 않았다. 사실, 놀이를 아예 하지 않았다. 줄다
리기도 추적하기도 그 어떤 놀이도. 거의 항상 테이블—주방 식
탁, 내 책상—밑에 숨어서 잠만 잤다.

나는 항불안제 투여를 계속 미뤘다. 시간과 훈련을 통해 나
아질 수 있다고 생각해서였다. 그러나 아무리 훈련해도 나아질
기미가 보이지 않았다. 밀로는 믿을 수 없으리만치 반항적이었

다. 보호소에서 처음 봤을 때의 차분하고 영리한 태도는 광대극이었다. 밀로는 멍청하지 않았지만 지독하게 고집스러웠다. 나는 개 다섯 마리를 성공적으로 훈련시켰고, 그중 네 마리는 보호소 출신이었다. 녀석들 중 누구도 그런 반항이나 행동 문제를 보이지 않았다. 밀로는 진짜 강적이었다.

나는 하루에 몇 시간 동안 밀로에게 기본적인 명령어를 가르쳤다. 하지만 밖으로 나가든 혹은 어딜 가든 훈련 따위는 깨끗이 잊어버려도 괜찮았다. 밀로는 도무지 앉지 않았고, 내가 불러도 오려 하지 않았다. 물론 '기다려'도 하지 않았다. 리드 줄을 하면 산책하기가 어려웠다. 투지로 뭉친 60파운드짜리 개가 반경 5마일(약 8킬로미터) 이내에 떠다니는 개 오줌의 모든 분자를 코로 확인하려 했다. 다른 개들의 마킹에 너무 집착한 나머지 실제로 마주치는 개의 존재는 완전히 무시했다. 나는 나의 개에게조차 '앉아'를 가르치지 못하는 '개 박사'였다.

블루베리 요인

이럴 땐 누구나 이렇게 하리라. 나는 인터넷에서 상담 코너를 검색하고 자가 훈련 서적을 읽었다. 기본적인 메시지가 따끔하게 다가왔다. 밀로를 잘못 키웠거나 열심히 훈련시키지 않은 것일까? 일반적인 해결책은 꾸준한 상과 벌이었다.

방금 끝낸 박사학위의 연구 주제가 '개의 협동과 의사소통에서 기질이 차지하는 중요성'인 만큼 나는 이 해결책이 너무 단순하다고 생각했다. 개를 키우는 방식은 개의 행동에 영향을 미치지만, 개의 본성도 마찬가지다. 나는 밀로가 기질 때문에 반항적이고 나한테 너무 들러붙는 건 아닐까 하고 의심하기 시작했다. 평생 밀로의 죄수로 살게 될지 모른다는 생각이 머리를 스쳤다.

해답은 밀로의 혀에 있었다. 밀로의 혀는 블루베리같이 파랬다. 밀로를 입양할 때 나는 오로지 한 종만이 혀가 파랗다는 걸 알지 못했다. 2000여 년 전에 유래한 차우차우는 유전적으로 늑대와 가까운 개 아홉 종에 포함된다.¹ 중국 한나라 시대의 그림과 조각상에는 경비견의 모습으로 늠름하게 서 있거나 위엄 있는 자세로 탁자 밑에 엎드려 있는 차우차우가 묘사되어 있다. 차우차우는 또한 요리 재료와 음식이 되기도 해서, 차우면에서처럼 '젓다' '뒤섞다'를 뜻하는 광둥어 차우*chow*에서 이름이 왔을 거라고 추정된다. 차우차우는 또한 주인에 대한 애착과 보호본능, 지독한 고집, 훈련의 어려움으로 유명하다.

내가 훈련을 제대로 못 시켜서 반항적인 개를 키우게 된 게 아니었다. 내 개가 유전적으로 늑대와 더 비슷하고, 그래서 보통 개들과 다른 기질이 행동을 지배하고 있었기 때문이었다. 나의 실패는 밀로의 늑대 같은 본성과 종 특이성을 반영하지 않은 나의 훈련 기법이 만난 결과였다.

빛은 엉뚱한 곳에서 들어왔다. 밀로의 풍성한 털 때문에 보호소 직원은 내가 밀로를 차에 태울 때까지 밀로가 중성화되지 않았다는 사실을 알아차리지 못했다. 나는 밀로에게 중성화 수술을 시키겠다고 약속했지만, 서둘러 독일로 이사하는 바람에 9개월이 지난 후에야 그 약속을 지킬 수 있었다.

마취에서 깨어나고부터 밀로는 다른 개가 되었다. 무엇보다 놀라운 건, 다른 훈련을 하지 않았음에도 내 명령에 따르기 시작했다는 것이다. 밀로에게 '앉아'와 '기다려'와 '이리 와'를 가르치던 내내, 이 덩치 큰 개는 내가 무슨 말을 하는지 도통 모르겠다는 듯 행동했었다. 알고 보니 밀로는 내 명령을 완벽히 이해했고, 단지 명령에 복종하지 않았을 뿐이었다.[2] 갑자기 밀로가 리드줄을 하고 산책하기 시작했다. 울부짖음도 중단했다. 내가 없으면 여전히 불안해했지만, 그래도 괄목할만한 개선이었다.

고환을 제거하자 밀로의 기질에 변화가 찾아왔다. 몸에서 안드로겐 수치가 낮아졌다. 그 결과, 몸속에 내내 존재하던 인지기능이 깨어나 밀로의 행동에 영향을 미쳤다.[3]

밀로는 본성과 양육이 어떻게 상호작용해서 행동을 빚어내는지를 보여주는 완벽한 사례였다. 또한 어떤 동물들은 타고난 기질에 따라 훈련이 더 복잡할 수 있음을 보여주였다.

나는 밀로와의 경험을 재미있는 일화로만 생각했다. 내가 도그 트레이닝 컨퍼런스에 초대받아 기조강연을 하기 전까지는 그랬다. 개 인지의 진화를 주제로 프리젠테이션을 마친 후 나는 회의가 끝날 때까지 흥분을 가라앉히며 모든 사람의 강연에 귀를 기울였다. 기대가 아깝지 않았다. 많은 연사가 훈련 기법의 효과를 분석할 때 엄정한 기준을 적용하라고 강조했다. 어떤 연사들은 감정이 어떻게 문제행동을 부추기는가에 대해서 논의했다. 핏불 몇 마리가 놀라우리만치 다정하고 잘 훈련된 개로 변신해서 무대에 등장했다. 행정 당국은 투견장에서 핏불을 구조한 뒤에는 안락사시키라고 권유하고 있음에도 말이다. 개 프리스타일도 선보였다. 문워크moonwalk를 하는 치와와에서부터 왈츠를 추는 푸들까지 없는 게 없었다. 개를 어떻게 훈련시켜야 하는지를 이 사람들은 제대로 알고 있었다.

하지만 놀라운 면이 있었다. 오래전에 사멸한 한 동물심리학파가 여전히 많은 개 훈련사의 상상력을 사로잡고 있었다. 강연자들은 조건화 훈련법을 이용하면 모든 종류의 행동 문제를 해결할 수 있다며 그 효과를 누차 강조했다. 훈련사들은 꾸준한 보상으로 적절한 행동을 가르칠 수 있다고 주장했다. 클리커clicker가 만능 열쇠였다.

주요 강연자 중 한 명이 행동주의의 장점을 극찬하면서부터 그 모든 재미와 게임이 일순 차갑게 식어버렸다. 그는 수십 년이 지난 스키너 상자와 쥐, 비둘기의 사진을 스크린에 비추면서, 고전적 조건 형성과 조작적 조건 형성을 개와 닭뿐 아니라 창조된 모든 동물에게 적용하면 똑같이 성공적인 결과를 얻을 수 있다고 말했다. 그런 뒤 스키너Burrhus Frederick Skinner야말로 학습의 일반 원리를 발견함으로써 동물에 대한 이해를 혁신시켰다며 송시頌詩를 읊조렸다.

마치 우주선이 착륙하고 거기서 외계인들이 튀어나와 우리를 1950년대로 데려가겠노라고 공표하는 것 같았다. 도그니션 이야기를 계속하기 전에 나는 행동주의가 무엇이고, 행동주의가 어떻게 과학과 사회의 양상을 변화시켜 지금까지도 끈질긴 영향을 미치게 되었으며, 스키너식 학습관이 어떻게 거부당하고 인지주의로 대체되었는지를 설명해야겠다.

행동주의의 전성기

20세기 대부분에 걸쳐 미국에서 행동주의가 어떻게 행동과학의 목을 졸랐는지는 상상하기도 어렵다. 오늘날에는 다양한 접근법으로 인지를 연구한다. 비교행동학자, 행동주의 심리학자, 신경과학자, 그리고 나처럼 인류학의 관점에서 인지를 연구하는 사람들이 있다. 하지만 1913년부터 1960년까지, 어쩌면 그보다 더 오랫동안 미국의 동물심리학에는 단 하나의 접근법, 행동주의만 있었다.[4] 행동주의 학파가 아니면 직업을 얻을 수 없었다. 고용하는 교수들이 전부 행동주의 학파였기 때문이다. 보조금을 얻을 수도 없었다. 논문을 검토하는 사람이 모두 행동주의 학파였다.[5] 출판 기회를 얻을 수도 없었다. 논문을 검토하는 사람이 모두 행동주의 학파였다.

프로이트를 비롯한 당대의 심리학자들은 내성 심리학introspective psychology*을 옹호했는데, 행동주의는 이에 대한 반발로 시작되

---

* 성찰과 사색을 주된 방법으로 하는 심리학.

었다. 내성 심리학은 너무 광범위해서 지금 다룰 순 없지만, 프로이트의 《오이디푸스 콤플렉스Passing of the Oedipus Complex》를 펼쳐보면 다음과 같은 문장을 보게 된다.

자기가 아버지의 애인이라고 믿길 원하는 어린 소녀는 언젠가 그의 손에 혹독한 벌을 받고 구름의 성에서 지상으로 내던져진다.[6]

일부 심리학자들이 변화를 추구한 건 놀라운 일이 아니었다. 그들은 병아리가 미로를 빠져나오지 못하더니 시간이 흐르자 서서히 길을 찾아 나가는 걸 지켜보기 시작했다. 이건 지적 능력이 아니라 그보다 훨씬 기초적인 어떤 것이었다.[7]

학습이라는 개념 앞에서 동물의 심리에 관한 추상적인 개념들은 무용지물이 될 수 있었다. 행동주의 심리학자들은 몇몇 동물에게 초점을 맞춘 뒤 곧바로 모든 동물이 똑같은 방식으로 학습한다고 주장했다.

J. B. 왓슨Watson은 한 걸음 더 나아가 "단세포 동물에서 인간으로 넘어가는 데는 어떤 새로운 원리도 필요치 않다"고 주장했다.[8] 한 동물의 학습을 연구하면 모든 동물을 이해할 수 있다는 것이다.

행동주의 사원의 주신主神은 버러스 프레더릭 스키너였다. 50년 전에 행동주의가 얼마나 막강했는지를 짐작하려면, 스키너가 그 운동의 우두머리로서 얼마나 유명했는지를 살펴보면 된다.

오늘날 미국인들은 과학에서 가장 유명한 롤모델 3인으로 빌 게이츠Bill Gates, 앨 코어Al Gore, 아인슈타인Albert Einstein을 꼽는다.[9] 이 중 두 명은 과학자가 아니며 한 명은 죽었다는 점에 주목해보자. 1975년에 미국에서 가장 유명한 과학자가 바로 스키너였다.[10] 스키너는 1971년에 《타임Time》의 표지를 장식했다. 또한 1970년에는 〈필 도나휴 쇼Phil Donahue Show〉에 출연했고, 《에스콰이어Esquire》의 "가장 중요한 인물 100인"에 선정되었다. 그가 쓴 소설 《월든 투Walden Two》는 250만 부나 팔렸고, 1971년에 출간한 논픽션 《자유와 존엄을 넘어서Beyond Freedom & Dignity》는 《뉴욕타임스New York Times》 베스트셀러에 26주나 올랐다.[11]

그러나 친구가 많으면 적도 많은 법. 당대에 스키너는 "미국 심리학의 다스 베이더*…… 20세기 말 과학의 히틀러"[12] "누가 봐도 정신이상" "얼빠진 멍청이 독선가"[13]라고 불렸다.

스키너 자신도 좋은 이미지에 보탬이 되지 않았다. 그는 새하얀 실험복에 렌즈가 두꺼운 안경을 쓰고 실험실에서 쥐를 만지작거리는 전형적인 과학자 이미지였다. 대학 시절부터 으스댄다는 말이 있었고,[14] 감정을 솔직하게 드러내는 경우가 거의 없었다. 그의 면전에서 남동생이 심각한 뇌출혈로 죽었을 때 18살의 스키너는 그 사건을 처음부터 끝까지 아주 담담하게 묘사했다.[15] TV에 처음 출연한 날 그는 자기 책을 불태우느니 아이들

---

* 　영화 〈스타워즈〉 시리즈에 나오는 역대급 악역 캐릭터.

을 불태우겠다고 말했다. "자신의 유전자보다는 연구를 통해서 미래에 더 크게 공헌할 터"라는 것이 그 이유였다.[16]

학습하는 스키너 동물

스키너가 행동주의를 발견한 것은 하버드대학원에서였다.[17] 스키너는 '고전적 조건 형성'을 생각해낸 파블로프Ivan Pavlov의 팬이었다. 파블로프는 개들의 소화기 계통을 연구하고 있었다. 그 개들에게는 음식이 눈에 띄기도 전에 사육사를 보고 침을 흘리는 고약한 습관이 있었다.[18] 그 탓에 파블로프가 얻으려는 데이터가 왜곡되었지만, 얼마 후 파블로프는 거기서 뭔가를 알 아낼 수 있다는 걸 깨달았다. 다음과 같은 설명이 가능했다. 개들은 식사 시간이 가까워지고 있음을 알고는 음식을 예상하고 침을 흘린다는 것이다. 이 가설은 개들이 생각하고 추론할 줄 안다는 것을 가정했다. 하지만 다른 설명도 가능했다. 음식을 가져오는 사람의 모습이 자극으로 작용해서 자동적인 생리 반응이 일어난다는 것이다.

파블로프는 개들이 어떤 자극(경적, 종소리, 플래시 불빛)에도 반응해서 침을 흘릴 수 있음을 보여주었다. 그리고 이것을 '조건 형성'이라 불렀다. 그 자극이 '조건화된' 반응을 끌어냈다는 뜻에서다. 시간이 흐르면서 파블로프의 조건 형성은 '고전적 조건 형성'으로 알려지게 되었다. 고전적 조건 형성의 완벽한 예로 클리커 훈련을 들 수 있다. 클리커를 누른다. 개가 당신을 쳐다본다. 개에게 간식으로 보상한다. 이걸 반복하다 보면 클리커를 누를 때마다 개가 당신을 쳐다보게 된다.

스키너는 한 걸음 더 나아갔다. 이번에는 클리커나 종소리가 아닌 동물의 행동이 자극물이 되었다.[19] 대표적인 예가 개에게 '앉아'를 훈련시킬 때다. 개에게 "앉아"라고 명령하고, 개가 앉으면 그때마다 간식을 준다(반응). 시간이 지나면 이 행동이 강화된다. 처음이나 두 번째에 당신은 명령과 함께 개의 엉덩이를 눌러야 할지 모른다. 하지만 열 번쯤 되면 개는 "앉아"라는 말이 떨어질 때마다 척척 앉는다. 이것은 개의 머리에서 진행되는 어떤 생각이나 질문 또는 추론과도 무관하다고 스키너는 말했다. 중요한 것은 당신이 강화하고 있는 그 행동뿐이다. 스키너는 이것을 '조작적 조건화'라고 불렀다. 개의 행동이 환경을 조작해서 반응이나 보상을 이끌어내기 때문이었다.

스키너는 자신의 동물—주로 비둘기와 쥐—을 훈련시키기 위해 클리커 대신 스키너 상자라는 장치를 만들었다. 간단한 상자 안에 동물이 조작할 수 있는 것—쥐는 레버, 비둘기는 버튼—과 음식, 시각물, 소리처럼 행동 강화에 필요한 어떤 것이 들어 있었다. 상자에는 버튼이나 레버가 몇 번 눌렸는지를 측정하는 장치가 연결되어 있었다.

스키너는 조작적 조건 형성을 통해 동물이 놀라운 일들을 하게끔 훈련시킬 수 있었다. 그의 비둘기는 탁구를 치고 피아노를 칠 수 있었다. 그에게 훈련받은 쥐는 구슬을 구멍에 떨어뜨렸고, 이 행동은 이른바 '쥐 농구rat basketball'라고 알려지게 되었다.[20] 제2차 세계대전 중 스키너가 초기에 진행한 프로젝트로 '비둘기 프로젝트project pigeon'라는 것이 있다. 그의 목표는 비둘기가 키를 쪼면 그에 따라 폭탄이 목표 지점을 향해 날아가도록 비둘기를 훈련시켜 폭탄 내부에 집어넣는 것이었다.[21]

동물이 이렇게 행동하는 것을 처음 본 사람은 동물이 믿을 수 없을 정도로 영리하고, 기억과 추론을 사용한다고 생각할지 모른다. 하지만 동물을 훈련시키는 것은 보상이 주어지는 일련의 행동을 하나로 꿰는 것일 뿐이라고 스키너는 주장했다.

물론 스키너는 마음이란 건 없다고 말하거나 동물에겐 마음이 없다고 말하지 않았다. 단지 마음은 중요하지 않고, 그래서 심리학에 들어올 자리가 없다고 믿은 것이다.[22] 또한 우리는 동물의 마음에서 무슨 일이 일어나고 있는지 알아낼 길이 없다고 믿었다. 중요한 것은 그가 만들어내고자 하는 행동뿐이었다.

상자 안에서의 삶

과학자가 원하는 행동을 동물이 하게 되자 과학자들이 같은 원리를 사람에게 적용하기 시작하는 건 시간문제였다. 스키너는 과학자와 다른 사람의 심리 상태가 단절된 것이 못내 불편했다. 만일 어떤 현상을 직접 관찰할 수 없다면, 과학자는 그걸 데이터로 간주해서는 안 된다. 사람의 내적 감정이나 심리에 관한 데이터를 모으려면, 무슨 일이 일어나고 있는지 그 사람이 과학자에게 건네는 보고에 의존해야 했다. 그러나 그 사람이 진실을 말하고 있는지 확인할 길이 없었다.[23]

사회적인 문제는 대개 사람이 어떻게 생각하고 느끼는가의 문제가 아니라 해로운 행동의 문제라고 스키너는 주장했다. 갑자기 스키너 상자에 비둘기와 쥐뿐 아니라 사람이 들어갔다. 1950년대 중반에 시드니 비주Sidney Bijou는 트레일러하우스로 아이들용 스키너 상자를 만들어 시애틀 인근의 여러 학교로 끌고 다녔다.[24]

1976년에 시라큐스대학교의 더글러스 비클렌Douglus Biklen은 행동수정 프로그램에 참여한 조현병 여성 환자 53명을 5개월 동안 관찰했다. 그는 각각의 여성에게 바람직한 행동 다섯 가지를 부여했다. 이를테면, "몸에 묻은 것을 닦을 땐 화장지를 사용하라" "바닥과 벽을 그만 두드려라" 같은 것이었다. 또한 개인의 용모나 집안일 같은 일반적인 행동도 있었다. 여성들은 〈런던 다리가 무너져요London Bridge Is Falling Down〉 같은 동요 부르기와 종이비행기 접기 같은 게임에도 참여했다.

좋은 행동을 하면 특권과 교환 가능한 표로 보상받는 '토큰 경제' 프로그램은 성공이라고 명시되었다. 6년에 걸쳐 그 여성들의 89퍼센트가 주말을 제외하고 하루에 최소 한 시간씩 참여했다. 단식과 과도한 옷차림 같은 바람직하지 않은 행동이 줄어들었다.

온갖 종류의 기관들이 즉시 토큰 경제를 채택하고 나섰다.

어린아이들이 다니는 유치원, 흉악범이 모인 교도소, 신체적·정신적 장애인을 위한 작업장, 비행청소년 교정시설 등이었다.[25] 1969년에는 20개 병원에서 900여 명의 환자가 참여하는 27건의 토큰 경제 프로그램이 시행되고 있었다.[26]

프로그램에 참가한 사람들이 어떻게 느끼고 생각하는지는 완전히 행동주의적인 방식으로 철저히 무시되었다.[27]

대중의 눈에 걸리는 점은 행동 교정이 박탈에 기초한다는 것이었다. 동물에게 고통을 가하면 도피와 회피 행동이 생겨나기 때문에 그렇게 하는 건 생산적이 아니라고 스키너는 생각했다.[28] 그럼에도 그는 음식 박탈에 의존했다. 스키너는 쥐들이 테스트에 임할 마음이 생기도록 정상 체중의 약 80퍼센트 선으로 유지했다.[29] 죄수와 정신병 환자도 실험 대상으로 완벽했다. 그들에겐 음식이 아닌 특권을 박탈할 수 있었기 때문이다.

1974년 무렵에 대중은 생체의학과 행동 연구의 윤리 혹은 비윤리에 놀란 반응을 보였다. 사람들은 수감자나 정신병원 환자들에게 특권을 빼앗는 것이, 특히 프로그램에 참여하는 것이 자발적이지 않을 때 과연 그 프로그램이 윤리적인가 하고 묻기 시작했다. 당시에 행동 연구와 의학 연구 분야는 정신장애 환자, 시한부 환자, 죄수를 대상으로 이루어지고 있었는데, 이것이 인간 권리의 침해로 보이기 시작했다.[30] 곧 행동 교정 프로그램은 자금줄이 끊기고 완전히 중단되었다.

이 프로그램들이 끝났다고 해서 행동주의가 궤도를 멈춘 건 아니었다. 오히려 더 이상 제도적 수단으로 쓰이지 않게 되자 더 넓은 사회로 퍼져나갔다. 행동주의는 체중 증가, 흡연, 언어 문제, 자폐증, 불합리한 공포 등 불필요한 모든 행동을 치료하는 데 쓰였다.[31]

하지만 전체적으로 행동주의는 적용이 제한되었고, 과학계를 조르던 행동주의의 손에서 힘이 풀리고 있었다. 행동주의는 다음 네 가지 원리에 의존했다.[32]

1. 행동은 일련의 자극-반응 메커니즘에 따라 수행된다.
2. 꾸준히 자극하면 시간이 흐를수록 반응이 강해진다(스키너 상자에서 나온 도표들이 멋지게 보여주었듯이).
3. 모든 동물과 인간은 똑같다(비둘기에게 효과가 있으면 개, 돼지, 쥐, 인간 등에게도 효과가 있다).
4. 우리는 모든 행동을 예측하고 통제할 수 있으며, 마음의 내적 작동(생각, 기억, 감정)은 행동과 무관하다.

네 가지 원리는 완전히 틀렸지만, 매우 특수한 상황에 적용할 땐 제한적이나마 실용적인 가치를 발휘한다.

예를 들어, 공포증을 통제할 때 조건 형성이 쓰인다. 개들은 천둥이 칠 때 낑낑거리고 움츠린다. 드문 경우지만 어떤 개들은 너무 두려운 나머지 가구를 부수거나 피가 날 정도로 창문과 문을 긁거나 바닥에 배변을 한다. 심한 경우에는 병에 걸리거나 치명적인 심장 발작을 일으키기도 한다.

공포증은 비합리적이지만 생리적 반응을 유발한다. 심장박동이 올라가 근육에 산소와 피가 몰린다. 통증에 덜 민감해진다. 소화기 계통이 멈추고 체내 분비가 차단되어 입이 마른다. 방광과 내장이 내용물을 비우고, 동공이 커져서 눈에 빛이 더 많이 들어온다.

여러분은 천둥이 칠 때 반려견을 안심시킬 수 있다고 생각할지 모르지만, 한 연구에 따르면 주인이 있어도 개의 코르티솔(스트레스 호르몬)은 전혀 감소하지 않았다. (곁에 다른 개가 있으면 도움이 되지만.)[33]

공포증 치료는 자극에 지속적·반복적으로 노출하고, 어떤 경우에는 음식으로 보상하는 방법을 사용한다. 그래서 처음에는 녹음된 천둥소리를 편안한 환경에서 가장 낮은 소리로 들려준다. 이 과정을 통해 개들은 천둥소리와 긍정적 또는 중립적인 연합을 학습한다. 그런 뒤에는 점차 음량을 높이고 마지막에는 실제와 똑같은 소리를 들려줘도 개들은 심각한 영향을 받지 않는다. 총성, 열기구, 폭죽, 벌, 고도 비행 같은 다양한 공포증에도 이 방법을 사용할 수 있다.[34]

그럼에도 역시 스키너의 네 가지 원리는 당신의 반려견을 이해하고 그들과 즐겁게 살기 위한 기초로는 쓸모가 없다.

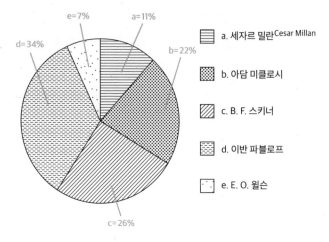

오늘날 우리가 도그니션을 인식하는 데 가장 기여한 사람은 누구인가?

e=7% a=11%

d=34%

b=22%

a. 세자르 밀란Cesar Millan

b. 아담 미클로시

c. B. F. 스키너

d. 이반 파블로프

e. E. O. 윌슨

c=26%

응답자 중 절반 이상이 파블로프와 스키너, 둘 중 하나라고 답했다. 나는 개인적으로 헝가리 부다페스트에 있는 외트뵈시로란드대학교의 아담 미클로시가 가장 크게 공헌했다고 생각한다.

인지주의 혁명

마침내 행동주의를 처단한 것은 언어였다. 리코와 체이서를 통해 이야기했듯이, 사람 아이들은 어떤 소리가 어떤 행동이나 사물을 가리키는지를 추론함으로써(시행착오를 통해서가 아니라) 단어를 학습한다.

《언어 행동Verbal Behavior》이란 책에서 스키너는 아이들이 어떻게 자극과 반응을 통해 수백 가지 미묘한 문법 규칙들을 배우는지를 설명하고자 했다. 당시에 거의 무명이었던 언어학자 노엄 촘스키Noam Chomsky가 그 책을 통렬하게 비평한 후로 스키

너의 명성은 결코 회복되지 않았다.[35]

엎친 데 덮친 격으로 행동주의는 동물의 행동을 설명할 수가 없었다. 행동주의에 따르면 동물은 시행착오를 통해서 학습하고, 그 결과는 시간이 흐르면서 나아져야 한다. 앞서 살펴봤듯이 동물은 추론하지만, 모든 동물이 똑같이 추론하진 못하고, 모든 동물이 같은 것을 학습하지 않으며, 모든 동물이 똑같은 방식으로 학습하지 않는다. 종種 간 차이는 대체로 종들이 야생에서 해결해야 하는 문제 유형과 관련이 있다. 동물들은 생존에 필요한 것에 따라 다양한 인지능력을 진화시켜왔다. 이 모든 불일치와 모순으로 스키너와 행동주의 학파는 종말을 고했다.[36]

한편, 지금은 전설이 된 촘스키에 따르면, 아이들은 언어를 배울 수 있도록 모종의 선천적인 지식을 갖추고 태어난다. 이러한 선천적인 지식에 힘입어 전 세계 아이들은 어떤 언어라도 배울 수 있고 언어를 구성하는 그 모든 복잡한 문법 규칙을 자연스럽게 습득하는데, 바로 이 개념이 행동주의에 치명타를 안겼다. 현재는 아이들이 어떻게 인간에게서만 발견되는 독특한 인지기능을 이용해서 언어를 습득하는가에 관한 연구가 이루어짐에 따라, 촘스키의 관점은 그러한 발달 연구에서 나온 방대한 데이터로 대체되고 있다. 연구 결과들이 가리키는 바에 따르면, 인간은 선천적인 보편 문법을 갖고 태어나는 것이 아니라 사회적 인지능력을 갖추고 태어나는 것이며, 이 능력을 바탕으로 그 문화의 언어를 사용하는 방법을 추론하고 배울 수 있다.[37]

현재 우리는 여러 종류의 지능을 알고 있다. 개인이나 종은 남보다 문제를 더 잘 풀어내기도 하고 못 풀어내기도 한다. 또한 한 가지 유형의 문제를 잘 해결한다고 해서 다른 유형의 문제를 잘 해결한다고 예측할 수도 없다. 어떤 사람들이 어떤 일에서만 천재인 것처럼 동물도 그들 영역에서만 천재들이다.

학습은 한 가지 유형의 지능일 뿐이다. 인지적 접근법의 축포 아래서 우리는 다양한 유형의 지능을 인정하게 되었으며, 지능이란 해면을 바닥에 놓고 인간을 꼭대기에 놓는 선형 척도라는 생각에서 벗어날 수 있다. 돌고래가 까마귀보다 영리한지를 묻는 것은 망치가 톱보다 나은지를 묻는 것과 같다. 어느 도구가 더 좋은지는 눈앞의 과제에 달려 있으며, 동물의 경우에는 생존과 번식을 도모할 때 수시로 부딪히는 문제에 달려 있다.

도그 트레이닝 컨퍼런스로 돌아가보자. 소그룹 회의에서 우리는 행동주의에 관해 이야기하기 시작했다. 많은 훈련사가 클리커 훈련과 긍정적 강화 같은 행동주의적 기법 덕분에 성공할 수 있었다고 말했다. 자신들이 고전적 조건 형성과 조작적 조건 형성을 사용하는 중이라고 믿는 것 같았다. 하지만 그 기법이 **왜** 먹히는지에 관해 이야기할 때 훈련사들은 인지 이론의 관점에서 개를 바라보았다. "개가 **안다**"거나 "개가 재주부리길 **원한다**"라는 식으로 이야기한 것이다. 하지만 진짜 행동주의 심리학자는 생각과 욕구를 불필요한 것으로 여긴다.

인지적 접근법이 개에게 잘 맞는 것은 개에게 생각이 없기 때문이 아니라, 생각이 있기 때문이다. 개는 문제를 풀 때 추론하거나, 새로운 문제를 풀기 위해서 배운 것을 일반화한다. 예를 들어, 개에게 '앉아'를 시킬 때 새로운 사람마다 일일이 개에게 '앉아'를 가르칠 필요는 없다. 일단 여러분이 '앉아'를 훈련시키면, 개들은 다른 장소에서 새로운 사람이 명령해도 앉는다.[38] 마찬가지로, 여러분이 공을 던지고 그 방향을 가리키면 개들은 음식을 찾으러 달려가지 않는다. '물어와' 게임을 하는 동안에는 여러분의 몸짓이 공을 가리킨다는 걸 아는 것이다. 가리키기 몸짓은 맥락에 따라 다른 것을 의미한다. 이런 식의 일반화를 할 수 있는 것은 개들이 인지적이기 때문이다.

개의 천재성은 인간의 의사소통을 이해하는 능력 그리고 우리에게 협력하고자 하는 적극성에 있다. 개 훈련이 그렇게 쉬운 이유도 그러한 천재성 때문일 것이다. 하지만 세계가 어떻게 작동하는지를 이해하는 면에서는 편향과 한계를 가지고 있다. 인지적 접근법이 발전한 덕분에 우리는 스키너 상자를 바라보며 지는 싸움을 하는 대신, 개의 편향과 한계를 우회해가면서 훈련시킬 수 있다.

현재의 훈련 학파

각기 다른 훈련 기법을 주제로 발표된 연구는 거의 없다. 어떤 개에게는 어떤 기법이 좋을 수 있지만, 현재의 훈련 기법들은 과학에 토대를 둔 것이 아니다. 인지 접근법을 받아들이면

다른 포유동물의 인지능력과 도그니션의 비교

인지능력	시시함	다른 포유동물과 비슷	주목할만함	천재적임
시각적 몸짓 이해하기				O
새로운 단어 배우기				O
발성과 시각신호를 통해서 '말하기'			O	
청자의 관점 이해하기			O	
길 찾기		O		
낱개 학습/연합 학습(조건 형성)		O		
물리 법칙 이해하기	O			
수량 판단(세기)		O		
자기 인식		O		
남을 보고 배우기		O		
남의 행동 모방하기			O	
도움 청하기			O	
배신자 탐지하기		O		
공감하기		O		
죄책감 느끼기		O		

개가 어떻게 생각하는지를 보다 잘 이해하고, 그에 따라 효과적인 훈련 기법을 개발할 수 있다. 개 훈련 기술이 과학으로 변모된다면 바랄 나위가 없겠으나, 앞으로는 리드줄의 양쪽 끝을 모두 잡는 것이 득이 될 거라고 생각한다.

현재, 개 훈련에는 크게 두 가지 접근법이 있다. 개 훈련은 우두머리 개를 뜻하는 '탑독top dog'파와 '다다익선'파로 나뉜다. 탑독파의 생각은 개가 주인에게 확실히 복종할 수 있도록 견주가 지배 관계를 확립해야 한다는 것이다. 이 원칙의 기원은, 늑대 무리에는 엄격한 위계가 있으며, 그 속에서 개체들은 지배권을 놓고 경쟁하면서도 알파 수컷과 암컷의 통제에 따른다는 생각이다. 개는 늑대로부터 진화했으므로, 탑독파는 당신에게 알파 늑대처럼 행동하라고 권장한다. 여기에는 초크체인*이나 집 밖으로 나갈 때 절대 개를 먼저 내보내지 않을 것, 그리고 개를 배가 보이게 눕혀놓고 목을 움켜잡는 식의 '알파 역할'이 포함된다.

'늑대 옷을 걸친 개'의 접근법은 과학의 관점에서 볼 때 문제가 있다. 개의 사회체계가 늑대와 똑같다고 가정하는 것이다. 하지만 개의 사회체계는 가축화로 변화를 겪었다. 2부에서 떠돌이개와 늑대를 비교하며 살펴봤듯이 사회구조에 몇 가지 중요한 차이가 드러난다.

가장 중요한 차이는 떠돌이개들의 위계가 느슨하다는 점이다. 떠돌이개 무리의 우두머리는 가장 힘센 개체가 아니다. 대신에 무리 안에서 유대나 친구 관계가 가장 우월한 개가 우두머리가 될 가능성이 크다.

탑독파의 일부 지지자들은 주인이 반려견과 놀아주는 방식이 반려견이 지배 관계를 바라보는 방식을 좌우할 수 있다고 말한다. 예를 들어, 줄다리기 게임을 할 때는 개가 당신을 약자로

---

* 일정한 통증을 유발하여 통제하기 쉽게 만든 목줄.

생각할 수 있으므로 개가 이기지 않게 해야 한다는 것이다.

많지 않은 실험 중 한 실험에서 연구자들은, 어떤 사람이 골든리트리버에게서 먹이나 장난감을 빼앗을 때 골든리트리버들이 어떻게 반응하는지, 그리고 줄다리기 게임을 20번 지게 하거나 이기게 해주고 그 전과 후에 얼마나 오래 명령에 복종하는지를 측정했다. 게임에 이기거나 지거나 골든리트리버들은 인간 파트너를 향해 똑같은 복종심을 나타냈다.[39] 따라서 훈련을 더 잘하는 방법으로 반려견을 제압하거나 놀이를 중단할 필요는 없을 듯하다.

다다익선파는 자극과 반응을 연결해서 행동을 좋게 한다는 행동주의 원리에서 출발한다. 드물지만 지금까지 보고된 실험에 따르면, 보상이나 훈련을 최대한 함으로써 더 효과적으로 개의 행동을 개선할 수 있다는 생각은 생각에 불과하다.

인간의 경우에도 행동에 대한 보상을 주면, 그 보상이 줄어들거나 사라졌을 때 의욕이 떨어지는 것을 볼 수 있다. 예를 들어, 아이에게 즐겁게 책을 읽으라고 말하고, 책을 읽으면 초콜릿으로 보상해보라. 초콜릿이라는 보상을 중단했을 때 아이는 책 읽기 자체를 즐기지 않을 것이다. 이것을 '과잉 정당화 효과'라고 한다.[40]

이 효과는 개에게도 나타난다. 한 실험에서 실험자는 명령에 복종한 대가로 개에게 평범한 먹이를 주었다. 그런 다음 그 먹이를 더 맛있는 먹이로 교체했다. 연구자가 다시 평범한 보상으로 전환하자 개들의 성적은 떨어졌다. 이것으로 보아, 개에게 맛있는 간식으로 보상한다 해도 학습 속도가 반드시 빨라지는 건 아니라고 생각할 수 있다. 또한 좋은 간식이 바닥나면 다시 평범한 간식으로 돌아갈 수 없다는 것도 알 수 있다.[41]

다다익선파의 이론을 하나 더 살펴보자. 개를 가장 빨리 훈련시키는 방법은 훈련을 길게 매일 되풀이하는 것이라는 말이 있다. 하지만 최근 연구에 따르자면 고삐를 약간 늦출 줄도 알아야 한다. 한 연구에서는 개들에게 컴퓨터 마우스패드 위에 앞발을 올려놓는 훈련을 시켰다. 개들로서는 처음 해보는 동작이었다. 개들은 일주일에 다섯 번 훈련하거나 한 번 훈련했다. 일주일에 한 번만 훈련한 개들이 더 적은 수업 횟수로 그 동작을 학습했다.[42]

다른 연구에서는 개들이 바구니로 가서 기다리는 훈련을 받았다. 연구자들은 훈련 수업의 빈도(일주일에 한두 번 대 매일)와 지속 시간(1교시 대 연달아 3교시)을 달리했다. 일주일에 한 번 훈련할 때 개들이 가장 잘 학습했다. 가장 나쁜 성적은 가장 많이 훈련한 개들(매일 세 번의 수업)의 몫이었다.[43] 이 결과로 보아, 학습에 관해서는 소소익선小小益善이 맞는 듯하다.

'클리커 훈련'은 요즘 가장 인기 있는 훈련 기법 중 하나다.[44] 클리커 훈련은 파블로프가 발견했고 스키너를 비롯한 행동주의 심리학자들이 쥐와 비둘기를 통해 완성한 고전적 조건 형성에 기초한 훈련이다. 클리커는 누르면 딸깍 소리를 내는 금속 장치다. 바람직한 행동에 대한 반응으로 클리커를 보상물과 연결 지으면 딸깍 소리가 '보조 강화물'이 된다. 클리커 애호가들은 반려견이 바람직한 행동을 하는 것을 볼 때 거의 즉시 클리커를 누를 수 있기 때문에 클리커가 효과적이라고 믿는다. 간식을 찾아 우왕좌왕하면 시간이 지체될 수 있다. 바람직한 행동을 딸깍 소리로 '표시'해둔 뒤 빠르게 간식을 대령하는 것이다.

클리커의 인기를 고려할 때 클리커와 그 밖의 훈련법을 비교하는 연구가 하나뿐이라는 건 예상 밖이다. 연구자들은 바센지를 대상으로 클리커와 먹이 보상에 반응하거나, 먹이 보상에만 반응하여 원뿔에 코를 대도록 훈련시켰다. 먹이와 함께 클리커로 훈련한 개들이 먹이로만 보상받은 개들보다 더 빨리 학습하진 않았다. 적어도 현재로서는, 클리커로 훈련하면 개가 더 빨리 학습한다는 이론은 어떤 과학적 증거로도 입증되지 않았다.[45]

클리커는 실제로 효과적이지만, 언제 그리고 왜 효과가 있는지는 확인이 필요하다. 내 생각으로는, 클리커가 개의 학습을 앞당겨준다기보다는 클리커 덕분에 사람들이 개를 더 잘 훈련시키는 듯하다. 클리커를 사용하면 개에게 더 일관되게 보상을 줄 수 있고, 심지어 훈련 중에 개를 더 잘 통제하는 것처럼 느낄 수 있다. 확실히 알기 위해서는 더 많은 연구가 필요하다.

현재의 훈련법들이 효과가 있는 것은 개들이 훈련만 하면 수백 가지 놀라운 일을 할 수 있기 때문이다. 하지만 과학적인 관점에서 우리는 어떤 방법이 가장 좋은지를 알지 못한다. 개의 행동과 훈련에 대해 우리가 알고 있는 것과 도그니션에 관한 최신 연구를 결합한 공인된 훈련은 미래의 일로 남아 있다.

인지 훈련을 도입한다면 개들의 다양한 학습 방식을 확인할 수 있을 뿐 아니라 학습을 가로막는 한계와 편향도 확인하게 된다. 그런 뒤에는 그 편향과 한계를 우회하여 개의 천재성을 이용하는 전략을 세울 수 있다.

우리에게 득이 되는 도그니션

도그니션 연구의 가장 큰 가르침은 개들이 저 혼자 있을 땐 정말 특별할 것이 없다는 것이다. 여러분이 빈 방에 있는데 문 가까이에 설 때마다 문 밑으로 지폐가 미끄러져서 들어온다고 상상해보자. 여러분은 그 행동과 결과의 관계를 즉시 알아차릴 것이다.

늑대와 비교할 때, 개는 임의적인 단서와 음식의 존재 사이의 연관성을 더 느리게 인식한다. 앞에서 보았듯이 늑대는 색에 근거해서 어느 곳을 탐색해야 음식이 나올지를 개보다 더 빠르게 학습하거나, 학습하지 않는다. 늑대는 또한 물리적 장벽을 돌아 우회하는 법을 개보다 훨씬 빠르게 학습한다.[46] 개를 혼자 놔두고 시행착오를 통해 연합을 형성하게 하면 그리 좋은 결과가 나오지 않는다.[47]

시행착오를 통한 학습에서는 늑대가 나을지 몰라도, 훈련에 있어서는 개가 늑대보다 더 쉬운 건 자명하다. 그러니 시행착오를 통한 학습은 개의 훈련성을 떠받치는 기술이 아니다.

개의 훈련성은 다른 형태의 인지에 달려 있다. 사람을 보고 배우는 일에 있어서는 개가 늑대보다 항상 빠르다. 개가 사람의 의사소통 신호를 잘 읽도록 진화해온 까닭이다. 훈련의 결과인지, 특정 기술에 초점을 맞춘 인공 선택의 결과인지는 몰라도, 작업견이 다른 개들보다 인간의 몸짓을 더 능숙하게 사용한다.[48] 하지만 실은 모든 개가 인간의 몸짓을 능숙하게 사용한다. 보호소 유기견과 인간이 의도적으로 번식시키지 않은 견종들도 마찬가지다.[49]

또한 우리는 인지적으로 접근하기 위해 인간이 개와 소통하고자 시도할 때, 개들이 가장 좋은 훈련성을 발휘하게 되는 배경을 확인할 수 있다. 예를 들어, 우리가 몸짓을 보이는 동안 개에게 주목할 때 개들은 우리 몸짓을 더 잘 사용한다.[50] 유아와 마찬가지로 개들도 당신의 고갯짓이 의사소통적인 성격을 드러낼 때 당신의 시선을 가장 잘 따라간다. 또한 당신이 시선을 돌리기 전에 이름을 부르고 눈을 맞추면, 당신이 바라보는 곳을 함께 볼 가능성이 커진다.[51]

개들은 소통할 의도가 없는 몸짓에 대해서는 그런 능력을 발휘하지 않는다. 마치 뭔가를 가리키는 것처럼 팔을 뻗은 뒤 시계를 쳐다보면 개들은 그 가리키기 몸짓을 잘 사용하지 않는다. 또한 어딘가로 가지 못하게 위협하는 몸짓을 잘 이해하지 못한다.[52]

개들은 몸짓을 하기 전에 높은 톤의 목소리(반드시 개의 이름이 아니더라도)로 주의를 끌면 가리키기 몸짓을 더 잘 따른다. 또한 사람이 낮고 굵은 목소리가 아니라 높은 톤의 목소리를 사용할 때 더 확고한 의지를 갖고 숨겨진 물체를 수색한다.[53]

개와 눈을 맞추고, 이름을 부르고, 높은 목소리로 격려하면 개가 여러분의 몸짓을 사용할 가능성이 최대치로 올라갈 것이다.

언어신호의 성공은 상황에 따라 달라진다. 어떤 경우에는 언어신호가 개의 학습 속도를 높이는 반면, 어떤 경우에는 개를 혼란하게 할 수 있다. 개가 새로운 문제의 해법을 배울 때, 그 해법을 보여주면서 말을 한다면, 개는 더 잘 주목하고 그 시범으로부터 더 잘 배우게 된다.[54]

하지만 이 접근법은 부정적인 효과를 낼 수 있다. "앉아"라는 명령어를 포함한 일련의 단어를 함께 말하면, "앉아"라는 단어만 말할 때보다 개들은 명령에 덜 복종한다. 이 효과가 가장 강해질 때는 개가 새로운 명령어에 반응하거나, 새로운 장소에서 아는 명령어에 반응해야 하는 경우다.[55] 그러니 개에게 명령할 때는 원하는 명령어만을 말해야지, 수다를 떨어선 안 된다.

인지 훈련은 시행착오를 통한 학습보다 더 융통성 있는 학습이나 더 빠른 학습에 기초한 훈련 기법을 낳을 것이다. 일례로, '배우는 법을 학습하는' 개의 능력을 들 수 있다. 개들이 배우는 법을 학습한다면, 머리를 긁적이지 않고서 새로 배운 기술을 새로운 상황에서 일반화할 것이다. 밀란대학교 새러 마셜-페스치니Sarah Marshall-Pescini 교수는 고도로 훈련된 작업견과 훈련받지 않은 애완견을 비교했다. 개들은 레버를 찾고 사용해서 음식이 담긴 상자를 열어야 했다. 훈련받지 않은 애완견은 혼자 문제를 해결하려는 노력을 빨리 포기하고 주인을 멀뚱히 바라본 반면에, 훈련된 개들은 끈질기게 해결책을 찾아냈다.[56] 마셜-페스치니에 따르자면, 훈련된 개는 작업견으로 살아가는 일상 속에서 새로운 문제에 부딪힐 때 그 해법을 알아내는 과정 자체를 학습했을지 모른다.

인지는 또 다른 가르침을 건네준다. 개들은 시범을 보여주면 다양한 문제의 해법을 거의 즉시 배운다. 강아지들이 마약 탐지견으로 일하는 모견母犬 밑에서 성장했다. 이 강아지들이 나중에 마약 탐지 훈련을 받을 땐 다른 강아지들보다 네 배나 높은 최고 점수를 받았다.[57] 또한 개들이 상자 열기나 문 열기 또는 장애물 우회 같은 문제로 머리를 긁적일 때, 다른 누군가가 먼저 해결하는 것을 보고 나면 문제를 쉽게 해결한다.[58]

우리에게 독이 되는 도그니션

때로는 인지능력이 개를 너무 영리하게 해주는 바람에 복종하지 않는 개가 생길 수 있다. 인지능력이 좋은 개는 우리의 모든 명령에 복종하게끔 설정되지 않는다. 이해가 충돌하는 상황에서는 최고의 친구라 해도 그들의 영리함을 사용해서 천연덕스럽게 행동하곤 한다. 앞에서 얘기했듯이, 가끔 개들은 우리가 무엇을 볼 수 있고 무엇을 볼 수 없는지를 안다. 개들은 공을 물어와서는 등 뒤가 아니라 우리 코앞에 떨어뜨리고, 음식을 볼 수 있는 사람에게 그 음식을 애걸하고, 사람이 볼 수 없는 공은 물어오지 않는다.[59]

빈대학교의 크리스티네 슈밥Christine Schwab과 루드비히 후베르Ludwig Huber 교수는 주인에게 복종하는 것이 안전할 때와 그렇지 않을 때를 개들이 어떻게 판단하는지를 연구했다.[60] 실험에서 주인은 개에게 "엎드려"라고 말하고 바로 앞, 1.5미터 거리에 좋아하는 음식을 놓았다. 그런 뒤 반대편으로 돌아가서 개가 주인과 음식 사이에 놓이게 했다. 이 상황에서 주인은 다음과 같은 행동 중 하나를 했다.

- 개를 본다: 의자에 앉아 눈과 머리와 몸을 개에게 돌린다.
- 책을 읽는다: 의자에 앉아 머리와 몸을 개에게 돌리지만, 눈은 책에 고정한다.
- TV를 본다: 몸은 개를 향하지만, 머리와 눈은 개에게서 멀어져 TV로 향한다.
- 뒤돌아 있다: 개에게 등을 돌리고 의자에 앉아 책을 읽는다.
- 방을 나간다: 개 앞에 음식을 놓고 즉시 방에서 나간 뒤 문을 닫는다.

첫째, 사고뭉치를 키우는 사람은 누구나 기분이 좋아질 것이다. 60퍼센트의 개가 주인이 어딜 향해 있든 음식의 유혹을 이기지 못했다. 나머지 40퍼센트에 대해서는, 만일 개들이 어떤 조건에서 주인의 말을 가장 잘 안 들을지를 묻는다면 여러분은 주인이 방에서 나갔을 때라고 대답할 것이다. 그게 정답이다.

개가 몰래 다가가 음식을 먹을 가능성이 두 번째로 높은 조건은 주인이 등을 돌리고 있을 때다. 이 사실로 미루어, 개들은 사람의 전면과 후면이 다르다는 것을 이해하며, 등을 돌리고 있다는 건 주인이 별로 주의를 기울이지 않고 있다는 뜻임을 아는 것이다.

이 결과는 여러 차례 재현되고 확인되었다. 우리 연구에서도 개들은 공을 물어와서는 사람 뒤로 가기보다는 사람이 볼 수 있게 앞쪽에 떨구었다. 마찬가지로 개들은 주인이 TV를 보고 있어서 눈과 머리가 자신을 향해 있지 않을 때 말을 듣지 않는 경향이 있었다.

어쩌면 여러분이 개에게 더 많이 향해 있을수록 개들은 여러분에게 더 열심히 복종하는 건지 모른다.

하지만 개들은 주인이 개를 보고 있을 때보다 책을 읽고 있을 때 명령을 더 잘 어기고 음식을 먹었다. 두 가지 조건이 거의 동일하다는 점에서 이 결과는 인상적이다. 두 조건에서 모두 주인은 몸과 머리를 개에게 향한 채 의자에 앉아 있었다.

차이는 단 하나, 책을 읽는 조건에서는 주인의 눈이 아래로 향해 있었다는 점이었다. 눈 마주침은 개들이 가장 자주, 가장

오랫동안 명령에 복종할 수 있는 조건이다. 개들은 주인이 무엇을 볼 수 있는지를 알고, 그 정보를 이용해서 얼마나 복종적이어야 할지를 판단한다. 개들은 원하는 것을 얻기 위해서가 아니라면 영특함을 발휘하지 않는다.

밀로는 내가 집 안에서 명령을 내릴 땐 완벽하게 복종했지만, 바깥에만 나가면 내가 무슨 말을 하는지 도통 모르겠다는 듯 행동했다. 영국 드몽포트대학교와 런던대학교의 연구자들이 밝혀낸 것을 보자. 주인이 바로 앞에 서 있을 때보다 개로부터 2.5미터 거리에 서 있을 때 개들은 "앉아"라는 명령에 잘 따르지 않았다. 심지어 주인이 시야에 없을 땐 훨씬 더 따르지 않았다.

따라서 여러분의 개가 말을 잘 듣지 않을 땐 다음과 같은 점을 기억하기 바란다. 개들은 여러분을 기쁘게 해주고 싶어 하지만, 또 한편으로는 여러분을 무시하고도 탈 없이 넘어갈 수 있는 순간을 노리고 있다. 여러분과 반려견의 행복한 관계는 말 그대로 반려견을 계속 지켜볼 수 있는가에 달려 있다.

또한 인지 훈련은 각기 다른 인지기능이 훈련을 방해하고 제약할 수 있음을 예측하고 고려한다. 예를 들어, 개들은 답이 눈앞에 있는데도 문제를 풀지 못하는 인지 편향을 갖고 있다. 2부에서 보았듯이, 출입구의 위치가 바뀌었을 때 개들은 새로운 출입구가 똑똑히 보이고 과거의 출입구에 단단한 벽이 서 있어도 과거의 출입구로 나가려 한다. 과거의 출입구에 대한 기억이 눈으로 볼 수 있는 것에 따라 행동하는 능력을 가로막는 것이다.[61]

편향이 하나 더 있다. 개들은 눈으로 본 것에 반응하지 않고 사람의 몸짓에 반응한다. 실험자가 음식이 숨겨진 곳을 보여주고 나서 다른 장소를 가리키면 개들은 눈으로 봤던 음식을 찾지 않고 사람이 가리키는 곳으로 간다.[62]

개들은 사람의 의사소통적인 몸짓이 방금 눈으로 본 것과 다를 때조차도 사람의 몸짓에 주의를 기울이는 편향을 진화시켰다. 이건 이득이 될 수도 있지만 심각한 결과로 이어질 수 있다. 폭발물 탐지견이 자신의 후각이 아니라 핸들러의 행동에 의존한다면 목표물을 놓칠 수도 있다.[63]

인지적 훈련법을 사용하는 사람은 개에게는 편측성 편향이 있어서 어떤 행동은 훈련하기 어렵다는 것을 안다. 몇몇 연구에 따르면, 개들은 물체를 조작할 때 한쪽 발을 즐겨 쓰는데, 암컷은 오른쪽 발을 선호하고 수컷은 왼쪽 발을 선호한다.[64] 또한 개들이 감정 자극과 마주칠 때 그 자극은 주로 우뇌 반구에서 처리되고 그에 대한 반응으로 머리를 주로 왼쪽으로 돌린다.[65] 이 때문에 개들은 훈련 목적으로는 '틀린' 방향임에도 불구하고 왼쪽으로 움직이는 경향을 보일 수 있다.

인지적 훈련법은 여러분의 개가 블랙박스도 아니고 털북숭이 인간도 아니라는 점을 간과하지 않는다. 개들은 진화를 통해 독특한 천재성을 갖게 되었지만, 다른 모든 종과 마찬가지로 한계도 갖고 있다. 이 한계를 이해한다면 훈련 기법이 개선된다. 유아에게 계단이나 칼의 위험성 같은 문제를 이해하라고 기대할 수 없는 것처럼, 개에게도 이해를 바랄 수 없는 것들이 있다.

예를 들어, 세간의 믿음과는 달리 개가 죄책감을 느낀다거나 사람과 같은 죄의식을 갖고 있다는 실험적 증거는 존재하지 않는다. 유일한 증거에 따르면, 개는 그저 주인의 좌절한 행동에 반응할 뿐이다.[66] 따라서 사후에 개를 나무라거나 훈련시키는 건 소용이 없다. 연구자들은 어질리티 훈련이 끝났을 때 훈련사들이 개를 꾸짖거나 심지어 물리적으로 미는 것을 보았다. 이렇게 해서 얻는 효과는 개의 스트레스 수준을 높이는 것뿐이다.[67] 개들이 낮은 성적 때문에 죄책감을 느껴야 한다고 생각하거나 언어적·물리적 처벌로 다음번 성적이 올라갈 가능성은 거의 없다. 마찬가지로, 만일 집에 와보니 사랑스러운 강아지들이 소파를 잘근잘근 씹어놓았거나 쓰레기통을 넘어뜨렸거나 일을 봐났더라도, 아기들은 당신의 속상함을 조금도 이해하지 못한다. 그러니 뜯긴 소파, 어질러진 쓰레기, 마른 똥을 가리키면서 고함을 쳐봤자 아무 소용이 없다.

개의 또 다른 인지적 한계는, 사람이 무엇을 알고 무엇을 모르는지를 파악하지 못한다는 것이다. 예를 들어, 개들은 숨겨진 물건을 찾도록 사람을 도울 때, 사람이 그 물건을 보았는지 보지 못했는지와 상관없이 주로 보여주기 행동(바라보기와 짖기)을 사용한다.[68] 이는 개가 우리와 의사소통할 때는 주로 그들이 원하는 것을 요청하고 있다는 걸 의미한다. 우리가 이전에 본 것 또는 보지 못한 것에 근거하여 우리와 소통하는 능력은 없는 것이다.

래시 같은 영웅견(그리고 적어도 캥거루 한 마리[*])이 위기에 빠진 주인을 구하기 위해 달려가 도와줄 사람을 데려온다는 이야기는 수백 년 전부터 회자되었다. 래시가 도와줄 사람을 데려오려면, 그 자신만이 응급 상황을 목격했기 때문에 그 상황을 다른 사람에게 알릴 필요가 있다는 점을 이해해야 한다. 이건 그리 놀라운 일이 아닐 수 있다. 하지만 1세대 실험에 따르면, 여러분의 개가 얼마나 천재일지는 몰라도 이런 행동을 할 인지능력은 없을 것이다. 개들은 인간이 겪을 수 있는 (그들이 보기에) 낯설기만 한 위협들을 단지 협소하게 이해한다. 개들은 외부인이 위협이라는 건 이해하지만,[69] 앞서 보았듯이 물리학을 잘 모르기 때문에 그 밖의 상황에서는 별 도움이 되지 않는다.

웨스턴온타리오대학교의 크리스타 맥퍼슨Krista Macpherson과 윌리엄 로버츠William Roberts는 주인이 위험에 처했을 때 개가 그 상황을 얼마나 이해하는지를 테스트하기로 했다. 한 테스트에서 연구자들은 주인 쪽으로 커다란 책장을 넘어뜨렸다. 커다란 책장이 주인을 덮쳐 쓰러뜨렸음에도 개는 근처에 있는 방관자에게 도움을 청하지 않았다. 하는 일이라고는 방관자의 주변을 돌아다니는 게 전부였다. 주인이 고통 속에서 울며 도움을 청하는데도 말이다.[70] 개들은 상황 뒤에서 작동하는 물리적 법칙을

[*] 2003년 호주에서 루루라는 이름의 애완 캥거루가 주인이 심각한 두부 외상을 입고 쓰러지자 곁을 지키며 개처럼 울부짖어 주인을 구했다.

이해하지 못하는 듯했고, 그래서 걱정하거나 누군가에게 도움을 구할 마음이 없는 듯 보였다.

물론 그렇다고 해서 개들이 생명을 구하지 않는 것은 아니다. 개들은 항상 인명을 구한다. 예를 들어 2007년 1월 마이크 햄블링Mike Hambling은 독일셰퍼드인 프레디와 함께 얼어붙은 강을 건너고 있었다. 프레디는 리드줄을 잡아당기고 불복하면서 건너기를 주저했다. 갑자기 발밑에서 얼음이 꺼지고 마이크의 몸이 차가운 물속으로 가라앉았다. 옷의 무게가 끌어내리는 바람에 발버둥 쳤지만 물에서 나올 수 없었다. 저체온증으로 의식이 가물거릴 즈음에 허리를 잡아당기는 힘이 느껴졌다. 프레디가 온 힘을 다해 리드줄을 끌어당기고 있었다. 결국 프레디는 마이크를 얼음물에서 끌어내 강기슭으로 옮겼다. 퓨리나Purina 동물 명예의 전당에는 응급 상황에서 인명을 구조한 이 같은 이야기가 가득한데, 회원 중에는 개가 83퍼센트를 차지한다. 하지만 개들은 어디까지 이해할까? 프레디는 주인이 위험에 처했다는 걸 알고 차가운 물과 마이크를 기슭으로 끌고 가야 할 긴급성을 연결 지었을까? 아니면, 단지 얼음에 난 구멍으로 자신이 끌려가는 것을 느끼고서 더 이상 끌려가지 않을 때까지 발버둥 치며 뒤로 물러난 것일까?

개들은 냄새로 암癌을 탐지하고, 불 난 집에서 구조를 요청하고, 주인에게 인슐린 수치가 위험할 정도로 낮다는 것을 알려준다. 여러분의 개가 물리학에 밝지 못하다고 해서 어떤 일이 일어났을 때 여러분을 위해 도움을 청하지 못하는 것은 아니다. 어떤 상황에서는 여러분에게 분명히 도움이 될 수 있다. 인지주의 훈련은 개가 어떻게 우리를 도울 수 있고, 언제 도울 수 없는지를 현실적으로 깨닫게 한다.

인지주의 훈련은 개가 어떤 것을 학습하는 다양한 방식을 모두 인정한다. 리코와 체이서처럼 추론을 하든,[71] 우리의 의사소통적 몸짓에 주목하든,[72] 학습하는 법을 학습하든,[73] 남이 먼저 하는 것을 보고 문제를 해결하든.[74] 또한 바로 그 능력 때문에 개가 너무 영리해서 우리에게 복종하지 않기도 한다. 마지막으로, 어떤 개나 모든 개가 훈련을 얼마나 많이 받았는가와 상관없이 풀지 못하는 문제가 있다.

밀로의 아킬레스건은 짖는 것이었다. 과도한 짖음은 가장 흔하게 보고되는 개의 문제행동이다. 개가 짖는 것은 자연스러운 일로, 아마 가축화를 거치면서 짖는 성향을 키웠을 것이다. 개는 늑대보다 더 많이, 더 다양한 맥락에서 짖는다. 짖음은 인사, 놀고 싶은 마음, 위협, 고통을 의미하거나 단지 동네에서 다른 모든 개가 짖고 있음을 의미한다.[75]

끊임없이 짖어대는 통에 잠 못 드는 이웃에게 고통을 안기고 주인을 좌절하게 하는 개를 우리는 잘 알고 있다(또는 기르고 있다). 때로는 짖음이 발생하는 맥락—예를 들어, 방문객이 초인종을 누르거나 문을 두드릴 때—에 초점을 맞춘다면 짖음이 줄어들게끔 훈련시킬 수 있다. 명령을 내리면 개가 자기 집이나 방

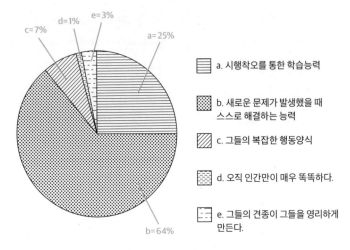

개가 매우 영리하다는 것은 무엇으로 알 수 있는가?

c=7% d=1% e=3% a=25%

b=64%

▤ a. 시행착오를 통한 학습능력

▨ b. 새로운 문제가 발생했을 때
스스로 해결하는 능력

▧ c. 그들의 복잡한 행동양식

▥ d. 오직 인간만이 매우 똑똑하다.

▤ e. 그들의 견종이 그들을 영리하게
만든다.

대부분의 응답자(64퍼센트)가 새로운 문제를 스스로 해결하는 능력이 개의 천재성을 이해하는 열쇠라고 알고 있지만, 네 명 중 한 명은 여전히 시행착오를 통한 학습이 개의 성공 열쇠라고 믿는다.

석 또는 문에서 멀리 떨어진 곳으로 가서 명령에 따라 1분 동안 앉거나 엎드리도록 긍정적으로 강화시키면, 짖음이 90퍼센트까지 줄어든다.[76]

비교적 잘 연구된 또 다른 해결책은 시트로넬라citronella 스프레이 목줄이다. 개가 짖을 때 그 소리가 마이크로 들어가면 치익 소리와 함께 시트로넬라가 분출된다. 이 목줄은 3주 동안 간헐적으로(이틀에 한 번 30분씩) 착용할 때 가장 좋은 효과가 나타난다.[77] 의외라는 생각이 들지 모르겠다. 개가 짖을 때마다 스프레이를 뿌린다면 효과가 더 좋을 것 같으니 말이다. 다시 한

번 말하지만, 반복 횟수를 늘리는 것은 최상책이 아니다. 시트로넬라 목줄을 전기충격 목줄과 직접 비교하면, 짖음 감소 효과는 거의 똑같다.[78] 하지만 시트로넬라 목줄은 개의 짖음을 완전히 차단하는 것이 아니라 개를 점진적으로 습관화하는데, 시간이 지나면 짖음 수준이 증가한다. 개가 목줄을 풀고 일주일이 지나면 짖음이 다시 증가하지만, 예전같이 짖지는 않는다(이건 전기충격 목걸이의 경우도 마찬가지다).

밀로처럼 만성적으로 짖는 개라면 이러한 방법으로는 효과가 없을 것이다. 보통 과도한 짖음은 기질의 결과인데, 밀로는 불안이 문제였다. 개들은 호르몬과 신경전달물질의 수치에 따라 몹시 불안해하기도 하고 거의 불안해하지 않기도 한다. 불안한 개는 밀로처럼 울부짖거나 집 안을 더럽히는 등 다양한 문제행동을 보인다. 불안은 개의 인지에도 나쁜 영향을 미친다. 밀로의 불안은 명령을 배우고 수행하는 능력에 영향을 미쳤다. 결국 나는 운이 좋았고, 밀로는 중성화 수술로 불안이 말끔히 사라지는 특별한 경우가 되었다.

밀로의 불안이 사라지자 더 이상 다른 문제는 발생하지 않았다. 밀로는 나와 함께 독일에서 여생을 보냈고, 독일 사람들은 내 개가 너무나도 아름다운 북극곰이라고 입이 마르게 칭찬했다. 밀로는 2007년에 눈을 감았다. 행동이 약간 느려 보였고 아파트 5층 계단을 힘겹게 올라갔다. 나는 관절염을 예상하고 밀로를 동물병원에 데리고 갔다. 하지만 수의사는 관절염이 아니라 배 안에서 농구공만 한 종양을 발견했다. 오레오를 보낼 때처럼 밀로가 눈을 감을 때도 슬펐다. 그토록 상극인 개 두 마리는 두 번 다시 없을 테지만 말이다. 생각해보니 밀로는 내가 꿈에 그리던 좋은 반려견이었다.

11

개를 사랑한다는 것

우리, 서로를 더 사랑할 수 있을까?

　　미국을 비롯한 제1세계 국가 사람들은 반려동물에 돈과 시간을 쓸 여유가 있다. 하지만 다른 나라 상황은 약간 다르다.[1]

　　콩고인 친구, 지젤 양갈라Gisele Yangala는 우리 개 태시를 처음 본 순간 유쾌한 목소리로 "헤이, 치벨라–벨라tshibela-bela"라고 인사했다. 그 말에 나의 아내 버네사는 우쭐했다. 많은 언어에서 벨라bella는 '아름답다'는 뜻이기 때문이다. 태시는 찬사에 익숙하다. 우리는 태시를 킴 카다시안Kim Kardashian* 개라 부른다. 많은 사교계 인사들처럼 특별한 것도 없이 유명해서다.

　　기자들이 기사를 쓰려고 듀크 개 인지능력 연구센터에 올 때마다 버네사는 머리를 굴려서 태시가 정시에 그 자리에 있게 한다. 버네사는 한 시간 동안 태시를 목욕시키는데, 털에 윤기

---

*　미국의 영화배우 겸 방송인.

를 더하기 위해 트리트먼트까지 한다. 지금까지 태시는 《타임》, 〈내셔널 지오그래픽〉, CBC, NBC, CNN에 나왔다. 떠오른 대로 말한 게 이 정도다.

나는 태시가 재능 있는 개라는 인상을 주고 싶지 않다. 아니, 재능은 없다. 실제로 CNN 〈앤더슨 쿠퍼 360°〉에서 온 랜디 케이Randy Kaye는 태시가 여우원숭이보다 멍청하다(dumber than a lemur)고 유쾌하게 말했다. 듀크 여우원숭이 연구센터Duke Lemur Center에서 여우원숭이가 우수한 성적으로 통과했던 테스트를 태시는 낙방한 것이다. 하지만 현대 미국에서 볼 수 있듯이 꼭 머리가 있어야 유명해지는 건 아니다. 태시는 실험용 컵들을 와르르 넘어뜨린 뒤 간식이 다 사라질 때까지 실험실을 뒤지고 다녔다.

그래서 '벨라'라는 단어가 태시에게 던져졌을 때 태시는 키가 조금 더 커 보였고 털에 내려앉은 햇살이 더 반짝였다. 그때 지젤이 우리에게 알려주었다. 치벨라-벨라는 콩고의 개고기 음식으로 그녀의 고향 마을인 루붐바시에서는 가끔 식탁에 올린다고.

"개를 잡아서 양쪽에 옥수숫대를 꽂아요. 그리고 꼬치를 돌리면서 천천히 굽는 거죠. 염소를 구울 때처럼."

듣고 있던 버네사가 기겁을 하고 태시를 바깥으로 몰아냈다. 저 옥수숫대로부터 멀리 달아나 안전한 곳에 숨어 있으라는 듯.

개와 인간의 관계는 역사적으로 다르고 지역에 따라 다르
다.[2] 테네시주 앤더슨에서 특이할 정도로 늙은 개의 유골이 발
굴되었다. 유골에는 만성 감염병으로 인한 관절염에서부터 치
유되지 않은 갈비뼈 골절에 이르기까지 다양한 병을 앓던 증거
가 있었다. 7000여 년 전에 이 개가 늙을 때까지 살 수 있었다
는 건 인간이 보살펴주었기 때문에 가능했을 것이다. 그런 개가
있었다는 사실로부터 다시 모리Darcy Morey 같은 고고학자들은
아래와 같이 결론짓는다.

분명, 역사시대는 물론이고 7000년 전에도 북미 사람들은 외상
을 입은 늙은 개들을 보살폈고, 죽었을 때는 정성을 다해 묻어주
었다.[3]

마찬가지로, 고고학적 증거를 보면 농업을 도입하기 전에 미
시시피 사회가 개를 얼마나 존중했는지를 알게 된다. 개가 사람
과 함께 묻힌 경우가 흔했기 때문이다. 농업이 도래하면서 모든
것이 갑자기 변했다. 개를 매장하는 비율이 감소하고 개 뼈에
난 칼자국 수가 증가했다. 농업 경제가 자리 잡으면서 개를 먹
기 시작한 것이다.[4]

모든 사람이 개를 똑같이 생각하지 않는다는 걸 처음 깨달
은 것은 갈라파고스 군도에 있을 때였다. 갈라파고스에서는 모

든 것이 애완동물 같았다. 포식동물이 없는 덕분에 푸른발부비새Blue-footed booby, 바다표범, 거북이 등 모든 종이 말할 수 없이 유순했고, 그래서 바로 앞에 다가가 머리를 쓰다듬을 수 있었다. 하지만 개가 도착해서 최초의 포식동물이 되었다. 특히 개들은 세계에서 하나뿐인 바다이구아나Marine iguanas, 갈라파고스 바다이구아나Galapagos marine iguana를 잡아먹었다. 동트기 전 이른 아침에 섬 주민, 공원 관리원, 관광 안내원이 개 몇 마리가 도로를 살금살금 건너가는 것을 보고는 인상을 찌푸리며 말했다. "개들이군. 나중에 다시 와서 쏴 죽여야 해."

개가 사랑스러운 애완동물이 아닌 어떤 존재일 수 있다는 사실은 충격적이었다. 그 후로 나는 우간다에서 오스트리아, 러시아, 이탈리아에 이르기까지 전 세계에서 개를 보았다.

레이먼드 코핑거에 따르면, 케냐에서는 엉덩이를 깨끗이 핥으라고 아기에게 강아지를 준다고 한다.[5] 코핑거는 또한 탄자니아 연안에 있는 펨바 아일랜드를 방문했다. 펨바 사람들은 개를 쓰다듬거나 먹이를 주지 않는다. 개를 가두는 울타리, 사슬, 목줄도 없다. 사실 펨바 사람들은 신이 개를 좋아하지 않으므로, 만일 개가 집 안에 들어오면 신이 방문하기 전에 집을 영적으로 정화해야 한다고 믿는다. 또한 개의 코가 차고 축축한 것은 몸 안에 나쁜 생물이 살기 때문이며, 개의 침과 접촉하면 십중팔구 병든다고 믿는다.

카리브해 도미니카에는 떠돌이개가 수천 마리인데,[6] 무엇보다도 사람에게 해로운 병을 옮긴다. 예방접종을 한 개는 12퍼센트에 불과하고, 아프기 전까지는 절반 이상의 견주가 개를 병원에 데려가지 않는다. 애완견은 주로 집과 마당에서 지내는 반면, 나머지는 길 잃은 개들과 함께 거리를 떠돌면서 쓰레기통이나 뒷마당에서 음식 찌꺼기로 연명한다.

예로부터 일본 사람은 개가 살아 있을 때보다 죽은 후에 더 중요하다고 생각해서 묻어줄 때 성대한 의식과 의례를 치러주었다.[7] 애완동물 공동묘지가 도쿄에만 80군데가 넘는다. 사무라이들은 개가 죽으면 불교식 이름을 붙여주고 사원에 안장했다. 평범한 사람들은 지자체가 관리하는 애완동물 공동묘지에 개를 묻는다. 죽은 개의 영혼이 돌아와 주인을 해치지 못하게하기 위해서다.

오늘날 일본 사람들은 비싼 값을 치르고 반려견 무덤을 만들거나, 반려견의 재를 단지에 담아 다른 개들과 함께 안치한다. 묘지의 제단은 사료, 장난감, 리드줄로 뒤덮여 있다. 여름과 가을에 반려견을 위한 의식이 열리면 사제가 주인들과 반려견들의 이름을 30분가량 소리쳐 부른다.

하지만 인간과 개의 관계가 가장 복잡한 곳은 중국일 것이다. 2006년 8월 《뉴욕타임스》에 충격적인 기사가 실렸다. 한 소년과 아버지가 독일셰퍼드 두 마리를 데리고 윈난성의 한 광장을 행진한 뒤 개들을 나무에 매달아야만 했다. 그 지방에서는 5만 년도 넘게 개를 잔인하게 죽이는 풍습이 있었다. 개들은 집에서 광장까지 질질 끌려갔고, 주인과 함께 걷는 도중에 사람들에게 압수된 뒤 나무에 매달려 죽을 때까지 두들겨 맞았다.[8]

이 살처분은 중국에서 공수병恐水病이 유행하는 것에 대한 반응이었다. 미국 사람들은 공수병을 잘 모른다. 엄격한 예방 프로그램으로 더 이상 가축에겐 발생하지 않기 때문이다. 공수병은 침 속에 존재하는 바이러스로, 물림이나 노출된 상처를 통해 감염된다. 초기 증상은 두통과 열이 나는 등 독감과 비슷하다. 바이러스가 뇌를 점령하기까지 최대 2년이 걸리지만, 일단 물과 바람에 대한 공포, 침 흘림, 경련 같은 심각한 증상이 나타나면 치료가 불가능하고 죽음을 피할 수 없다.

중국은 공수병으로 인한 발병과 사망률이 세계에서 두 번째로 높고, 공수병의 최대 95퍼센트가 개 물림으로 전파된다. 중국에는 최대 2억 마리의 개가 있다. 시골 지역은 이 병이 가장 잘 전파되는 곳으로, 가난 때문에 사람들이 개에게 예방접종을 하지 않고 그들 자신도 치료하지 않는다. 한 지방에서는 공수병에 걸린 사람의 89퍼센트가 적절한 약도 처방받지 못했다.[9] 중국 정부는 정기적으로 수천 마리의 개를 때려죽이도록 결정했고 전 세계 애견인들의 비판에 직면했다.

중국의 몇몇 지방에서는 개고기를 먹기도 한다. 개들이 철장에 실려 도살장으로 가는 사진은 동물을 사랑하는 중국의 이미지를 추락시켜왔다. 개는 수천 년까지는 아니어도 수백 년 동안 중국 요리에 쓰였다. 고대 중국에서 개와 돼지는 동물 단

백질의 주요 공급원이었다. 황제부터 시험공부를 하는 학생에 이르기까지 모든 사람이 개고기를 먹었다.[10]

하지만 중국인은 세계적으로 개를 사랑하는 민족이었다. 전해오는 이야기에 따르면, 일찍이 기원전 12세기에 우 황제는 서양의 루족으로부터 '아오'라는 이름의 유명한 개를 선물 받았다. 일설에 따르면 마음을 읽을 줄 안다고 하는 블러드하운드였다 한다. 다음으로는 투견이 있었다. 크기가 황소만 했다 하는데, 개가 길을 걸어갈 때 사람들이 무릎을 꿇을 정도로 유명했다.[11]

유럽에서는 애완견이 중세에 출현하지만, 중국에서는 기원전 1세기에 출현했다. 체구가 작고 다리와 머리가 짧은 이 '파이'라는 개는 중국 가정의 낮은 식탁과 잘 어울렸다.

이때부터 여러 명의 중국 황제가 작은 개를 길렀다. 시추, 페키니즈, 퍼그와 비슷하게 생겼지만, 우리가 아는 그 견종들은 고대 중국에 존재하지 않았다. 황제가 누구든 그는 품종의 표준을 공표하기보다는 마음에 드는 개를 선택하고 황제의 책에 그림으로 남겼다. 당시에 번식과 사육을 맡은 환관들은 황제가 좋아하는 개와 똑같이 생긴 개가 태어나게 하려고 애를 썼다. 사육사가 받을 수 있는 최고의 칭찬은 그의 개가 '책 속에' 들어갈 수 있다는 말이었다.[12]

색과 무늬가 대단히 중요했다. 개에게 봉황처럼 생긴 무늬가 있으면 황제에게 큰돈을 받고 팔 수 있었다. 털이 검고 머리가 흰 개는 주인을 관직에 올려놓을 개였다. 그러한 무늬가 주인에게 아들이 많이 생긴다는 걸 의미했기 때문이다. 털이 희고 머리가 검은 개는 주인을 부자로 만드는 개였고, 그 외에도 여러 개가 있었다.

8세기, 중국 역사에서 가장 유명한 개가 출현했다. 황제가 왕자하고 장기를 두었는데 크게 지고 있었다. 황제에게는 전설적인 미모를 자랑하는 애첩이 있었다. 그녀는 '워'라는 이름의 작은 개를 데리고 멀찍이 떨어진 곳에서 두 사람을 지켜보고 있었다. 황제가 체면을 잃을 듯하자 그녀는 워로 하여금 뛰쳐나가 장기판을 엎게 했다. 황제는 매우 흡족해했다.

19세기에 작은 애완견을 숭배하는 경향이 정점에 도달했다. 페키니즈가 그림과 자기 제품에 들어가기 시작한 것도 이 무렵이었다. 페키니즈를 비롯한 초소형 개를 중국인들은 '소매견 sleeve dog'이라 불렀다. 당시에 유행하던 크고 넓은 옷소매에 넣을 수 있어서였다.

20세기에 들어 중국은 개를 사실상 금지했다. 1949년에 정권을 잡은 공산당은 개를 기르는 것은 부르주아적 취미라고 선포했다. 한국전쟁 중이던 1952년, 중국은 미국의 부르주아적 전쟁을 비난했다. 미국이 중국에 개를 풀어 치명적인 감염병을 퍼뜨린다고 믿은 것이다. 모든 도시가 모든 개를 죽이기 위해 팀을 꾸렸다.[13] 1983년 개가 다시 나타나기 시작할 때 베이징시는 도시에서 개를 키우지 못하게 금지했다.[14]

오늘날 중국에서 개를 소유하는 일은 복잡하다. 경제 부흥과 함께 반려견이 다시금 인기를 끌고 있다. 물론 애견 문화를 이끄는 사람은 황제가 아니라 부유한 엘리트 계층이다. 인기 있는 견종은 더 이상 다리가 짧고 얼굴이 짧은 페키니즈가 아니다. 대신 엄청나게 큰 티베탄마스티프가 최고 인기 견종이다. 사납고 독립적인 성격에 체중이 180파운드(약 82킬로그램)까지 나가는 티베탄마스티프는 원래 히말라야 고원의 개였다. 전설에 따르면 칭기즈칸이 서유럽을 정복할 목적으로 마스티프 3만 마리로 군대를 조직했다고 한다.[15]

2011년에 한 티베탄마스티프가 세계에서 가장 비싼 개가 되었다. 중국의 탄광 재벌이 3피트(약 91센티미터) 키에 체중이 180파운드인 '홍동洪洞(빅 스플래쉬Big splash)'을 150만 달러에 사들였다. 이 개는 간식으로 전복과 해삼을 먹는다.[16]

오늘날 중국의 주요 도시에서 개들은 호텔, 소셜네트워크, 수영장 등 서양 개가 누리는 사치를 모두 누린다. 어떤 사람은 기겁하겠지만, 판다나 호랑이 같은 이국적인 동물처럼 보이게 하는 애견 미용이 인기를 끌고 있다. 부유한 견주라면 댕댕이를 데리고 반려견이 입장할 수 있는 극장에 가거나 도심에 있는 애견 술집에 가서 한잔할 수도 있다.[17]

반면에 공수병이 출현해서 정기적으로 수만 마리의 개가 도살되는가 하면, 개를 가득 실은 트럭이 대낮에 거리를 달려 도축장으로 향하고, 그 고기가 레스토랑에 팔린다.

유감스럽지만 미국에서 개를 다루는 방식도 그에 못지않게 비인간적일 수 있다. 미국인도주의협회의 추산에 따르면, 해마다 최대 900만 마리의 개와 고양이가 보호소로 들어오고, 그중 대략 절반이 안락사를 당한다.[18] 애완동물을 양도하는 가장 흔한 이유는 다른 도시로 이주하거나 부동산 소유주가 애완동물을 금지하는 경우다.[19] 하지만 데이터를 더 자세히 들여다보면, 이사 때문에 애완견을 양도한다고 말한 사람들은 대개 한 가지 이상의 문제행동을 보고했다. 절반 이상은 개가 지나치게 활동적이라고 보고했고, 40퍼센트는 개가 너무 시끄럽다고 말했으며, 3분의 1은 개가 안팎에서 물건을 망가뜨린다고 말했고, 26퍼센트는 개가 집을 더럽힌다고 보고했다.[20] 게다가 양도된 개 중에서 복종 수업이나 전문적인 훈련을 받은 적이 있는 개는 6퍼센트에 불과했다.

21퍼센트의 사람만이 개를 보호소에서 입양한다. 나머지는 다른 곳, 즉 '뒷마당 브리더'와 강아지 공장—순종 세계의 검은 자궁—등에서 개를 구한다.

강아지 번식은 시간과 돈이 많이 드는 일이다. 책임감 있는 브리더라면 모든 개에게 예방주사를 맞히고 적절한 치료를 받게 해야 한다. 유전적 결함이 발생하지 않도록 모견의 역사를 꼼꼼히 기록해야 한다. 좋은 브리더는 개를 너무 자주 번식시키지 않는다. 그리고 모든 강아지에게 사회화 교육을 해서 문제행동을 예방해야 한다.

따지고 보면 강아지 공장은 개의 복지보다 이윤을 우선시하는 사업이다. 미국인도주의협회의 웨인 파셀Wayne Pacelle이 그의 책 《유대The Bond》에서 말한 바와 같이, 강아지 공장은 이윤을 극대화하기 위기 위해 개를 끔찍한 환경에서 살게 한다. 개들은 청소를 최소화하기 위해 철망으로 된 우리에서 사는데, 단단한 바닥이 없어서 발에 상처를 달고 산다.[21]

개가 짖는 소음을 줄이기 위해 브리더들은 개의 목에 강철 파이프를 쑤셔 넣어 성대를 자른다. 또한 꼬리 자르기와 귀 자르기 같은 미용 수술을 수의사나 마취사 없이 시행한다. 모견은 생후 6개월부터 5~6살까지 계속 임신과 출산을 되풀이한다. 암컷이 번식하다가 기진맥진하면 죽이거나 보호소로 실어 보낸다.

강아지 공장을 합법적으로 급습한 동물구조 활동가의 말을 들어보자.

켄넬 안에 수많은 개가 있는데 먹이와 물은 없습니다. 콘크리트는 온통 배설물로 뒤덮여 있고 …… 여기 죽은 개가 있습니다. 몇 마리는 뼈만 남았고, 몇 마리는 심하게 부패해서 털과 앙상한 유골 형태만 남아 있군요. …… 대부분은 파리들에게 먹혀서 귀가 떨어져나갔고요. …… 이 공장에서 발견된 모견과 새끼들입니다. 문과 창문이 닫혀 있고 물이 없는데, 지금 98도(섭씨 약 36.7

도)입니다. 새끼 중 두 마리는 죽었군요.[22]

 강아지 공장 사업은 제2차 세계대전 이후에 시작되었다. 중서부에 흉년이 들자 미국 농무부가 농부들에게 강아지 키우기를 권장했다. 모든 곳에 애견숍이 생겨서 강아지를 대중에게 소개하는 주요 공급원이 되었고,[23] 그 후 50년에 걸쳐 이것이 하나의 전통으로 자리 잡았다. 인도주의협회의 추산에 따르면, 현재 미국에는 허가된 시설과 미허가 시설을 포함하여 최소 1만 개에 달하는 강아지 공장이 있는데, 그런 곳에서 매년 200만 내지 400만 마리의 강아지가 생산된다고 한다.[24] 또한 협회에 따르면, 거의 모든 애견숍이 강아지 공장에서 태어난 강아지를 판다고 한다. 각기 다른 견종을 확보해서 팔 수 있는 유일한 방법이기 때문이다.[25]
 당연히 강아지 공장에서 온 개들은 건강 문제와 행동 문제를 보이곤 한다. 애견숍에서는 수의사의 건강진단서가 딸려 왔다고 주장하지만, 검사 항목은 단출하기만 하고 유전적 결함이나 질병 또는 강아지 공장에 퍼져 있는 기생충 항목은 빠져 있다. 예를 들어, 슬개골 탈구는 모견의 과다 번식 때문에 강아지에게 발생하는 병으로, 수술 치료에 3200만 달러가 들어간다.[26] 또한 어떤 건강보증서에도 보증 기간이 있지만, 문제가 불거질 때는 강아지를 구입한 뒤로 몇 달이나 몇 년 후일 수 있다.
 애견숍에 규제가 거의 없다면, 인터넷에는 아예 없다. 인터넷을 통해 강아지를 직접 판매하는 공장은 허가받을 필요가 없고 점검도 받지 않는다. 미국동물학대예방협회(ASPCA)에 따르면, 사람들이 애견숍만큼이나 인터넷을 통해서 개를 많이 구입하는데, 인터넷에서 '브리더'를 자처하는 판매자의 89퍼센트가 미국농무부로부터 허가받지 않은 이들이다.[27] 2007년에 FBI 인터넷범죄신고센터는 인터넷에서 판매된 개와 관련하여 대략 700건의 신고를 접수했다. 신고 중에는 강아지를 공짜로 또는 싼값에 준다는 나이지리아 애견 사기도 있었지만, 대부분은 크고 작은 비용 문제였다. 사진 속 강아지와 실제로 보낸 강아지가 다른 유인 판매도 있었다.

핵심은 다음과 같다. 책임감 있는 브리더라면 애견숍이나 인터넷 사이트를 통해서는 절대로 강아지를 팔지 않는다. 미래의 주인을 직접 만나 강아지 키우기에 적합한지를 확인하고 싶기 때문이다. 강아지가 공장에서 태어나지 않았음을 확인하는 유일한 방법은 브리더에게 직접 받아오는 것뿐이다. 브리더가 여러분의 방문을 막거나, 어디론가 사라졌다가 개를 데려오거나, 부모견을 만나게 해주지 않는다면, 문제가 있다고 봐야 한다. 판매자가 여러 견종을 팔거나 한 번에 여러 어미에게서 태어난 새끼들을 보유하고 있다면, 그것도 적신호다. 최소한 10년 동안 당신의 가족이 될 반려견이다. 얼마간 조사해보고, 개들을 직접 만나보고, 개들이 행복하고 건강하며 좋은 가정에서 살고 있는지 확인할 가치가 있다. 그렇지 않다면 보호소에서 입양할 수도 있다. 해마다 400만 마리의 유기견과 유기묘가 안락사로 짧은 생을 마감한다.

이렇게 합법적인 개 학대가 있는가 하면 불법적인 학대도 많은데, 그중에서 가장 잔인한 학대가 투견이다. 투견은 적어도 기원전 5세기로 거슬러 올라간다. 고대 그리스에서 리비아에 이르기까지 모든 도시에 유혈 스포츠에 동원된 개가 묘사되어 있다. 영국에서 투견은 오랜 전통을 이어오다가 불바이팅과 베어바이팅bear-baiting을 대신하기에 이르렀다. 베어바이팅이 사라진 것은 살아 있는 곰보다 개를 구하기가 쉬워서였다. 투견이 금지되었을 때도 개들은 별다른 이목을 끌지 않고 헛간에서 싸웠고, 허술한 규제를 틈타 관행이 계속되었다.[28]

미국에서 투견은 1874년에 금지되었지만 모든 주에서 불법화된 것은 1976년이었다.[29] 한때는 투견이 동물 복지 문제로만 보였으나, 이제는 마약 거래, 도박, 갱단, 조직범죄와 복잡하게 뒤얽힌 문제로 인식되고 있다. 디트로이트에서는 투견에서 나오는 돈이 무장 강도로 버는 액수를 뛰어넘는 탓에 투견이 어엿한 지하경제로 자리 잡았다.[30]

투견은 특히 범죄가 들끓는 동네에 위험할 정도로 깊이 스며들었다.[31] 한 보고에 따르면, 미시간주의 한 공립고등학교에 다니는 거의 모든 9학년(중3) 학생이 투견을 직접 봤다고 한다. 시카고 동물학대대책반은 심지어 여덟 살 된 아이들이 자신의 개로 투견을 했다고 보고한다.[32]

투견은 범죄와 연결된 불법 행위지만, 그 범죄를 지지한다고 해서 반드시 범죄자가 되는 것은 아니다. 한때 갱단에 몸담았으나 청소년 선도원이 된 사람이 이렇게 말했다.

많은 사람이 여기저기서, 캐나다에서, 교외 주택가에서 몰려온다. 상류층 흑인 남자, 라틴계 남자 …… 개가 죽을 때까지 싸우는 것을 보러 오는 거다. …… 개판이 따로 없다. …… 정말 역겨운 건, 이 모든 걸 빈민가 탓으로 돌리는 거다. 실제로 디트로이트에서 빈민가 사람들은 투견을 많이 하지 않는다.[33]

투견의 범위도 다양하다. 길거리 깡패들 사이에서 투견은 지위의 상징이자 갱이 되기 위한 무기다. 도시 지역에는 이런 중간 깡패가 있다. 고도의 전문가들은 전국적인 시합과 국제적인 시합을 개최한다. 그런 시합에는 엄격한 규정과 규칙이 있다. 그들은 정성을 다해 투견의 다음 세대를 번식시키는데, 교배 비용이 어마어마하다. 또한 잡지와 인터넷에 투견 뉴스를 수천 건 올린다. 조만간 투견 방송을 시작할 거라고 한다.

투견들의 한 가지 공통점은 개가 겪는 고통이다. 투견의 삶은 짧고 폭력적이다. 링에서 패하고도 죽지 않은 개는 주인에게 죽임을 당한다. 수치스럽게 패했으니 벌을 받아 마땅하다는 것이다. 승리한 개들도 부상 때문에 죽는다.

고통을 겪는 건 투견만이 아니다. 2004년 애리조나주 피마

카운티 보안관실의 마이크 더피Mike Duffey는 죽은 개들의 몸을 실종견 신고 내용과 대조하기 시작했다. 3000마리 이상이 실종 견으로 올라 있었는데, 더피의 추산에 따르면 그중 절반이 가정 에서 납치당해 투견에게 '미끼' 역할을 하다가 희생되었다. 실종 견들의 몸은 죽을 때까지 물리고 찢긴 후 애리조나 사막에 버려 졌다.

애착으로 이어진 관계

사람 손에서 이루어지는 그 모든 학대에도 불구하고 개는 다른 어느 종에도 비할 수 없을 만큼 우리에게 충직하다. 개의 헌신성은 수백 년 전부터 익히 주목받아왔다. 19세기의 작가 조시 빌링스Josh Billings는 이렇게 말했다. "개는 자기 자신보다 당신을 더 많이 사랑하는 지구상의 유일한 존재다."

2000년 봄날 아침에 여든의 스티븐과 그의 반려견 엘모, 그 리고 엘모의 친구인 소년 이선Ethan은 캐나다 온타리오주의 숲 속에 있는 연못으로 개구리 사냥을 나갔다. 돌아오는 길에 그들 은 유사流砂*와 변덕스러운 물이 가득한 습지에서 길을 잃었다.

이선이 덩굴과 나뭇가지에 얽혀 움직일 수 없게 되자 겁을 먹은 스티븐이 도움을 청하러 갔다. 엘모는 주인을 따라오지 않 고 이선의 곁을 지켰다.

---

* 　사람이나 물건이 빨려 들어가는 불안정한 모래밭.

스티븐은 마침내 집으로 왔고, 수색대가 이선을 구하기 위해 출발했다. 사람들이 종일 수색했지만 길 잃은 소년이나 개의 흔적을 찾을 수가 없었다. 수색팀은 헬리콥터와 소방팀의 지원을 요청했다. 그래도 흔적을 발견할 수 없었다. 날이 저물어 구조를 포기할 무렵 소방관 한 명이 불빛에 반사되는 한 쌍의 눈을 보았다. 추위에 떨고 있는 엘모였다. 이선은 저체온증으로 거의 의식을 잃었고, 엘모는 이선 곁에 붙어 앉아 체온으로 소년의 생명을 지키고 있었다.[34]

과학자들은 개의 헌신성이 어디까지인지를 측정하고 있다. 오하이오주립대학교의 데이비드 튜버David Tuber 교수는 개들에게 그와 시간을 보낼 것인지 견사 친구들과 시간을 보낼 것인지를 선택하게 했다.[35] 개들은 생후 8주부터 같은 견사에서 친구들과 생활하고 있었다. 언제나 함께 놀고 함께 먹고 함께 잠을 잤다. 튜버는 밥을 주고 견사를 청소하고 운동을 시킬 때만 개들과 상호작용했다.

누구와 함께 있을지를 선택하게 하자 개들은 견사 친구보다 튜버와 함께 있기를 더 좋아했다. 개들을 잠재적으로 스트레스가 많은 새로운 환경으로 이동시키자 글루코코르티코이드(스트레스 호르몬) 수치가 견사 친구들과 함께 있을 때보다 튜버와 함께 있을 때 더 낮았다.

개들은 다른 개보다 사람과 함께 있는 것을 더 좋아할 뿐 아니라, 때로는 자신의 불이익을 감수하고 우리에게 초점을 맞춘다. 누구나 알겠지만, 개들은 밥을 너무나 좋아해서, 사료 한 줌과 한 무더기를 선택하게 하면 십중팔구 한 무더기를 선택한다. 하지만 반려견이 지켜보는 가운데 당신이 작은 양을 반복해서 선택하면, 개들도 작은 양을 선택하는 경향을 보인다.[36]

또한 당신이 컵 아래에 고기를 놓아두고 다른 컵을 선택하면 개들도 틀린 컵을 더 많이 선택한다.[37] 심지어 컵 아래에서 고기 냄새가 나고 당신이 거기에 놔둔 걸 봤을 때도 개들은 자기 판단을 접고 당신이 가리키는 컵을 선택한다. 그저 당신을 믿기 때문이다.

이 모든 실험을 마친 후 튜버와 연구자들은 이렇게 결론지었다. 개와 인간의 유대는 아이와 부모의 유대와 비슷하다. 요제프 토팔은 이 이론을 검증하기로 했다.

제2차 세계대전 이후에 유럽 전역에서 수천 명의 고아가 집을 잃거나 입원하거나 시설에 들어갔다. 세계보건기구는 이 고아들이 겪은 사회적 영향을 알아보고자 했고, 그래서 어머니를 잃었을 때 유아의 심리에 어떤 일이 일어나는지를 보고해달라고 의뢰했다.[38]

그로부터 수십 년이 지난 뒤 메리 에인스워드Mary Ainsworth가 "낯선 상황"이라는 테스트를 고안해서 어머니와 자식의 관계를 측정했다.

테스트는 일종의 미니시리즈로, 회마다 생후 6개월부터 2살까지의 아이들이 어머니와 함께 놀이방에 입장한다. 낯선 사람이 들어오고 어머니가 나가면 낯선 사람이 아이와 논다. 그런 뒤 어머니가 돌아온다. 이번에는 아이 혼자 남겨지고, 잠시 후 어머니와 낯선 사람이 함께 돌아온다.

에인스워드의 발견에 따르면, 아이들은 주로 놀이방과 새로운 장난감을 탐험하는 안전 기지로서 어머니를 사용한다. 어머니가 방에 없거나 낯선 사람이 있을 때 아이들은 소극적으로 탐험했다.

하지만 훨씬 더 흥미로운 일이 일어난 것은 어머니가 잠시 자리를 비웠다 돌아올 때였다. 아이들은 대부분 '안정적 애착'을 보였다. 어머니를 보고 기뻐하면서 포옹과 입맞춤으로 인사한 것이다. 하지만 어떤 아이들은 어머니를 무시하고 화를 내면서 '불안 회피' 행동을 보였다. 또 다른 아이들은 '불안 저항'이라는 훨씬 더 심각한 반응을 보였다. 돌아온 어머니를 분노, 발차기, 꼼지락대기, 포옹 거부로 맞이한 것이다.

아이들이 어머니 또는 주 양육자와 나누는 상호작용은 애착 이론으로 설명된다. 많은 연구자가 다른 동물들의 애착을 탐구했지만, 토팔은 서로 다른 두 종—인간과 개—의 애착을 탐구하고자 했다.[39]

많은 사람이 반려견을 자신의 아이로 보고, 그들 자신을 주인이 아닌 '엄마' '아빠'로 칭한다. 개는 여러 가지 면에서 아이처럼 행동한다. 주인을 졸졸 따라다니고, 소리를 내서 주의를 끌고, 의심스러울 때 주인에게 매달린다. 토팔은 "낯선 상황"을 개에게 테스트해보기로 했다.

과학자들은 인간을 대상으로 한 연구와 최대한 가깝게 이 연구를 진행했다. 개와 주인이 놀이방에 입장한다. 낯선 사람이 합류한다. 주인이 떠나고 낯선 사람이 개와 논다. 주인이 돌아오고, 다음엔 개 혼자 남겨진다. 마지막에 주인과 낯선 사람이 돌아온다.

개들은 주인이 놀이방에 있을 때 더 많이 탐색하고 논다는 점에서 아이들과 비슷했다. 어머니가 떠났을 때 아이들이 찾기 행동을 보인 것처럼, 주인이 방을 떠났을 때 개들은 문 앞에 서 있었다. 다른 과학자들이 발견한 바에 따르면, 주인이 떠났을 때 개들은 짖거나 문을 긁는 등의 극단적인 찾기 행동을 보였다.[40]

개들은 주인이 돌아왔을 때 안정적인 애착을 형성한 아기들과 비슷하게, 거의 즉시 몸을 접촉하고 꼬리 흔들기 같은 만족 행동을 보였다. 토팔은 주인에 대한 개의 애착이 어머니에 대한 유아의 애착과 비슷하다고 결론지었다.

헝가리 외트뵈시로란드대학교의 마르타 가시Marta Gácsi 교수는 "낯선 성황"을 보호소 개들에게 테스트해보았다.[41] 연구자들은 하루에 10분씩 사흘 동안 그 개하고만 놀아준 사람에게 주인 역할을 맡겼다. 그렇게 짧은 상호작용 이후에도 개들은 친숙한 사람 곁에 머물렀고, 방에서 나가거나 낯선 사람을 따르지 않았다. 친숙한 사람이 사라졌다가 돌아왔을 때도 개들은 낯선 사람에게 하는 것보다 더 자주 그에게 접근했다. 결론적으로,

인간과 개의 유대는 빠르게 형성되며, 낯선 사람과 잠시 상호작용을 해도 애착이 형성될 수 있다.

연애 사업

동물계에서 인간에 대한 친화성은 단연 개가 으뜸이다. 개들은 자신의 종족보다 인간을 더 좋아하고, 엄마 아빠에게 유아처럼 행동한다. **사랑**의 사전적 정의가 "따뜻한 감정, 친밀한 애착, 또는 깊은 애정"이라면, 그 정의는 정확히 개가 우리에게 갖는 감정일 것이다.

다행히 개의 사랑은 결코 일방적이지 않다. 미국에 7800만 마리의 개가 있다. 수치는 다를 수 있지만 미국인의 최대 81퍼센트가 애완동물을 가족으로 여기고, 자신의 개를 자식처럼 중요하게 생각한다. 캘리포니아주 프리스코 같은 도시에는 아이보다 개가 더 많다. 견주들은 정치행동위원회를 만들었고, 다가올 시장 선거에서는 '애견 선거권'이 영향을 미칠 것으로 보인다.[42] 남녀를 막론하고 미국 국민은 고통받는 아기 이야기와 강아지 이야기에 똑같이 공감하고 반응한다.[43] 견주의 절반 이상이 자신을 '엄마'나 '아빠'라고 부르고, 71퍼센트가 반려견 사진을 지갑이나 전화기에 넣고 남들에게 보여준다. 지위가 특별한 만큼 혜택도 특별하다. 62퍼센트의 반려견이 전용 의자나 소파나 침대를 갖고 있고, 13퍼센트가 방을 따로 갖고 있으며, 55퍼센트가 적어도 한 번은 생일 선물을 받았고, 그 외에는 케이크를 먹거나 파티를 즐겼다. 거의 4분의 1의 견주가 아픈 개를 돌보기 위해 병가를 낸 경험이 있었다.[44]

당연히 수많은 회사가 다양한 애견 서비스를 제공한다. 2010년에 애견 산업의 규모는 480억 달러였으며, 경제 위기가 닥친 2008년에는 성장세를 보인 유일한 산업으로 성장률이 무려 5퍼센트였다.

우리가 너무나 사랑한 나머지 개는 우리 삶의 모든 측면에 스며들었다. 연애 사업도 예외가 아니다. 특별한 사람을 찾고자 하는 모든 사람에게 해줄 말이 있다. 개를 구해라.

7월의 어느 화창한 오후, 젊고 잘생긴 프랑스 남자가 브르타뉴의 대서양 서안에 자리한 아름다운 장소, 반느의 길모퉁이에 서 있었다. 이따금 지나가는 여자에게 남자는 말했다. "안녕하세요, 내 이름은 앙투안느입니다. 정말 예쁘세요. 오늘 저녁엔 일하러 가야 하는데, 혹시 전화번호를 주실 수 있을까요? 나중에 전화드릴게요. 근사한 곳에서 술 한잔해요."

앙투안느는 여자의 눈을 의미심장하게 바라보면서 멋진 미소를 날린다. 그는 여름 내내 이렇게 했고, 가끔은 착해 보이는 검은색 믹스견을 대동했다.

앙투안느와 전화번호를 따려는 다른 프랑스 젊은이들 사이엔 차이가 하나 있었다. 만일 여자가 고개를 끄덕이고 전화번호를 주면, 앙투안느는 그녀와 데이트하는 대신 지금 자기는 연애 행동을 연구하는 중이라고 밝혔다. (앙투안느가 **진짜로** 전화한 운 좋은 여성 한 명을 제외하고. 두 사람은 결국 결혼했다.)

앙투안느의 성공을 예측하는 가장 좋은 요인은 무엇이었을까? 그의 옆에서 순진하게 서 있던 검은 믹스견이다. 앙투안느가 혼자일 땐 잘생긴 외모에도 불구하고 9퍼센트의 여자만이 그의 미소에 넘어갔다. 개가 있을 때 앙투안느의 성공률은 28퍼센트, 거의 세 여자 중 한 명으로 급등했다. 남자는 분명 이건 꿈의 확률이라고 생각할 것이다.[45]

하지만 앙투안느의 성공은 그의 개가 특별히 여성의 관심을 잘 끌어서일 수도 있었다. 어쩌면 여자의 치마를 슬며시 잡아당겼거나, 귀엽다는 말이 절로 새어 나올 목줄을 하고 있었을지도 모른다.

(이미 9장에서 설명한) 다른 연구에서는 미국의 젊은 대학생이 검은색 래브라도를 이용했다.[46] 이 개는 사람들과 상호작용하거나 어떤 식으로는 관심을 끄는 행동을 하지 않도록 훈련받은 안내견이었다. 한 조건에서는 개가 세트로 된 목줄과 리드줄을 하고 있어서 귀여웠고, 다른 조건에서는 검은색 징이 박힌 가죽 목줄과 너덜너덜한 밧줄에 매여 있어서 위협적이었다. 주인도 조건에 맞게 복장을 갈아입었다. 한 조건에서는 스포츠 재킷과 카라가 달린 셔츠에 넥타이를 맸다. 다른 조건에서는 지저분하고 찢어진 청바지에 티셔츠를 입고 닳은 작업 부츠를 신었다.

성공의 가장 좋은 예측 인자는 무엇이었을까? 이번에도 젊은 남자 곁에 서 있는 개였다. 개의 목줄에 징이 박혀 있든, 남자가 날카롭게 보이든 노숙자처럼 보이든 그건 중요하지 않았다. 개가 옆에 있으면 남자에게 미소를 짓거나 말을 거는 사람의 수가 1000퍼센트나 올라갔다.

물론 어떤 개들은 다른 개에겐 없는 특별한 매력이 있다. 침을 흘리는 거대한 로트와일러보다는 태어난 지 8주 된 골든리트리버가 리드줄 끝에 묶여 있으면 사람들이 더 쉽게 웃어주고, 다가와주고, 전화번호를 준다. (로트와일러 견주들에게 악의는 없다. 하지만 어떤 사람의 연구에 따르자면, 골든리트리버 강아지가 압도적으로 승리했다.)[47] 하지만 결국 개는 틀림없이 개라서 당신이 지저분한 옷을 입었든, 영리하고 잘생긴 프랑스인이든, 평범한 미국인이든 개들은 모든 종류의 행인을 자석처럼 끌어당겨 "안녕"이라고 말하게 한다. dogmatchmakers.com 같은 사이트에 프로필 사진을 올리는 분들께 팁을 하나 드리자면, 개와 함께 사진을 찍어라. 더 행복하고 더 편안하고 더 말을 붙이기 쉬운 사람처럼 보일 테니.[48]

외로움을 치유하다

개들은 사랑을 찾을 때만이 아니라 온갖 종류의 상황에서 가치를 발휘한다.[49] 90퍼센트에 이르는 사람들이 타인과의 관계로 인해 삶에 의미가 더해진다고 보고한다. 하지만 우리는 갈수록 고립되어가고 있으며, 타인과 접촉할 때도 주로 인터넷을 이용한다. 심한 외로움은 고통과 두려움을 유발하고, 자존감과 의욕을 떨어뜨린다. 외로운 사람은 두통, 궤양, 수면 박탈에 시달릴 가능성이 크고, 이는 다시 교통사고, 음주 문제, 그리고 자살로 이어진다.[50] 한 작가가 밝힌 바에 따르면 외로움은 심장 마비의 위험마저 높인다고 한다.

오래전부터 수많은 연구가 애완동물, 특히 개를 키우면 노인, 독신녀, 아이들, 남성 동성애자 같은 사람들이 외로운 감정을 덜 수 있다고 말해왔다.[51] 휠체어를 사용하는 아이들은 보조견과 함께 있으면 미소와 친근한 눈길을 받거나, 심지어 다른 아이들이 말을 걸 확률이 훨씬 높아진다.

하지만 어떤 연구자들은 외로움을 더는 방법으로서 애완동물을 추천한 반면에, 다른 연구자들은 그러한 결과에 도전하는 연구를 수행했다. 뉴질랜드 매시대학교의 앤드루 길비Andrew Gilbey 교수와 동료들은 얼마나 외로운지를 테스트하는 설문지로 사람들을 평가했다.[52] 6개월 후에 보니 절반 이상의 사람이 애완동물(거의 절반이 개였다)을 들였는데, 길비는 사람들이 정말로 덜 외로워졌는지를 알아보기 위해 그들을 다시 평가했다. 애완동물을 들였든 들이지 않았든 그리고 그 애완동물이 고양이든 개든 상관없이 사람들의 외로움은 크게 변하지 않았다. 사실 애완동물을 들인 그룹에서는 외로움이 경미하게 증가했다.

하지만 사람들이 반려동물 때문에 덜 외로워졌다고 **믿는다**는 건 의심의 여지가 없다. 많은 사람이 위로나 지지가 필요할 때 개에게 기댄다. 대학생 401명을 대상으로 연구한 결과, 감정적인 스트레스가 심할 때 학생들은 아버지나 형제보다 개에게 더 의지했다.[53] 다른 연구에 따르면, 이성에게 거절당한 후 반려동물을 떠올리면 친한 친구를 떠올릴 때만큼이나 효과적으로 나쁜 감정을 떨칠 수 있었다고 한다.[54] 또 다른 연구에서는 여성들이 가장 친한 친구와 함께 있을 때보다 반려견과 함께 있을 때 인지 과제를 더 잘 수행한다는 사실이 밝혀졌다.[55] 마지막으로 반려동물과 낭만적인 관계를 비교했을 때, 반려동물과의 관계가 더 안정적이었다. 예를 들어, "나는 반려동물이 나를 정말로 사랑한다고 생각한다"라는 문장을 읽을 땐 52퍼센트의 사람들이 동의했고, "나는 파트너가 나를 정말로 사랑한다고 생각한다"라는 문장에는 동의하는 사람이 39퍼센트에 그쳤다.[56]

뉴욕에서 스트레스로 지친 주식중개인 48명이 고혈압약을 먹고 있었다. 약을 먹으면 혈압이 낮아졌지만 쉬고 있을 때뿐이었다. 스트레스 상황에 부딪혔을 땐 혈압이 다시 올라갔다. 이들 중 일부가 반려동물—개나 고양이—을 입양한 뒤로는 스트레스 상황에서도 혈압이 낮게 유지되었다. 심지어 반려동물과 같이 있을 땐 수학 문제를 더 잘 풀었다.[57]

개의 치유력

건강 문제가 그보다 더 심각할 때 애완동물을 기르는 것이 도움이 될지 해가 될지를 두고 활발한 논쟁이 벌어지고 있다. 역사를 통틀어 개는 치유 수단으로 쓰여왔다. 고대 그리스 사로

니코스만灣의 도시 에피다우로스에는 아폴로의 아들 아스클레피오스를 모신 신전이 있다. 이 신전은 흔히 볼 수 있는 헬스 스파의 고대 그리스판이었다. 온종일 정화 의식과 제사를 지낸 뒤 환자들은 신전의 방으로 들어갔다. 그리고 밤중에 신이 개의 형태로 다가와 상처를 핥아줄 거라 믿고 깊이 잠들었다. 석판에는 이런 식으로 나았다고 하는 사람들 명단이 새겨져 있는데, 한 눈먼 소년은 개가 눈을 핥아준 덕에 시력을 회복했다 하고, 다른 소년은 목에 난 커다란 혹이 사라졌다고 한다.[58]

엘리자베스 1세 시대에 의사들은 다양한 여성 질환의 치료법으로 작은 애완견을 권유했다. 예를 들어, 개를 젖가슴에 대고 안으면 비위가 약한 사람에게 아주 좋다고 알려져 있었다.

현대 의학이 출현하고부터 과학은 동물을 치료 수단으로 사용하는 방식을 경멸했다. 그 후로 200년 동안 동물은 불결하다고 여겨졌다. 동물을 언급하는 경우는 동물이 옮길 수 있는 질병의 위험성과 공중보건에 닥칠 위협을 강조할 때뿐이었다.

1980년에 이 모든 것이 변했다. 뉴욕 브루클린칼리지의 에리카 프리드먼Erika Freidmann 교수와 동료들이 보고한 단 한 건의 연구 덕분이었다. 보고에 따르면, 심장마비로 입원한 환자가 1년 후에도 살아 있을 확률은 애완동물이 있는 환자가 없는 환자보다 23퍼센트 높았다.[59] 동물을 소유하는 것이 질병 예방에 도움이 된다는 것을 입증해서 의학 저널에 보고한 최초의 사례였다. 연구자들은 15년 후에 자신의 연구를 재현했다. 특히 다른 애완동물보다 개를 조사했고, 그 결과 개를 기르는 사람이 그렇지 않은 사람보다 심장마비에 걸린 후 1년 이내에 죽을 가능성이 유의미하게 낮다는 사실을 밝혀냈다(반면에 고양이를 기르는 사람은 그렇지 않은 사람보다 오래 살지 못했다).[60]

1992년에 호주 과학자들은 애완동물을 기르는 사람들이 그렇지 않은 사람보다 혈압, 콜레스테롤, 중성지방(동물성 지방의 주성분)이 더 낮다는 것을 발견했다. 한참 후인 2001년에는 애완동물을 기르는 사람들이 안정 시 심박수와 혈압이 더 낮을 뿐 아니라, 스트레스가 심한 계산 문제를 받거나 손을 얼음물에 담갔을 때, 심박수와 혈압이 더 적게 올라가고 회복도 더 빠르다는 것이 밝혀졌다.[61]

노인들에겐 사랑하는 사람이 죽는 등의 스트레스 사건이 발생하면 병원을 더 자주 찾아야 하는 문제로 발전한다. 애완동물을 기르는 노인들은 힘든 시기에도 그렇지 않은 노인들보다 병원을 찾는 경우가 더 적었다.[62]

1987년에 미국국립보건원이 이래와 같은 권고사항을 공표한 것도 놀라운 일이 아니다.

인간 건강에 대한 미래의 모든 연구는 가정에 애완동물이 있는가의 여부를 고려할 필요가 있다. …… 인간 건강에 대한 미래의 어떤 연구도 인간과 함께 사는 동물을 포함하지 않고서는 포괄적인 연구로 간주해서는 안 된다.[63]

이 권고에 대한 반발로 몇몇 연구자는 애완동물이 건강과 전혀 상관없다고 말하는 연구들을 발표했다. 또 다른 연구에서는 애완동물을 기르는 사람은 혈압이 더 낮다는 호주의 연구를 반박하면서, 어차피 심혈관검사를 받으러 오는 사람들은 검사를 피하는 사람들보다 대체로 체지방과 혈압이 낮고, 술과 담배를 적게 한다고 주장했다.[64] 이러한 자기 선택적 데이터를 피하기 위해서 연구자들은 무작위로 가정에 전화를 걸어 어떤 종류의 애완동물이 있는지, 심장병의 위험을 높이는 어떤 습관이 있는지를 물었다. 그리고 애완동물을 기르는 사람이 실제로 혈압이 더 높고, 체지방이 많으며, 흡연을 더 많이 한다는 것을 발견했다.

또 다른 연구에 따르면, 심장마비를 피하는 문제와 관련해서는 개를 기르는 사람이 기르지 않는 사람보다 유리한 점이 전혀 없으며, 고양이를 기르는 사람은 오히려 심장병으로 죽거나 병원에 재입원하는 경우가 더 **많았다**. 더 나아가 그들은 프리드먼의 최초 연구를 "커나드canard"라 불렀다(불어로 '오리'를 뜻하는 이 말은 헛소문이나 유언비어를 가리킨다).[65]

하지만 개가 인간 건강에 명백하게 유익한 맥락이 하나 있다. 동물매개치료에서는 치료 계획에 동물이 포함된다.

데이비드 베크David Beck(실명이 아니다)는 양극성장애와 싸우며 외롭게 사는 43세의 남성이었다. 그는 독신이었고 일정한 직업을 가질 수 없었다. 어린 나이에 어머니를 잃은 그에게 유년 시절의 좋았던 기억은 그의 반려견뿐이었다.

어느 날 불량배들이 그를 공격했다. 불량배들은 주먹질을 하고 그의 머리를 땅바닥에 내리꽂은 뒤 그에게 가장 소중한 재산인 그의 기타를 빼앗아갔다. 그 후로 데이비드는 그날의 사건을 머릿속에서 지우지 못했다. 심한 우울증에 빠져서 말을 거의 못하고, 잠도 이루지 못하고, 계속 눈물만 흘렸다. 얼마 후에는 조증으로 경찰과 문제를 일으켰다. 그리고 결국 정신병동에 입원했다. 의사들은 그에게 다양한 신경안정제를 처방했지만, 백약이 무효였다. 데이비드는 자기 관리에 필요한 기본적인 일들조차 해내지 못했다.

이런 데이비드에게 루비라는 이름의 골든리트리버가 천사처럼 찾아왔다. 루비는 3주 동안 하루에 몇 시간씩 데이비드와 함께 지냈다. 의사들은 함께 있는 동안 루비는 데이비드의 책임이라고 말했다. 루비와 함께 있을 때마다 데이비드는 루비를 산책시키고, 털을 빗기고, 보살펴야 했다.[66]

결과는 데이비드의 놀라운 회복이었다. 데이비드의 기분이 나아지기 시작했다. 다시 말하기 시작하고, 불안감이 줄어들었으며, 아침까지 잠을 잤고, 사람을 불안하게 하는 반복적으로 휙휙 휘두르는 동작jerking movements도 중단되었다. 심지어 여성의 관심을 끌기도 했다. 몇몇 부인이 루비 이야기를 하러 그에게 다가오곤 했다.

루비는 데이비드에게만 도움이 되지 않고 심장외과, 신경외과, 수술실에서도 직원과 환자 모두의 기분을 좋아지게 했다. 약물에 반응하지 않던 환자 두 명은 루비가 방문한 뒤로는 의욕을 갖고 침울함에서 빠져나왔다.

3주간 치료한 후 의사들은 루비와 시간을 더 많이 보내는 것이 데이비드에게 유익할 거라고 판단했다. 루비가 곁에 있자 데이비드는 어렵사리 아파트를 구하고 옛 친구들과 연락하고 자기 자신을 관리했다. 심지어 퇴원을 해도 내년까지는 루비와 함께 시간을 보낼 수 있었다. 루비가 곁에 있으면 항상 즐거웠다.

동물매개치료는 의료 현장에서 빠르게 지지를 얻고 있다. 경험적 연구는 많지 않지만, 문헌이 증가하고 있으며, 그 대부분은 동물매개치료가 특히 어린이 환자에게 대체로 긍정적인 결과를 나타낸다고 지적한다.

아이들에겐 병원이 고통스러울 수 있으며, 특히 부모와 떨어져서 고통스러운 치료를 받아야 할 땐 더욱 끔찍해진다. 낭포성 섬유종, 이식 수술, 암 같은 다양한 이유로 입원한 아이들이 일주일에 하루, 밤 시간에 치료견과 상호작용했다. 다른 그룹은 90분씩 다른 아이들과 함께 장난감을 가지고 놀았다. 치료견을 본 아이들이 장난감과 다른 아이들이 가득한 곳에서 논 아이들보다 더 신나 했다. 놀이 시간보다는 이 치료를 받은 후에 아이들이 더 행복해 보인다고 부모들이 생각한 것이다.[67]

세인트클라우드병원 소아과 병동에서 아이들은 15분씩 쉬거나 15분씩 치료견과 함께 일했다. 치료견과 함께 일한 아이들은 조용히 쉬기만 한 아이들보다 통증을 4배 적게 보고했다. 타이레놀 한 정을 복용한 효과였다. 치료견과 일한 그룹에서 한 아이는 통증 수준이 8에서 0으로 감소한 덕에 최소 3시간 동안 약을 전혀 복용하지 않았다.[68]

의사의 진찰 같은 일상적인 일에서도 개가 있을 때는 울거나 소리 지르기 같은 스트레스 표현을 훨씬 적게 했고, 몸을 구속해야 하는 일도 줄어들었다.[69]

동물매개치료는 성인에게도 효과가 있다. 해가 진 후에 증상이 심해지는 치매 환자들(일몰 증후군)이 치료견과 상호작용할 때는 흥분과 공격성이 줄어들었다.[70] 정신병 환자의 경우도 치료견의 한 차례 방문이 레크레이션 치료보다 더 효과적으로 불안을 누그러뜨렸다. 암 환자들은 치료견의 방문이 사람의 방문과 똑같이 위안이 되고, 사람보다 더 기분 좋게 해준다고 평가했다.

이 밖에도 수많은 사례가 있다. 개는 처음에는 건강을 위협한다고 여겨져 의료 전문가들에게 무시당했지만, 이제는 광범위한 병을 치료하는 효과적인 수단이 되었으며, 때로는 약보다 더 좋은 치료제로 인정받고 있다.

사랑의 생물학

스트레스가 없거나 외롭지 않은 사람, 심장병이나 말기 질환이 없는 사람은 어떨까? 고양이 노부인이 만화로 그려지는 것처럼, 개에 대한 집착도 자신만의 캐리커처를 탄생시켰다. '도그 피플dog people'은 반려견에게 아이처럼 말하고, 우스꽝스러운 옷을 입히고, 큰돈을 유산으로 남긴다. 그들에게 개는 최고의 친구다. 다른 누구도 그렇게는 못하기 때문이다.

하지만 평범한 견주(그리고 묘주!)의 모습은 인간관계를 바라지만 노력을 해도 되지 않는 슬프고 외로운 사람이 아니다. 오히려 반려동물을 키우는 사람들은 그렇지 않은 사람들보다 더 외향적이고 자존감이 높고 덜 외로워하는 경향이 있다. 반려동물 주인들은 결코 중요한 관계를 반려동물로 대체하지 않는다. 반려동물이 없는 사람 못지않게 그들도 최고의 친구, 좋은 부모와 형제로 살아간다. 반려동물은 사회적 지지의 대체물이 아니라 또 다른 형태의 지지대이다.[71]

물론 어떤 사람도 개에게 랄프로렌을 입히거나, 가족 초상화에 개를 그려 넣거나, 듣는 사람이 없을 때 개와 잡담을 하진 않지만, 우리와 개의 관계는 우리의 생리 작용을 변화시킬 정도로 깊고 끈끈하다.

우리와 개의 관계에 특별히 큰 영향을 미치는 호르몬이 바로 옥시토신이다. 옥시토신은 뇌에서 혈류로 직접 분비되고, 신경섬유를 따라 신경계로 흘러간다.[72] '포옹 호르몬'이란 별명에 걸맞게도 옥시토신은 사랑하는 사람이 만지거나 마사지를 받거나 배불리 식사했을 때 우리를 기분 좋게 하는 호르몬이다.

일본의 한 연구에서, 반려견의 시선을 오래 받은 사람은 잠시 받은 사람보다 옥시토신 수치가 더 높았다.[73] 그뿐 아니라 반려견이 오래 바라보는 주인들은 그렇지 않은 주인들보다 반려견과 함께 있는 것이 더 행복하다고 보고했다.

다른 연구에서 사람들은 2인용 탁자와 의자밖에 없는 빈 방으로 안내되었다.[74] 사람이 반려견과 함께 카펫 위에 앉으면 간호사가 채혈을 한다. 그 후 30분 동안 견주는 반려견에게 모든 관심을 쏟는다. 반려견에게 부드럽게 말을 걸고, 부드럽게 두드리고, 몸과 귀 뒤를 긁어준다. 30분 후에 간호사가 다시 채혈했다.

그 결과 혈압이 낮아지고 옥시토신이 상승했을 뿐 아니라 다양한 호르몬이 함께 상승했다. 행복감과 통증 완화와 관련이 있는 베타엔도르핀, 유대감을 증진하고 육아 행동에 관여하는 프로락틴, 낭만적 파트너를 찾을 때 증가하는 페닐에틸아민, 쾌감을 높여주는 도파민이 증가한 것이다.

그 방에 들어가서 30분 동안 책을 읽었을 때 옥시토신과 그 밖의 호르몬은 반려견과 상호작용했을 때만큼 증가하지 않았다. 더욱 놀랍게도 사람만 호르몬 상승을 보인 것이 아니었다. 개도 마찬가지였다! 유대감과 친화성은 전적으로 상호적이다. 인간과 다른 동물을 조합해서 똑같이 연구한 사람은 없지만, 나의 예측으로는 다른 어떤 종과도 그 모든 호르몬이 똑같이 변하진 않을 것이다.

콜로라도주립대학교의 수전 밀러Suzanne Miller 교수와 동료들은 개가 남녀에게 다른 영향을 주는지를 알아보았다.[75] 이번에도 연구자들은 사람들에게 30분 동안 개와 상호작용하거나 책을 읽게 했다. 그 결과, 개와 놀이를 한 여성은 옥시토신이 58퍼센트 증가했지만, 남성은 21퍼센트 감소했다. 그렇다고 해서 여성이 개를 두드릴 때 남성보다 더 즐거워한다는 뜻은 아니다. 옥시토신은 엄밀히 말해서 여성 호르몬이 아니지만, 여성 호르몬인 에스트로겐과 연결되어 있고 여성에게 미치는 효과가 더 뚜렷하다.[76] 그리고 남성이 반려견을 쓰다듬을 땐 옥시토신이 감소했지만, 책을 읽는 조건에서는 두 배나 감소했다.

남성이 반려견과 상호작용할 때 변할 수 있는 호르몬은 테스토스테론과 같은 호르몬들이다. 테스토스테론은 남성이 여성보다 10배 높으며, 근육 형성과 체모 같은 사춘기 변화와 관련이 있다. 또한 지위 경쟁과도 관련이 있다. 주로 남성이 경쟁을 준비할 때 테스토스테론이 올라간다.

연구자들은 어질리티 대회가 시작하기 전에 83명의 남자와 그들의 개에게 타액을 채취해서 테스토스테론과 코르티솔을 분석했다.[77] 모든 참가팀이 대회를 마치고 결과가 발표되었을 때 연구자들은 남자들과 개들의 타액을 다시 채취해서 분석했다.

시합 전에 테스토스테론 수치가 높게 나왔던 남성들이 주로 입상했다. 하지만 테스토스테론 수치가 높았던 남성들이 시합에서 탈락하면, 테스토스테론 수치가 낮고 시합에서 탈락한 남자들보다 더 심하게 좌절했다. 어질리티 대회에서는 일단 탈락하면 다시 경쟁할 수 없다. 따라서 높은 테스토스테론 수치를 보이며 지위 경쟁에 참가했던 남자들은 경쟁에서 밀려 지위를 잃었을 뿐 아니라, 재차 경쟁에 뛰어들어 지위를 되찾을 수도 없었다.

놀랍게도, 테스토스테론이 높은 남성과 함께 뛴 개들은 경쟁에서 탈락한 후에 코르티솔 수치가 상대적으로 높았다. 코르티솔은 스트레스 호르몬이다. 연구자들은 사람의 테스토스테론이 왜 개의 코르티솔에 영향을 미치는지를 들여다보았다. 그 결과, 시합 전에 테스토스테론이 낮았던 남성들은 뛰고 난 후에 개를 더 많이 쓰다듬어주고 더 많이 놀아줬다. 반면에 테스토스테론이 높은 남성들은 탈락한 후에 개에게 공격적인 행동을 더 많이 했다. 개를 압박하거나 소리치는 경우가 더 많았다. 그런 행동이 개의 코르티솔을 높인 것이 분명했다.

개가 남녀의 생리 작용에 다른 영향을 미친다면, 남녀 역시 개에게 다른 영향을 미치지 않을까? 개는 사람의 성별에 따라 다르게 반응한다고 많은 사람이 믿는다. 그리고 적어도 한 연구에서, 개들은 남성에게 짖음과 지속적인 눈맞춤 같은 공격적인 반응을 더 많이 했다.[78]

오하이오주 데이턴의 한 동물보호소에서는 연구자들이 개를 방으로 데리고 갔다.[79] 그런 뒤 사람이 개의 몸을 부드럽게 제압하고서 수의사가 주사기로 채혈할 수 있도록 개의 앞발을 앞으로 내밀었다. 다시 채혈할 때는 사람이 20분 동안 개를 쓰다듬은 뒤 앞발을 내밀었다.

쓰다듬어주었을 뿐인데도 개에게 긍정적인 효과가 나타났다(반려견을 병원에 데리고 갔을 때 기억하면 좋겠다). 하지만 여성이 쓰다듬었을 때는 두 번째 채혈에서 코르티솔 수치가 감소했지만, 남성이 쓰다듬었을 때는 코르티솔이 증가했다. 여성의 어떤 점이 개의 스트레스를 줄여주었을까? 여성의 냄새일까, 생김새일까? 아니면 개와 상호작용하는 방식일까?

후속 연구에서는 남성들이 '쓰다듬기 훈련'을 통해 여성과 똑같이 쓰다듬는 법을 익혔다.[80] 개의 어깨, 등, 목 근육을 깊게 마사지하고 머리에서 뒷다리까지 오랫동안 안정적으로 쓰다듬는 법도 교육받았다. 마사지하는 동안에는 차분하고 달래는 목소리로 개에게 말을 했다.

개와 상호작용하는 여성의 방식 때문에 개들이 여성에게 더 잘 반응한다면, 남성이 훈련해서 여성처럼 행동한다면 동일한 효과가 나타나야 한다. 만일 호르몬이나 그보다 더 미묘한 어떤 것이 원인이라면, 남성이 어떻게 행동하는지는 중요하지 않을 것이다. 개들은 여전히 남성보다 여성에게 스트레스를 덜 느낄 것이다.

남자들을 교육해서 여자처럼 쓰다듬게 하자 개의 코르티솔이 똑같이 감소했다. 남성이 조금 더 다정해지려고 노력하면 개들은 더 좋게 반응한다. 여자와 똑같다.

개가 인간에게 느끼는 친화성은 타고난 것이어서, 사람의 손이 다가와 부드럽게 쓰다듬으면 개의 뇌는 평온함과 다정함을 자극하는 화학물질을 분비한다. 심지어 개들은 동족과 함께 있기보다 사람과 함께 있기를 더 좋아한다. 평생 따르고 충성하는 대가로 개들은 음식, 따뜻하고 사랑 넘치는 가족, 좋은 집을 얻는다. 이 거래를 완성하는 건 우리 몫이다. 개는 자격이 충분하다. 아무렴, 천재 아닌가!

우리 개 태시의 강아지 시절. 개가 영장류나 늑대보다 사회적 기술이 뛰어난 이유는 평생 사람에게 많이 노출되기 때문이라고 생각한 적이 있었다. 하지만 놀라운 사실이 밝혀졌다. 사람에게 거의 노출되지 않은 어린 강아지도 성견들처럼 사람의 몸짓을 능숙하게 사용한다. — 브라이언 헤어와 버네사 우즈

리코는 줄리안 카민스키 박사가 연구한 보더콜리였다. 리코는 유아와 비슷한 추론적 사고를 사용해서 수백 개의 이름을 외우고 있음이 입증되었다. — 수잰 바우스Susanne Baus

오레오는 브라이언이 어린 시절에 함께했던 개다. 오레오에게는 '물어와' 놀이를 하는 동안 브라이언의 가리키기 몸짓을 사용하는 능력이 있었다. 이 능력을 토대로 브라이언은 개의 사회적 천재성을 밝힌 일련의 과학 연구를 수행했다. — 브라이언 헤어

크리스티나 윌리엄슨은 브라이언과 공동으로 늑대와 개의 사회적 기술을 비교했다. 사진 속의 늑대처럼 사람에게 잘 순응하는 늑대들도 개처럼 자연발생적으로 인간의 의사소통적 몸짓을 사용하지 않는다. ― 셔먼 모스 주니어 Sherman Morss, Jr

드미트리 벨랴예프는 스탈린 치하의 러시아에서 처형의 위험을 무릅쓰고 실험을 통해 은여우를 가축화했다. 브라이언의 공동 연구자, 안나 스테피카Anna Stepika가 45년 동안 인간에게 우호적인 여우를 선택한 연구의 결과물을 안고 있다. ― 브라이언 헤어

개 미스틱과 보노보 마시시. 미스틱은 브라이언과 버네 사가 보노보의 행동과 인지를 연구하는 보노보 고아원을 경비한다. 보노보는 개처럼 가축화된 동물과 많은 특징을 공유하기 때문에 "유인원과의 개"라고 불린다. ─ 브라이언 헤어

호주 동부 연안의 프레이저섬의 야생 딩고. 딩고는 살아 있는 화석과도 같다. 최초의 개와 비슷할 가능성이 높기 때문이다. 최초의 개는 대담하고 친화적인 늑대가 최초의 인간 정착지에서 나온 쓰레기를 이용한 결과로 진화했다. ─ 브래들리 스미스Dr. Bradley Smith

뉴기니싱잉독 새끼들. 뉴기니싱잉독은 딩고와 매우 가깝다. 브라이언이 뉴기니싱잉독 한 무리를 시험한 결과, 싱잉독은 인간과 소통할 목적으로 교배된 것이 아니었음에도 인간의 몸짓을 능숙하게 사용한다는 것이 밝혀졌다. — 뉴기니싱잉독 보존협회

마양나족 사냥꾼이 개를 이용해서 먹이를 파내고 있다. 니카라과의 부족들은 열대 우림에서 사냥감을 추적하고 구석에 모는 개의 도움을 받는다. 사냥에 능숙한 개는 큰 보상을 받는다. — 메누카 스케논 디디 Menuka Scetnon-didi

하드자족 수렵채집인과 그 들이 새로 맞이한 개. 하드자 족은 마지막 남은 수렵채집 부족의 하나로, 인류가 진화 해온 기간의 대부분 동안 살 았던 모든 인간과 거의 똑같 이 살고 있다. 최초의 개와 마 주쳤던 수렵채집인들이 사 냥 파트너로서 개의 잠재력 을 알아보았듯이, 하드자족 도 부상당한 사냥감을 추격 할 때 가끔 개를 이용하기 시 작했다. — 프랭크 말로Frank Marlowe

듀크 개 인지능력 연구센터에서 테스트를 받고 있는 개. 이곳은 개의 심리에 감춰진 비밀을 밝힐 목적으로 설립된 최초의 캠퍼스 연구 시설이다. 초대받은 견주는 센터에 반려견을 데리고 와서 재미있는 문제 풀기 게임을 통해 개에게 선택을 하게 한다. 개의 선택 패턴을 관찰함으로써 개가 다양한 인지 문제를 어떻게 푸는지 (또는 풀지 못하는지)에 대해 결론을 내릴 수 있다. — 브라이언 헤어

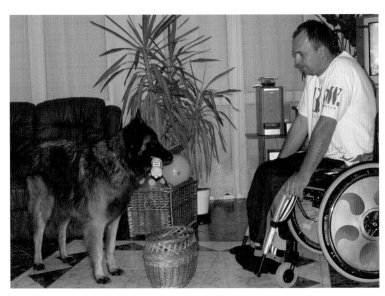

요제프 토팔에게 테스트를 받는 보조견 필립. 토팔이 밝힌 바에 따르면, 필립은 사람의 행동을 관찰해서 자연발생적으로 새로운 행동을 개시하고, 인간의 볼 수 있는 것과 없는 것을 추론하는 능력이 있다. 두 기술 모두 그때까지 개는 도달할 수 없을 거라 여겼던 높은 수준의 복잡한 사회성을 필요로 한다. — 요제프 토팔

파도 속에서 '물어와' 게임을 한 뒤 당당하게 공을 씹고 있는 시나와 시나를 부러운 듯 바라보는 초콜릿. 초콜릿은 시나에게 번번이 진다. 초콜릿은 파도를 뚫고 공까지 직선 경로를 사용하는 반면, 시나는 먼저 해변을 달린 뒤 공과 가장 가까운 거리에서 뛰어들어 헤엄치기 때문이다. 개들은 대부분 '길 찾기'에서나 단순한 물리학을 이해하는 면에서는 특별히 뛰어난 능력을 보이지 않는다. — 브라이언 헤어

독일 애견 공원에서 밀로(맨 왼쪽)가 낯선 개와 몸을 맞대고 냄새를 맡고 있다. 늑대는 개와 다른 사회적 체계에 의존해서, 낯선 이의 이러한 침해를 용납하지 않는다. 브라이언은 독일에서 함께 살기 위해 밀로를 보호소에서 입양했다. 밀로는 아름답고 폭신폭신한 래브라도처럼 보였지만, 곧 차우차우와 섞였음을 보여주었다. 브라이언은 행동 면에서 중요한 차이가 있고, 밀로가 오레오만큼이나 뛰어나다는 것을 알게 되었다. — 브라이언 헤어

성견은 개와 함께 사진을 찍은 사람이 혼자 사진을 찍은 사람보다 더 매력적이고 믿을만하다고 평가한다. — 브라이언 헤어

개의 행동이 아닌 외양에 기초한 특정 견종 통제법은 대중을 보호하지 못하고 실패할 것이다. 개는 털가죽으로 판단하기 어렵기 때문이다. 이 개의 유전자는 어떤 견종들로 구성되어 있을까? 대부분의 사람은 이 개의 얼굴 무늬를 보고서 뒷마당에서 함께 생활하는 로트와일러 암컷의 자식이라고 생각했다. 이 개는 사실 미스틱과 동네 개 사이에서 태어난 수컷인데, 둘 다 로트와일러하고 전혀 닮지 않았다. ― 브라이언 헤어

버네사의 엄마 '보보(재키 룡Jacquie Leong)'가 없었다면 우린 이 책을 쓰지 못했을 것이다. 보보는 우리 아기가 태어난 날 호주에서 왔고, 우리가 이 책을 쓰는 8개월 동안 집에 머물면서 우릴 도와주었다(밤을 꼬박 새워가면서 원고를 정리해주었다!). 브라이언의 가족인 '메마'와 '팝스'(앨리스Alice와 빌 헤어Bill Hare)에게 사랑과 감사를 전한다. 두 사람은 오레오라는 이름의 꿈틀대기 좋아하는 검은색 래브라도를 집으로 데려와서 이 모든 것에 시동을 걸었다. 또한 원고 전체를 세심하게 교정해준 우리의 어머니들에게도 감사드린다.

좋은 친구이자 동료인 테렌스 버넘Terence Burnham이 격려해주지 않았다면 브라이언은 이 책을 쓸 생각조차 하지 못했을 것이다(버넘은 브라이언이 대학원생일 때 이 책의 아이디어와 제목을 처음 제안한 사람이다). 리처드 랭엄과 마이크 토마셀로에게 감사드린다.

두 분은 몇몇 장의 초고를 읽어주었고, 젊은 과학자에게 최고의 멘토가 되어주었다. 이레네 플류스니나에게 특별히 감사드린다. 이레네와 빅토르는 브라이언을 가족처럼 대해주었다. 또한 브라이언의 학생들에게 감사드린다. 학생들은 듀크 개 인지능력 연구센터(www.dukedogs.com)에서 토론하는 내내 개의 인지에 관한 내 생각을 이끌어주었다. 특히 브라이언의 동료이자 대학원생, 빅토리아 워버, 알렉산드라 로사티Alexandra Rosati, 에번 맥린Evan Maclean, 징치 탄Jingzhi Tan, 카라 슈뢰퍼Kara Schroepfer, 코트니 레이니Courtney Rainey, 크리스 그루페니Chris Krupenye, 코리나 더피Korrina Duffy에게 감사드린다. 그들은 우리에게 많은 것을 가르쳐주었으며, 브라이언이 집필하는 동안 한곳에 집중하지 못하는 것을 참고 인내해주었다. 또한 에밀리 브레이Emily Bray, 조이 베스트Zoey Best, 메리 담브로Mary Dambro, 이사벨 번스타인Isabel Bernstein, 애시턴 매디슨Ashton Madison에게 감사드린다. 그들은 2011년 여름에 우리가 인용한 모든 참고문헌을 추적하고 정리해주었다. 미국국립과학재단(NSF-BCS-1025172), 유니스 케네디 슈리버 국립 아동건강 및 인간발달 연구소, 마스월덤센터(R03HD07648), 네이벌리서치 사무소(Noo014-12-1-0095)에게 감사드린다. 이 기관들이 부분적으로 도와준 덕분에 이 책이 가능했다. 우리의 대리인 맥스 브로크먼Max Brockman에게 감사드린다. 우리가 막다른 골목에 부딪혀 책의 주제를 이어나가지 못했을 때 브로크먼이 더없이 값진 충고를 해주었다. 우리의 놀라운 편집자 스티븐 모로Stephen Morrow에게 감사드린다. 용기를 내어 우리 부부 팀을 맡은 후로 모로는 편집 과정이 끝날 때까지 솜씨 있게 이끌어주었다. 그의 노력으로 훨씬 개선된 책이 탄생했다. 또한 특히 우리의 참고문헌 작업을 끝까지 세심하게 도와준 더튼의 스테파니 히치콕Stephanie Hitchcock과 리앤 펨버턴LeeAnn Pemberton에게 감사드린다. 마지막으로 분문 사이사이에 멋진 그림을 그려준 브라이언 골든Bryan Golden(kagomesarrow87@yahoo.com)에게 감사드린다.

우리는 이 책을 통해 모든 사람이 지구에서 우리와 함께 살아가는 동물들을 더 따뜻하게 대할 수 있기를 희망한다. 여러분의 사랑스러운 강아지보다 훨씬 더 불운한 개가 미국에 수백만 마리가 있다. 해마다 보호소를 가득 채우는 800만 마리의 개와 고양이를 돕고 싶다면, 다음 애완동물을 보호소에서 입양하고, 언제라도 인도주의협회(www.humanesociety.org)에 기부하기 바란다. 클로딘 앙드레의 고귀한 사명에 일조해서 보노보를 구하고 콩고의 젊은이들이 인간을 비롯한 모든 동물—개를 포함하여—에게 친절할 수 있도록 격려하고 싶다면, www.friendsofbonobos.org를 방문하기 바란다. 만일 동물보호를 목표로 하는 연구 프로젝트에 기부하고 싶다면, www.petridish.org에서 마음에 드는 프로젝트를 선택하기 바란다. 우리 연구팀의 진행 상황을 알아보고 싶은 사람은 www.dukedogs.com을 방문하기 바란다. 도그니션을 연구하는 전 세계 모든 연구자에게 링크할 수 있는 페이지를 발견할 것이다.

마지막으로 도그니션이라는 새로운 과학을 통해서 여러분의 개가 가진 독특한 천재성을 확인하고 싶다면, www.dognition. com을 방문하기 바란다.

참고문헌

한국어판 서문
1. 황원경·손광표, 〈2021 한국 반려동물 보고서〉, KB금융지주 경영연구소, 2021.

들어가며
1. Kaminski, J., J. Call, and J. Fischer, "Word Learning in a Domestic Dog: Evidence for 'Fast Mapping'", *Science* 304, no. 5677 (2004): 1682~1683.
2. Savage-Rumbaugh, E. S., et al., "Language Comprehension in Ape and Child", *Monographs of the Society for Research in Child Development* 58, nos. 3~4 (1993), and Herman, L. M., "Exploring the Cognitive World of the Bottlenosed Dolphin". In *The Cognitive Animal: Empirical and eoretical Perspectives on Animal Cognition*, eds. M. Bekoff, C. Allen, and G. M. Burghardt (Cambridge, Mass.: MIT Press, 2002), and Pepperberg, I. M., *The Alex Studies: Cognitive and Communicative Abilities of Grey Parrots* (Cambridge, Mass.: Harvard University Press, 2002).
3. 우리가 검토한 연구는 대부분 온라인에서 검색할 수 있는 것들이다. 그

이유는 다음과 같다. (1) 구글에는 '학술검색(Google Scholar)'이라는 기능이 있어서 사용자는 수많은 논문을 다운로드할 수 있다. (2) 많은 과학 저널이 자체적으로 운영하는 온라인 사이트를 통해서도 논문에 무료로 접근할 수 있게 해준다. (3) 또한 논문을 쓴 과학자의 웹사이트를 검색하면 발표된 글로 갈 수 있는 링크가 있는데, 여기서도 그들의 논문을 무료로 다운로드할 수 있다. (4) 마지막으로 과학자에게 직접 글을 써서 그들이 발표한 논문을 청하는 것보다 그들이 더 좋아하는 일은 없을 것이다. 이 책에서 논의하고 있지만 여러분이 다른 방법으로 접근할 수 없는 논문이 있다면 그들은 기꺼이 공유할 것이다.

1부 브라이언의 개

1 개가 천재?

1. Hunt, M. M., *The Story of Psychology* (New York: Anchor Books, 2007).
2. "List of college dropout billionaires", *Wikipedia*, last modified October 5, 2012, http://en.wikipedia.org/wiki/List_of_college_dropout_billionaires.
3. Issacson, W., *Steve Jobs* (New York: Simon & Schuster, 2011).
4. Gregory, N. G., and T. Grandin, *Animal Welfare and Meat Science* (CABI Publishing, 1998), and Grandin, T. and C. Johnson, *Animals Make Us Human: Creating the Best Life for Animals* (New York: Houghton-Mi in Harcourt, 2009).
5. 다음을 보라. Hunt, *The Story of Psychology*.
6. 다음을 보라. Ibid. and Beko, *The Cognitive Animal*, and Hauser, M. D., *Wild Minds: What Animals Really Think* (New York: Owl Books, 2001).
7. Squire, L. R., "Memory Systems of the Brain: A Brief History and Current Perspective", *Neurobiology of Learning and Memory* 82, no. 3 (2004): 171~177.
8. E. S., L. Cahill, and J. L. McGaugh, "A Case of Unusual Autobiographical

Remembering", *Neurocase* 12, no. 1 (2006): 35~49.

9. Maguire, E. A., K. Woollett, and H. J. Spiers, "London Taxi Drivers and Bus Drivers: A Structural MRI and Neuropsychological Analysis", *Hippocampus* 16, no. 12 (2006): 1091~1101.

10. Egevang, C., et al., "Tracking of Arctic Terns *Sterna paradisaea* Reveals Longest Animal Migration", *Proceedings of the National Academy of Sciences* 107, no. 5 (2010): 2078~2081.

11. Wiley, D., et al., "Underwater Components of Humpback Whale Bubble-net Feeding Behaviour", *Behaviour* 148, nos. 5~6 (2011): 575~602.

12. Esch, H., "Foraging Honey Bees: How Foragers Determine and Transmit Information About Feeding Site Locations". In *Honeybee Neurobiology and Behavior*, eds. C. Giovanni Galizia, Dorothea Eisenhardt, Martin Giurfa (New York: Springer, 2012), 53~64.

13. Kamil, A. C., "On the Proper De nition of Cognitive Ethology". In *Animal Cognition in Nature*, eds. R. P. Balda, I. M. Pepperberg, and A. C. Kamil (San Diego: Academic Press, 1998), 1~28, and MacLean, E. L., et al., "How Does Cognition Evolve? Phylogenetic Comparative Psychology", *Animal Cognition* 15, no. 2 (2012): 223~238.

14. Tomback, D. F., "How Nutcrackers Find Their Seed Stores", *The Condor* 82, no. 1 (1980): 10~19.

15. Kamil, A. C., and R. P. Balda, "Cache Recovery and Spatial Memory in Clark's Nutcrackers (*Nucifraga columbiana*)", *Journal of Experimental Psychology: Animal Behavior Processes* 11, no. 1 (1985): 95~111, and Balda, R. P., A. Kamil, and P. A. Bedneko , "Predicting Cognitive Capacity from Natural History: Examples from Four Species of Corvids", *Papers in Behavior and Biological Sciences* 13 (1996): 15, and Bedneko , P. A., et al., "Long-Term Spatial Memory in Four Seed Caching Corvid Species", *Animal Behaviour* 53, no. 2 (1997): 335~341.

16. De Kort, S. R., and N. S. Clayton, "An Evolutionary Perspective on Caching by Corvids", *Proceedings of the Royal Society B: Biological Sciences* 273, no. 1585 (2006): 417~423.

17. Bedneko , P. A., and R. P. Balda, "Observational Spatial Memory in Clark's Nutcrackers and Mexican Jays", *Animal Behaviour* 52, no. 4 (1996): 833~839.

18. Dally, J. M., N. J. Emery, and N. S. Clayton, "Food-Caching Western Scrub-Jays Keep Track of Who Was Watching When", *Science* 312, no. 5780 (2006): 1662~1665. and Grodzinski, U., and N. S. Clayton, "Problems Faced by Food-Caching Corvids and the Evolution of Cognitive Solutions", *Philosophical Transactions of the Royal Society B: Biological Sciences* 365, no. 1542 (2010): 977~987.

19. Anderson, C., G. Theraulaz, and J. L. Deneubourg, "Self-Assemblages in Insect Societies", *Insectes Sociaux* 49, no. 2 (2002): 99~110.

20. Cheney, D. L., and R. M. Seyfarth, *Baboon Metaphysics: The Evolution of a Social Mind* (Chicago: University of Chicago Press, 2007).

21. Tomasello, M., and J. Call, *Primate Cognition* (New York: Oxford University Press, 1997).

22. Tennie, C., J. Call, and M. Tomasello, "Evidence for Emulation in Chimpanzees in Social Settings Using the Floating Peanut Task", *PLoS ONE* 5, no. 5 (2010): e10544. and Hanus, D., et al., "Comparing the Performances of Apes (*Gorilla gorilla*, *Pan troglodytes*, *Pongo pygmaeus*) and Human Children (*Homo sapiens*) in the Floating Peanut Task", *PLoS ONE* 6, no. 6 (2011): e19555.

23. Pilley, J. W., and A. K. Reid, "Border Collie Comprehends Object Names as Verbal Referents", *Behavioural Processes* 86 (2011): 184~195.

24. Erdőhegyi, Á., et al., "Dog-Logic: Inferential Reasoning in a Two-way Choice Task and Its Restricted Use", *Animal Behaviour* 74, no. 4 (2007): 725~737. and Aust, U., et al., "Inferential Reasoning by Exclusion in Pigeons, Dogs, and Humans", *Animal Cognition* 11, no. 4 (2008): 587~597.

25. Warden, C., and L. H. Warner, "The Sensory Capacities and Intelligence of Dogs, with a Report on the Ability of the Noted Dog 'Fellow' to Respond to Verbal Stimuli", *The Quarterly Review of Biology* 3, no. 1 (1928): 1~28.

26. 19세기 말 동물의 행동과 지능을 연구하는 분야에서는 개가 주인공이었다. 유럽에서 개 번식의 인기가 절정에 달한 덕분에 개가 과학자들과 극도로 친해졌다. 찰스 다윈도 광적인 사냥꾼이자 애견인이었다. 1836년 비글호와 함께 세계 일주를 마치고 돌아오자마자 다윈은 다운하우스에서 개들과 재회하고 크게 기뻐했다. 그는 개들과 거의 끊임없이 함께하며 여생을 보냈다(Townshend, E., *Darwin's Dogs: How Darwin's Pets Helped Form a World-Changing Theory of Evolution* [London: Frances Lincoln Ltd., 2009]). 그는 많은 시간 동안 개들을 관찰하고 지켜보면서 동물의 변이에 관한 생각을 정립했고(다음을 보라. Darwin, C., *The Variation of Animals and Plants under Domestication*, vol. 1 [London: John Murray, 1868]), 더 나아가 동물의 의사소통과 감정에 관한 생각도 명확히 했다(Darwin, C., *The Expression of the Emotions in Man and Animals* [John Murray, 1872]). 다윈의 동료인 조지 로메인스(George Romanes)는 두 권의 책을 통해서 동물 지능의 잠재력을 탐구했다. 이 책에서 로메인스는 다양한 개 전문가로부터 수집한 이야기들을 이어나갔다. 그는 동물 지능에 관한 개념들을 테스트하기 위해서는 실험을 해야 한다고 강조했지만, 이 동물 이야기 선집에서는 다양한 동물에게 인간 같은 능력이 있다고 보았다(Romanes, G. J., *Mental Evolution in Animals: With a Posthumous Essay on Instinct by Charles Darwin*, ed. C. Darwin [London: Kegan Paul, Trench, 1883]; and Romanes, G. J., *Animal Intelligence*, vol. 44 [London: Appleton, 1883]).

얼마 후 심리학이 과학의 한 영역으로 출범하자 개는 동물 지능 연구에서 거의 자취를 감추었다. 20세기 초에 미국 심리학자들은 간단하고 냉혹한 진실과 마주쳤다. 마음 같은 건 없으며, 있다 해도 무의미하다는 것이었다. 우리의 생각, 감정, 인식은 단지 자극에 대한 반응일 뿐이었다(다음을 보라. Hunt, *The Story of Psychology*). 로메인스의 "그저 그런 동물 이야기"와 프로이트의 미궁 같은 잠재의식을 구성하는 "은밀한 횡설수설"을 극도로 의심하는 분위기에서 학자들은 더 실질적이고, 더 측정할 수 있고, 더 **과학적인** 어떤 것을 요구했다.

마음 대신에 과학자들이 새롭게 '블랙박스'라 부르는 것만 존재했다. 그 안에 있는 회로는 중요하지 않았고, 버튼을 누르면 그 상자가 특정한 행동을 추진한다는 것을 알면 그뿐이었다. 행동주의라 불리는 이 새로운 과학이 1960년대까지 미국 심리학을 완전히 점령했다(다음을 보라. Watson, J., "Psychology as the Behaviorist Views It", *Psychological Review* 20 〔1913〕: 158~177〕. 아이러니하게도 행동주의의 출범을 돕고 개의 지능에 관한 과학적 관심을 짓누른 것은 러시아 과학자 이반 파블로프의 개 연구였다. 파블로프는 자신이 연구하고 있는 개들이 음식이 나오기도 전에 사육사를 보기만 하면 침을 흘리는 고약한 습관이 있음을 알아차렸다(다음을 보라. Hunt, *The Story of Psychology*). 이것을 설명하는 한 가지 방법은, 개들이 식사 시간이 다가오는 것을 알고 음식을 예상해서 침을 흘린다는 것이었다. 하지만 다른 설명도 가능했다. 음식을 가져오는 사람의 모습이 자극 역할을 해서 개들이 제어하지 못하는 자동적인 심리 반응을 일으킨다는 것이었다. 파블로프는 어떤 자극을 가해도(부저, 종소리, 플래시 불빛 등) 그에 대한 반응으로 개가 침을 흘릴 수 있음을 보여주었다. 미국 심리학자들이 파블로프의 개에 관해 알게 되었을 때, 좋은 과학에서는 행동을 심리학적으로 더 풍부하게 설명할 필요가 없다고 결론지었다.

당시에 가장 유명한 행동주의 심리학자였던 B. F. 스키너는 한 걸음 더 나아가 모든 동물의 모든 행동은 몇 개의 보편적인 학습 원리에 의해 설명될 수 있다고 주장했다. 그는 이렇게 썼다. "비둘기, 쥐, 원숭이, 누가 누구인가? 그건 중요하지 않다"(Skinner, B. F., "A Case History in Scienti c Method", *American Psychologist* 11, no. 5 〔1956〕:

221~233). 행동주의가 동물의 마음은 불필요하다고 보는 동안, 스키너는 쥐와 비둘기를 제외한 다른 동물에 관한 연구를 하찮게 보았다. 이 상황이 변하기 시작한 것은 1960년대와 1970년대에 인지주의 혁명이 자리를 잡으면서였다. 스키너의 보편적인 학습 법칙은 그가 인간 언어를 설명하려 할 때마다 오류를 연발했다. 신경과학자들과 컴퓨터 과학자들은 뇌가 어떻게 작동하는지, 그리고 컴퓨터를 어떻게 만들어야 하는지를 이해하고자 할 때 인지주의적 접근법이 훨씬 더 효과적이라는 것을 깨달았다. 야생에서 동물을 연구하는 과학자들은 지능의 징후를 너무 많이 본 탓에 동물도 우리와 비슷한 마음을 어떤 방식으로는 갖고 있을 가능성을 무시할 수가 없었다(다음을 보라. Beki, *The Cognitive Animal*). 하지만 개는 그 방정식에 들어가지 못했다. 동물 인지에 관심 있는 과학자들은 우리의 가까운 영장류 친척들에게 가장 많은 관심을 쏟았다. 제인 구달과 토시사다 니시다(Toshisada Nishida)는 야생 침팬지 사이에서 도구 사용, 도구 제작, 사냥, 치명적인 영역 공격의 증거를 최초로 발견했다(Goodall, J., *The Chimpanzees of Gombe: Patterns of Behavior* [Boston: Harvard University Press, 1986]; and Nishida, T., *Chimpanzees of the Lakeshore: Natural History and Culture at Mahale* [Cambridge, UK: Cambridge University Press, 2011]). 로버트 세이파스(Robert Seyfarth)와 도로시 채니(Dorothy Cheney)는 비빗원숭이의 경고음들이 실제로 구체적인 포식동물을 지칭한다는 사실을 발견했다(Cheney, D. L., and R. M. Seyfarth, *How Monkeys See the World: Inside the Mind of Another Species* [Chicago: University of Chicago Press, 1992]). 프랜스 드 왈(Frans de Wall)은 침팬지의 정치 생활을 구성하는 기만과 용서를 관찰했다(De Waal, F., *Chimpanzee Politics: Power and Sex Among Apes* [Baltimore: Johns Hopkins University Press, 2007]). 테츠로 마츠자와(Tetsuro Matsuzawa)와 샐리 보이센(Sally Boysen)은 침팬지의 수학적 능력을 측정했다(Boysen, S. T., and G. G. Berntson, "Numerical Competence in a Chimpanzee [Pan troglodytes]", *Journal of Comparative Psychology* 103, no. 1 [1989]: 23~31; and Kawai, N., and T. Matsuzawa, "Cognition: Numerical Memory Span in a

Chimpanzee", *Nature* 403, no. 6765 [2000]: 39~40). 수 새비지-럼 보는 보노보인 칸지에게 기호 언어를 가르쳤고(다음을 보라. Savage-Rumbaugh, "Language Comprehension"), 마이크 토마셀로, 조지프 콜(Josep Call), 앤드루 휘튼(Andrew Whiten)은 관찰과 실험을 통해서 침팬지가 문화적 혁신을 전달할 줄 아는지를 테스트했다(Whiten, A., et al., "Cultures in Chimpanzees", *Nature* 399, no. 6737 [1999]: 682~685; and Whiten, A., V. Horner, and F. B. M. de Waal, "Conformity to Cultural Norms of Tool Use in Chimpanzees", *Nature* 437, no. 7059 [2005]: 737~740; and Call, J. E., and M. E. Tomasello, *The Gestural Communication of Apes and Monkeys* [Psychology Press, 2007]; and Tennie, C., J. Call, and M. Tomasello "Ratcheting Up the Ratchet: On the Evolution of Cumulative Culture", *Philosophical Transactions of the Royal Society B: Biological Sciences* 364, no. 1528 [2009]: 2405~2015). 원숭이가 세계를 어떻게 보는지, 그리고 그들도 인간의 그늘에서 사는지에 대한 관심이 폭발했다. 결국 영장류에 대한 이러한 관심은 돌고래, 앵무새, 까마귀 같은 카리스마 있는 대형 동물상에 대한 인지 연구로 흘러들어갔다 (Beko, *The Cognitive Animal*; and Shettleworth, S. J., *Cognition, Evolution, and Behavior* [Oxford and New York: Oxford University Press, 2009]; and Míklósi, Á., *Dog Behaviour, Evolution, and Cognition* [New York: Oxford University Press, 2007], 274).

27. Hare, B., J. Call, and M. Tomasello, "Communication of Food Location Between Human and Dog (*Canis familiaris*)", *Evolution of Communication* 2, no. 1 (1998): 137~159.

28. Miklósi, Á., et al., "Use of Experimenter-Given Cues in Dogs", *Animal Cognition* 1, no. 2 (1998): 113~121.

29. 다음을 보라. Míklósi, *Dog Behaviour, Evolution, and Cognition*.

2 늑대 사건

1. VonHoldt, B., et al., "Genome-wide SNP and Haplotype Analyses Reveal a Rich History Underlying Dog Domestication", *Nature* 464,

no. 7290 (2010): 898~902. and Wayne, R. K., and E. A. Ostrander, "Lessons Learned from the Dog Genome", *Trends in Genetics* 23, no. 11 (2007): 557~567. and Morey, D., *Dogs: Domestication and the Development of a Social Bond* (Cambridge, UK: Cambridge University Press, 2010).

2. Mech, L. D., *The Wolf: The Ecology and Behavior of an Endangered Species*, ed. American Museum of Natural History. Originally published for the American Museum of Natural History (Garden City, N.Y.: Natural History Press, 1970). and Mech, D., "Canis Lupus", *Mammalian Species* 37 (1974): 1~6. and Clutton-Brock, J., "Man-Made Dogs", *Science* 197, no. 4311 (1977): 1340~1342. and Serpell, J. A., and E. Paul, "Pets in the Family: An Evolutionary Perspective". In *The Oxford Handbook of Evolutionary Family Psychology*, eds. C. Salmon and T. Shackelford (New York: Oxford University Press, 2011).

3. Wallner, A., "The Role of Fox, Lynx and Wolf in Mythology", *KORA Bericht* 3 (1998).

4. Boitani, L. "Wolf Conservation and Recovery". In *Wolves: Behavior, Ecology, and Conservation*, eds. L. D. Mech and L. Boitani (Chicago: University of Chicago Press, 2003), 317~340

5. *The IUCN Red List of Threatened Species*-Canis lupus. 2012 (cited 2012; available from www.iucnredlist.org/apps/redlist/details/3746/0).

6. Fritts, S. H., R. O. Stephenson, R. D. Hayes, and L. Boitani, "Wolves and Humans". *In Wolves: Behavior, Ecology, and Conservation*, 289~316.

7. Walker, B. L., *The Lost Wolves of Japan* (Seattle: University of Washington Press, 2005).

8. Fritts, S. H., R. O. Stephenson, R. D. Hayes, and L. Boitani, "Wolves and Humans". In *Wolves: Behavior, Ecology, and Conservation*, 289~316.

9. Idaho Legislative Wolf Oversight Committee, *Idaho Wolf Conservation*

and Management Plan (2002).

10. ed. Fagan, B. M., *The Complete Ice Age: How Climate Change Shaped the World* (London: Thames & Hudson, 2009).

11. Tedford, R. H., X. Wang, and B. E. Taylor, "Phylogenetic Systematics of the North American Fossil Caninae (*Carnivora: Canidae*)", *Bulletin of the American Museum of Natural History* 325, (2009): 1~218.

12. Miller, W. E., and O. Carranza-Castañeda, "Late Tertiary Canids from Central Mexico", *Journal of Paleontology* 72, no. 3 (1998): 546~556.

13. 다음을 보라. Fagan, *The Complete Ice Age*.

14. 다음을 보라. *The IUCN Red List*.

15. 다음을 보라. Fagan, *The Complete Ice Age*.

16. Wang, X., and R. H. Tedford, *Dogs: Their Fossil Relatives and Evolutionary History* (New York: Columbia University Press, 2008).

17. 다음을 보라. Wang and Tedford, *Dogs*.

18. Agustí, J., and M. Antón, *Mammoths, Sabertooths, and Hominids: 65 Million Years of Mammalian Evolution in Europe* (New York: Columbia University Press, 2002).

19. 다음을 보라. Wang and Tedford, *Dogs*.

20. Azzaroli, A., "Quaternary Mammals and the 'End-Villafranchian' Dispersal Event—A Turning Point in the History of Eurasia", *Palaeogeography, Palaeoclimatology, Palaeoecology* 44 (1983): 117~139.

21. 다음을 보라. Agustí and Antón, *Mammoths, Sabertooths, and Hominids*. and Turner, et al., "The Giant Hyaena, *Pachycrocuta brevirostris* (Mammalia, Carnivora, Hyaenidae)", *Geobios* 29, no. 4 (1996): 455~468.

22. Schrenk, F., and S. Müller, *The Neanderthals* (London, New York: Routledge, 2009).

23. Vekua, A., et al., "A New Skull of Early Homo from Dmanisi,

Georgia", *Science* 297, no. 5578 (2002): 85~89.

24. 다음을 보라. Fagan, *The Complete Ice Age.*

25. Barton, M. et al., *Wild New World: Recreating Ice-Age North America* (London: BBC Books, 2002).

26. Churchill, S. *Thin on the Ground.* At press.

27. Turner, A., *The Big Cats and Their Fossil Relatives* (New York: Columbia University Press, 1997). and Leonard, J. A., et al., "Megafaunal Extinctions and the Disappearance of a Specialized Wolf Ecomorph", *Current Biology* 17, no. 13 (2007): 1146~1150.

28. Gonyea, W. J., "Behavioral Implications of Saber-toothed Felid Morphology", *Paleobiology* 2, no. 4 (1976): 332~342.

29. Ibid.

30. 다음을 보라. Schrenk and Müller, *The Neanderthals.*

31. 다음을 보라. Ibid.

32. 다음을 보라. Churchill, *Thin on the Ground.*

33. Ponce de León, M. S., et al., "Neanderthal Brain Size at Birth Provides Insights into the Evolution of Human Life History", *Proceedings of the National Academy of Sciences* 105, no. 37 (2008), 13764~13768.

34. Green, R. E., et al., "Analysis of One Million Base Pairs of Neanderthal DNA", *Nature* 444, no. 7117 (2006), 330~336. and Yotova, V., et al., "An X-linked Haplotype of Neandertal Origin Is Present Among All Non-African Populations", *Molecular Biology and Evolution* 28, no. 7 (2011): 1957~1962.

35. Gilligan, I., "Neanderthal Extinction and Modern Human *Behaviour*: The Role of Climate Change and Clothing", *World Archaeology* 39, no. 4 (2007): 499~514. and Mellars, P., "Neanderthals and the Modern Human Colonization of Europe", *Nature* 432, no. 7016 (2004): 461~465. and Horan, R. D., E. Bulte, and J. F. Shogren, "How trade saved humanity from Biological Exclusion: An economic theory of Neanderthal Extinction", *Journal of Economic Behavior &*

Organization 58, no. 1 (2005): 1~29.

36. Berger, T. D., and E. Trinkaus. "Patterns of Trauma Among the Neandertals", *Journal of Archaeological Science* 22, no. 6 (1995): 841~852

37. 다음을 보라. Schrenk and Müller, *The Neanderthals*.

38. 다음을 보라. Churchill, *Thin on the Ground*.

39. 다음을 보라. Schrenk and Müller, *The Neanderthals*.

40. Karanth, K. U., et al., "Tigers and Their Prey: Predicting carnivore densities from Prey Abundance", *Proceedings of the National Academy of Sciences* 101, no. 14 (2004): 4854~4858.

41. Tedford, et al., "Phylogenetic Systematics".

42. Sotnikova, M., and L. Rook. "Dispersal of the Canini (Mammalia, Canidae: Caninae) Across Eurasia During the Late Miocene to Early Pleistocene", *Quaternary International* 212, no. 2 (2010): 86~97.

43. Mech, "Canis Lupus". and Clutton-Brock, "Man-made Dogs" and Serpell and Paul, "Pets in the Family".

44. 다음을 보라. Mech, "Canis Lupus".

45. 다음을 보라. Mech, *The Wolf.*

46. 다음을 보라. Míklósi, *Dog Behaviour, Evolution, and Cognition.*

47. Peterson, R. O., and P. Ciucci, "The Wolf as a Carnivore". In *Wolves: Behavior, ecology, and conservation*, 104~130.

48. Van Valkenburgh, B., "Iterative Evolution of Hypercarnivory in Canids (Mammalia: Carnivora): Evolutionary Interactions Among Sympatric Predators", *Paleobiology* 17, no. 4 (1991): 340~362. and Palmqvist, P., A. Arribas, B. Martínez-Navarro, "Ecomorphological Study of Large Canids from the Lower Pleistocene of Southeastern Spain", *Lethaia* 32, no. 1 (1999): 75~88.

49. Carbone, C., and J. L. Gittleman, "A Common Rule for the Scaling of Carnivore Density", *Science* 295, no. 5563 (2002): 2273 ~2276.

50. Koler-Matznick, J., "The Origin of the Dog Revisited", *Anthrozoös*

15, no. 2 (2002): 98~118.

51. 다음을 보라. Peterson and Ciucci, "The Wolf as a Carnivore".

52. 다음을 보라. Peterson and Ciucci, "The Wolf as a Carnivore".

53. 다음을 보라. Morey, Dogs. and Davis, S. J. M., and F. R. Valla, "Evidence for Domestication of the Dog 12,000 Years Ago in the Natu an of Israel", *Nature* 276, no. 608 (1978): 608~610.

54. Davis and Valla, "Evidence for Domestication". and Bar-Yosef, O., "The Natu an Culture in the Levant, Threshold to the Origins of Agriculture", *Evolutionary Anthropology: Issues, News, and Reviews* 6, no. 5 (1998): 159~177.

55. 다음을 보라. Morey, Dogs. and Davis and Valla, "Evidence for Domestication". 그리고 많은 연구팀이 유전자 기법을 사용해서 개가 최초로 가축화된 지역을 밝혀왔다. (Larson, G., et al., "Rethinking Dog Domestication by Integrating Genetics, Archeology, and Biogeography", *Proceedings of the National Academy of Sciences* 109, no. 23 [2012]: 8878~8883). 미토콘드리아 DNA를 이용해서 개가 동아시아에서 가축화되었음이 처음으로 제시되었다. (Savolainen, P., et al., "Genetic Evidence for an East Asian Origin of Domestic Dogs", *Science* 298, no. 5598 [2002]: 1610~1613). 다음으로, 세포핵의 DNA를 이용해서 단일 염기 변형(SNP)을 분석한 결과로 개가 중동에서 가축화되었음이 처음으로 제시되었다. (다음을 보라. vonHoldt, "Genome-wide SNP and Haplotype Analyses"). 하지만 최근에 유전학, 생물지리학, 고고학의 데이터를 검토한 결과, 유전자 기법으로는 개의 기원이 한 지역이라고 말하기 어렵다는 것이 밝혀졌다. 따라서 개가 몇몇 지역에서 (아마도 유라시아 전역에서), 여러 시대에 발생했을 가능성은 여전히 남아 있다. 또한 미래의 유전자 기법으로 유전체를 전체적으로 비교하면 개가 최초로 가축화된 곳이 어디인지를 밝혀내는 것도 가능하다(다음을 보라. Larson, "Rethinking Dog Domestication").

56. 다음을 보라. Morey, *Dogs*.

1. Rosenberg, K., and W. Trevathan, "Birth, Obstetrics and Human Evolution", *BJOG: An International Journal of Obstetrics and Gynaecology* 109, no. 11 (2002): 1199~1206.

2. Herrmann, E., et al., "Humans Have Evolved Specialized Skills of Social Cognition: The Cultural Intelligence Hypothesis", *Science* 317, no. 5843 (2007): 1360~1366. and Herrmann, E., et al., "The Structure of Individual Differences in the Cognitive Abilities of Children and Chimpanzees", *Psychological Science* 21, no. 1 (2010): 102~110.

3. Carpenter, M., et al., "Social Cognition, Joint Attention, and Communicative Competence from 9 to 15 Months of Age", *Monographs of the Society for Research in Child Development* 63, no. 4 (1998): 1~143. and Tomasello, M. "Joint Attention as Social Cognition". *In Joint Attention: Its Origins and Role in Development*, eds. C. Moore and P. J. Dunham (Psychology Press, 1995), 103~130.

4. Behne, T., M. Carpenter, and M. Tomasello, "One-Year-Olds Comprehend the Communicative Intentions Behind Gestures in a Hiding Game", *Developmental Science* 8, no. 6(2005): 492~499. and Tomasello, M., "Having Intentions, Understanding Intentions, and Understanding Communicative Intentions". In *Developing Theories of Intention: Social Understanding and Self-Control*, eds. P. D. Zelazo, J. W. Astington, and D. R. Olson (Psychology Press, 1999), 63~75. and Csibra, G., and G. Gergely, "Natural Pedagogy", *Trends in Cognitive Sciences* 13, no. 4 (2009): 148~153.

5. 다음을 보라. Ibid. and Tomasello, M., et al., "Understanding and Sharing Intentions: The Origins of Cultural Cognition", *Behavioral and Brain Sciences* 28, no. 5 (2005): 675~690.

6. Boria, S., et al., "Intention Understanding in Autism", *PLoS*

ONE 4, no. 5 (2009), e5596. and Carpenter, M., M. Tomasello, and T. Striano, "Role Reversal Imitation and Language in Typically Developing Infants and Children with Autism" *Infancy* 8, no. 3 (2005): 253~278. and Pelphrey, K. A., J. P. Morris, and G. McCarthy, "Neural Basis of Eye Gaze Processing De cits in Autism", *Brain* 128, no. 5 (2005): 1038~1048. and Prothmann, A., C. Ettrich, and S. Prothmann, "Preference for, and Responsiveness to, People, Dogs and Objects in Children with Autism", Anthrozoös 22, no. 2 (2009): 161~171.

7. 다음을 보라. Tomasello, "Having Intentions, Understanding Intentions". and Hare, B., and M. Tomasello, "Chimpanzees Are More Skilful in Competitive than in Cooperative Cognitive Tasks", *Animal Behaviour* 68, no. 3 (2004): 571~581.

8. Prüfer, K., et al., "The Bonobo Genome Compared with the Chimpanzee and Human Genomes", *Nature* 486, no. 7407 (2012): 527~531.

9. Wrangham, R., and D. Pilbeam, "African Apes as Time Machines". In *All Apes Great and Small*, Vol. 1: African Apes, eds. B. M. F., Galdikas, et al. (New York: Kluwer Academic, 2002): 5~17. and Hare, B., "From Hominoid to Hominid Mind: What Changed and Why?" *Annual Review of Anthropology* 40, no. 1 (2011): 293~309.

10. 다음을 보라. Tomasello, "Having Intentions, Understanding Intentions". and Tomasello, M., A. C. Kruger, and H. H. Ratner, "Cultural learning", *Behavioral and Brain Sciences* 16, no. 3 (1993): 495~511.

11. 다음을 보라. Call, *The Gestural Communication*. and Liebal, K., and J. Call, "The Origins of Non-Human Primates' Manual Gestures", *Philosophical Transactions of the Royal Society B: Biological Sciences* 367, no. 1585 (2012): 118~128. and Pollick, A. S., and F. B. M. de Waal, "Ape Gestures and Language Evolution", *Proceedings of the National Academy of Sciences*

104, no. 19 (2007): 8184~8189. and Leavens, D. A., and W. D. Hopkins, "Intentional Communication by Chimpanzees: A Cross-Sectional Study of the Use of Referential Gestures", *Developmental Psychology* 34, no. 5 (1998), 813~822.

12. Anderson, J. R., P. Sallaberry, and H. Barbier, "Use of Experimenter-Given Cues During Object-Choice Tasks by Capuchin Monkeys", *Animal Behaviour* 49, no. 1 (1995): 201~208.

13. Call, J., B. A. Hare, and M. Tomasello, "Chimpanzee Gaze Following in an Object-Choice Task", *Animal Cognition* 1, no. 2 (1998): 89~99. and Agnetta, B., B. Hare, and M. Tomasello, "Cues to Food Location That Domestic Dogs (*Canis familiaris*) of Different Ages Do and Do Not Use", *Animal Cognition* 3, no. 2 (2000): 107~112.

14. Povinelli, D. J., et al., "Exploitation of Pointing as a Referential Gesture in Young Children, but not Adolescent Chimpanzees", *Cognitive Development* 12, no. 4 (1997): 423~461.

15. 이와 똑같은 유형의 문제에 대한 자연발생적인 기술을 보인 유일한 침팬지는 인간에게 심하게 노출되어 양육된 개체들이었다. (다음을 보라. Call, Hare, and Tomasello, "Chimpanzee Gaze Following"; and Tomasello, M., and J. Call, "The Role of Humans in the Cognitive Development of Apes Revisited", *Animal Cognition* 7, no. 4 [2004]: 213~215; and Call, J., B. Agnetta, and M. Tomasello, "Cues That Chimpanzees Do and Do Not Use to Find Hidden Objects", *Animal Cognition* 3, no. 1 [2000]: 23~34)

16. Tomasello, M., and J. Call, "Assessing the Validity of Ape-Human Comparisons: A Reply to Boesch (2007)", *Journal of Comparative Psychology* 122, no. 4 (2008): 449~452.

17. Martin, P. R., and P. Bateson, *Measuring Behaviour: An Introductory Guide* (Cambridge, UK: Cambridge University Press, 1993).

18. Morgan, C. L., *An Introduction to Comparative Psychology*, new edition, revised (London: Walter Scott Publishing, 1914).

19. Visalberghi, E., and L. Limongelli. "Lack of Comprehension of Cause, Effect Relations in Tool-Using Capuchin Monkeys (Cebus apella)", *Journal of Comparative Psychology* 108, no. 1 (1994): 15~22.

20. Ibid.

21. 다음을 보라. Morgan, *An Introduction to Comparative Psychology*, 59.

22. Miller, H. C., R. Rayburn-Reeves, and T. R. Zentall, "Imitation and Emulation by Dogs Using a Bidirectional Control Procedure", *Behavioural Processes* 80, no. 2 (2009): 109~114.

23. 다음을 보라. Hare, Call, and Tomasello, "Communication of Food Location".

24. 이건 한 수업 안에서 시행들끼리의 실험이기 때문에 우리는 음식을 컵에 교대로 숨겼고, 또한 각각의 컵에 진짜 미끼와 가짜 미끼를 교대로 숨겼다. 우리는 한 컵에 계속 음식을 숨기지 않았다.

25. 이것은 우리의 도그니션 연구에 대해서 사람들이 항상 가장 먼저 던지는 질문이며, 우리의 질문이기도 했다. 개가 멀리서 냄새로 음식을 찾는다면, 유아에 맞춰 고안된 게임을 개에게 실험할 순 없을 것이다. 따라서 많은 과학자가 이 문제를 조사했고, 모든 과학자가 똑같은 해답을 찾아냈다. 처음 선택(보통 인지 테스트를 할 때 우리가 고려하는 유일한 조건)할 때 개들은 항상 무작위 수준으로 성적을 낸다. 각기 다른 7개의 연구팀이 12번 이상 실험하면, 이 상황에서 개, 늑대, 여우는 첫 번째 선택에서 숨겨진 음식을 찾지 못한다. (다음을 보라. Hare, Call, and Tomasello, "Communication of Food Location"; and Anderson, Sallaberry, and Barbier, "Use of Experimenter-Given Cues"; and Agnetta, Hare, and Tomasello, "Cues to Food Location"; and Hare, B., J. Call, and M. Tomasello, "Do Chimpanzees Know What Conspecifics Know?" *Animal Behaviour* 61, no. 1 [2001]: 139~151; and Hare, B., et al., "Social Cognitive Evolution in Captive Foxes Is a Correlated By-product of Experimental Domestication", *Current Biology*

15, no. 3 [2005]: 226~230; and Miklósi, A., et al., "Intentional Behaviour in Dog-Human Communication: An Experimental Analysis of 'Showing' Behaviour in the Dog", *Animal Cognition* 3, no. 3 [2000]: 159~166; and McKinley, J., and T. D. Sambrook, "Use of Human-Given Cues by Domestic Dogs [*Canis familiaris*] and Horses [*Equus caballus*]", *Animal Cognition* 3, no. 1 [2000]: 13~22; and Szetei, V., et al., "When Dogs Seem to Lose Their Nose: An Investigation on the Use of Visual and Olfactory Cues in Communicative Context Between Dog and Owner", *Applied Animal Behaviour Science* 83, no. 2 [2003]: 141~152; and Bräuer, J., et al., "Making Inferences About the Location of Hidden Food: Social Dog, Causal Ape", *Journal of Comparative Psychology* 120, no. 1 [2006]: 38~47; and Udell, M. A., R. F. Giglio, and C. D. L. Wynne, "Domestic Dogs [*Canis familiaris*] Use Human Gestures but Not Nonhuman Tokens to Find Hidden Food", *Journal of Comparative Psychology* 122, no. 1 [2008]: 84~93; and Ittyerah, M., and F. Gaunet, "The Response of Guide Dogs and Pet Dogs [*Canis familiaris*] to Cues of Human Referential Communication [Pointing and Gaze]", *Animal Cognition* 12, no. 2 [2009]: 257~265; and Hauser, M. D., et al., "What Experimental Experience Affects Dogs' Comprehension of Human Communicative Actions?" *Behavioural Processes* 86, no. 1 [2011]: 7~20; and Riedel, J., et al., "Domestic Dogs [*Canis familiaris*] Use a Physical Marker to Locate Hidden Food", *Animal Cognition* 9, no. 1 [2006]: 27~35; and Riedel, J., et al., "The Early Ontogeny of Human-Dog Communication", *Animal Behaviour* 75, no. 3 [2008]: 1003~1014)

심지어 10여 차례나 시행을 해서 개들이 음식의 냄새를 익힐만했을 때도 그러지 못한다. (다음을 보라. Hare, B., et al., "The Domestication of Social Cognition in Dogs", *Science* 298, no. 5598 [2002]: 1634~1636). 수백 번 실험하면 겨우 몇 마리만이 이 유형의 제어에

서 무작위 확률 이상의 성적을 올린다. (이것도 무작위다. 확률상 5퍼센트는 무작위 이상의 성적을 올리기 때문이다. 다음을 보라. Riedel, "Domestic Dogs [Canis familiaris] Use a Physical Marker"). 이러한 테스트에서 냄새의 사용을 더욱 강하게 배제하는 제어 조건이 추가되었다. 한 컵에 음식이 숨겨지는 것처럼 개에게 보여준 뒤 모르는 사이에 다른 컵에 음식을 숨겼을 때 개들은 실제로 숨겨진 컵이 아니라 눈으로 본 컵으로 다가갔다(88퍼센트). (다음을 보라. Szetei, et al., "When Dogs Seem to Lose") 마지막으로, 사람이 한 컵을 가리키는데 양쪽 컵에 모두 음식이 있을 때도(또는 음식 냄새가 날 때. 두 장소에서 똑같이 냄새가 나게 하는 단계를 거쳤기 때문에), 개들은 가리키기 단서를 사용해서 음식을 찾았다. (다음을 보라. Szetei, et al., "When Dogs Seem to Lose"; and Hauser, "What Experimental Experience A ects"). 개들이 후각 정보를 이용해서 성공하는 유일한 경우는, 숨겨진 두 장소를 몇 센티미터 거리 이내로 가까이 조사한 다음 원위치로 돌아와서 선택할 때다(이 경우에는 성공한다). 하지만 소시지처럼 냄새가 강한 음식을 사용해서 후각 단서를 사용하게끔 의도적으로 도와주면 무작위보다 약간 높은 확률로 성공한다(60퍼센트 성공률, 다음을 보라. Szetei, et al., "When Dogs Seem to Lose")

26. 다음을 보라. Riedel, et al., "The Early Ontogeny", 생후 6주 된 어린 강아지들도 똑같은 기술을 보여준다. and Lakatos, G., et al., "Comprehension and Utilization of Pointing Gestures and Gazing in Dog-Human Communication in Relatively Complex Situations", *Animal Cognition* 15, no. 2 (2012): 201~213. 개들이 음식이 숨겨진 4개의 장소 중 하나를 선택할 때 가리키기 몸짓을 사용한다는 것을 보여준다.

27. 개들은 첫 번째 시행에서 인간의 몸짓을 가장 많이 사용하고(예를 들어, 다음을 보라. Hauser, "What Experimental Experience Affects") 해당 실험이 진행되는 동안 성적이 향상되지 않는 경향이 있다. 개들은 실험 전반부와 후반부에 비슷하게 정확히 선택한다(다음을 보라. Hare, Call, and Tomasello, "Communication of Food Location"; and Riedel, et al., "The Early Ontogeny"; and Hare, et al., "The

Domestication of Social Cognition"; and Lakatos, G., et al., "A Comparative Approach to Dogs' [*Canis familiaris*] and Human Infants' Comprehension of Various Forms of Pointing Gestures", *Animal Cognition* 12, no. 4 [2009]: 621~631; and Hare, B., and M. Tomasello, "Domestic Dogs [*Canis familiaris*] Use Human and Conspeci c Social Cues to Locate Hidden Food", *Journal of Comparative Psychology* 113, no. 2 [1999]: 173~177).

28. 후속 연구들에서 밝혀진 바에 따르면, 개들은 정확한 컵을 향해 '절'을 하거나 허리를 30도 굽힌다. 또한 정확한 컵을 향해 '고갯짓'을 하거나 시선을 준 다음, '이거야'라고 말하듯이 머리를 끄덕인다(다음을 보라. Anderson, Sallaberry, and Barbier, "Use of Experimenter-Given Cues"; and Udell, Giglio, and Wynne, "Domestic Dogs").

29. Miklósi, Á., and K. Soproni, "A Comparative Analysis of Animals' Understanding of the Human Pointing Gesture", *Animal Cognition* 9, no. 2 (2006): 81~93.

30. 다음을 보라. Hare and Tomasello, "Domestic Dogs".

31. 그 후로 다른 연구팀들도 비슷한 결과를 얻었다. 다음을 보라. Anderson, Sallaberry, and Barbier, "Use of Experimenter-Given".

32. 다음을 보라. Hare and Tomasello, "Domestic Dogs".

33. 실험자는 블록을 놓을 때 스티로폼을 사용해서 개의 시야를 가렸다. 개들이 본 것은 블록이 가리개 뒤로 가기 전에 실험자가 블록을 들고 있는 것뿐이었다. 그런 뒤 가리개가 제거되면 개들은 선택할 수 있었다. 이번에도 개들은 블록이 있는 컵을 강하게 선호했다(다음을 보라. Agnetta, Hare, and Tomasello, "Cues to Food Location"). 하지만 다른 팀이 후에 수행한 연구에서는 이 특별한 이동 제어가 재현되지 않았다(다음을 보라. Riedel, et al., "The Early Ontogeny").

34. 다음을 보라. Hare, et al., "The Domestication of Social Cognition in Dogs".

35. 다음을 보라. Call, Hare, and Tomasello, "Chimpanzee Gaze Following".

36. Soproni, K., et al., "Comprehension of Human Communicative

Signs in Pet Dogs (*Canis familiaris*)", *Journal of Comparative Psychology* 115, no. 2 (2001): 122~126.

37. Soproni, K., et al., "Dogs' (Canis familiaris) Responsiveness to Human Pointing Gestures", *Journal of Comparative Psychology* 116, no. 1 (2002): 27~34. 개들은 무생물체가 주는 단서를 무시한다. 사람이 막대기로 컵을 가리키거나 컵을 향해 뻗은 팔에 아기 인형이나 봉제 동물이 있으면 개들은 이 신호를 무시한다. 개들은 또한 의사소통과 무관한 인간 행동, 예를 들어 컵을 향해 어깻짓하기, 머리 기울이기, 팔꿈치로 가리키기를 무시한다(다음을 보라. Udell, Giglio, and Wynne, "Domestic Dogs"; and Hauser, et al., "What Experimental Experience A ects"). 하지만 의사소통적임에도 개들이 대부분 사용하지 못하는 두 가지 단서가 있다. 만약 시선이 머리 움직임과 같은 방향이 있지 않으면, 거의 모든 개가 시선의 변화를 자연발생적으로 사용하지 못했다. 또한 손을 배꼽 위에 놓고 검지만 뻗을 때도 가리키기 동작을 사용하지 못했다. 이 두 가지 의사소통 단서는 너무 미묘해서 대부분의 개가 믿음직스럽게 사용하지 못한다(다음을 보라. Hare, Call, and Tomasello, "Communication of Food Location"; and Hare, Call, and Tomasello, "Do Chimpanzees Know"; and Soproni, et al., "Comprehension of Human Communicative Signs").

38. 훈련받은 침팬지는 사람의 시선을 쫓아 숨겨진 음식을 찾는 법을 배우지만, 사람이 컵을 보는지 그 위를 보는지와 상관없이 시선을 이용한다. 반면에 유아는 사람이 숨겨진 장소를 응시하는 것에만 반응한다(다음을 보라. Soproni, et al., "Comprehension of Human Communicative Signs").

39. Téglás, E., et al., "Dogs' Gaze Following Is Tuned to Human Communicative Signals", *Current Biology* 22, no. 3 (2012): 209~212.

40. 다음을 보라. Bräuer, et al., "Making Inferences About", and Kupán, K., et al., "Why Do Dogs (Canis familiaris) Select the Empty Container in an Observational Learning Task?" *Animal Cognition* 14, no. 2 (2010), 259~268. and Hauser, et al., "What Experimental

Experience". 하지만 다음을 보라. Kaminski, J., L. Schulz, and M. Tomasello, "How Dogs Know When Communication Is Intended for Them", *Developmental Science* 15, no. 2 (2011): 222~232.

41. Wrangham, R., et al., "Chimpanzee Predation and the Ecology of Microbial Exchange", *Microbial Ecology* in Health and Disease 12, no. 3 (2000), 186~188.

42. 다음을 보라. Agnetta, Hare, and Tomasello, "Cues to Food Location That Domestic Dogs". and Hare, et al., "The Domestication of Social Cognition in Dogs". and Agnetta, Hare, and Tomasello, "Cues to Food Location That Domestic Dogs".

43. 다음을 보라. Hare, et al., "The Domestication of social Cognition in Dogs".

44. 다음을 보라. Riedel, et al., "The Early Ontogeny". and Gácsi, M., et al., "Explaining Dog Wolf Differences in Utilizing Human Pointing Gestures: Selection for Synergistic Shifts in the Development of Some Social Skills", *PLoS ONE* 4, no. 8 (2009): e6584.

45. Gácsi, M., et al., "The Effect of Development and Individual Differences in Pointing Comprehension of Dogs", *Animal Cognition* 12, no. 3 (2009): 471~479.

46. 이 연구에는 다양한 품종의 개가 포함되어 있다. 하지만 현재의 연구에 의하면, 개는 모두 똑같지 않으며 양육의 역사로는 기술의 차이가 잘 설명되지 않는다. (하지만 다음에 있는 양육의 영향에 관한 논쟁을 보라. Udell, M. A. R., N. R. Dorey, and C. D. L. Wynne, "Wolves Outperform Dogs in Following Human Social Cues", *Animal Behaviour* 76, no. 6 [2008]: 1767~1773; and Wynne, C. D. L., M. A. R. Udell, and K. A. Lord, "Ontogeny's Impacts on Human-Dog Communication", *Animal Behaviour* 6, no. 8 [2008]: 1~6; and Hare, B., et al., "The Domestication Hypothesis for Dogs' Skills with Human Communication: A Response to Udell et al. [2008] and Wynne et al. [2008]". *Animal Behaviour* 79, no. 2 [2010]: e1~e6)

47. 다음을 보라. Hare, et al., "The Domestication Hypothesis for Dogs' Skills". 하지만 다음을 보라. Barrera, G., A. Mustaca, and M. Bentosela, "Communication Between Domestic Dogs and Humans: E ects of Shelter Housing upon the Gaze to the Human", *Animal Cognition* 14, no. 5 (2011): 727~734. and Udell, M. A. R., N. R. Dorey, and C. D. L. Wynne, "The Performance of Stray Dogs (Canis familiaris) Living in a Shelter on Human-Guided Object-Choice Tasks", *Animal Behaviour* 79, no. 3 (2010): 717~725.

48. 다음을 보라. Agnetta, Hare, and Tomasello, "Cues to Food Location That Domestic Dogs". and Riedel, "Domestic Dogs (*Canis familiaris*) Use a Physical Marker".

49. 다음을 보라. Riedel, et al., "The Early Ontogeny".

50. 다음을 보라. McKinley, "Use of Human Given Cues by Domestic".

51. 다음을 보라. Udell, Giglio, and Wynne, "Domestic dogs (*Canis familiaris*) Use Human Gestures". and Riedel, et al., "The Early Ontogeny".

52. 다음을 보라. Hare and Tomasello, "Domestic Dogs (*Canis familiaris*) Use Human".

53. 다음을 보라. Hare, et al., "The Domestication of Social Cognition". and Frank, H., et al., Motivation and Insight in Wolf (*Canis lupus*) and Alaskan Malamute (*Canis familiaris*): Visual Discrimination Learning". *Bulletin of the Psychonomic Society* 27, no. 5 (1989): 455~458.

54. 다음을 보라. Agnetta, Hare, and Tomasello, "Cues to Food Location That Domestic Dogs".

55. 보호소 Wolf Hollow에 관한 자세한 정보는 다음 사이트를 방문하라. www.wol ollowipswich.org.

56. 새끼일 때 모든 늑대는 인간 가정에 생후 10일에 입양되고 한 배 형제들 및 사람들과 생후 5주까지 상호작용했다. 생후 5주가 되었을 때 늑대들은 어미와 함께 울타리에서 지냄으로써 매일 사람들과 상호작용을 계속할 수 있었다. 생후 12주에 늑대들은 무리 전체에 다시 소개되었다. 인간

보호자가 매일 늑대들과 상호작용했고, 심지어 관리를 위해 울타리 안에 들어갈 수도 있었다(다음을 보라. Hare, et al., "The Domestication of Social Cognition").

57. Ibid.

58. 우리는 생후 4주 된 강아지들도 이 늑대들보다 사람의 몸짓을 더 능숙하게 읽는다는 걸 알게 되었다(Gácsi, M., et al., "Species-Specific Differences and Similarities in the Behavior of Hand-Raised Dog and Wolf Pups in Social Situations with Humans", *Developmental Psychobiology* 47, no. 2 (2005): 111~122; and Riedel, et al., "The Early Ontogeny").

59. 다음을 보라. Hare, et al., "The Domestication of Social Cognition".

60. Gácsi, M. et al., "Explaining Dog Wolf Differences". and Virányi, Z., et al., "Comprehension of Human Pointing Gestures in Young Human-Reared Wolves (*Canis lupus*) and Dogs (*Canis familiaris*)", *Animal Cognition* 11, no. 3 (2008), 373~387.

61. 한 연구에 따르면 늑대 그룹이 가리키기 단서를 보호소의 개들보다 더 잘 사용했다고 한다(다음을 보라. Udell, Dorey, and Wynne, "Wolves Outperform Dogs"), 하지만 데이터를 다시 분석한 결과 개와 늑대의 성적은 똑같았다. 훈련받고 고도로 사회화된 늑대들을 대상으로 한 이전의 발견이 재현된 것이다(다음을 보라. Gácsi, et al., "Explaining Dog Wolf Differences"; and Hare, et al., "The Domestication Hypothesis"). 늑대 데이터 중에 가장 흥미로운 데이터는 고도로 사회화된 생후 8주의 새끼 늑대들과 똑같은 연령의 강아지를 비교한 데서 나왔다(다음을 보라. Gácsi, et al., "Explaining Dog Wolf Differences"). 새끼 늑대 중 몇 마리는 실험자가 안을 수조차 없어서 테스트할 수 없었지만, 그룹 전체로 볼 때 음식 찾기 테스트에서 새끼 늑대들은 인간의 가리키기 단서를 이용하여 기대 이상의 성적을 올렸다. 이 사회화된 새끼 늑대들은 내가 테스트한 강아지들과 대조군 여우 수준의 기술을 보이기 때문에, 성장하는 동안 이 개체들을 추적하는 건 매력적인 일이될 것이다. 가축화 가설의 예측에 따르자면, 인간의 몸짓을 이용하는 늑대의 기술은 성년에 두려움 체계가 커짐에 따라 감소할 것이다. 이 늑대

들의 성적은 생후 최소 4개월의 사회화된 늑대(이미 테스트한)와 똑같이 나빠야 할 것이다(다음을 보라, Ibid). 또한 이 늑대들이 가리키기 몸짓만이 아니라 다양한 인간 몸짓을 어떻게 사용하는지를 비교하는 것도 중요할 것이다. 괄목할만한 것은 몸짓을 사용하는 개의 융통성이기 때문이다.

62. Topál, J., et al., "Differential Sensitivity to Human Communication in Dogs, Wolves, and Human Infants", Science 325, no. 5945 (2009): 1269~1272.

63. 다음을 보라. Ibid.

64. Wrangham, R. W., and D. Peterson, *Demonic Males: Apes and the Evolution of Human Aggression* (New York: Houghton Mi in, 1996).

65. 다음 책에 있는 한 챕터다. Ray Coppinger Trut, L. N., "Early Canid Domestication: The Farm-Fox Experiment", *American Scientist* 87, no. 2 (1999): 160~169. and Coppinger, R., and R. Schneider, "Evolution of Working Dogs". In *The Domestic Dog: Its Evolution, Behaviour, and Interactions with People*, ed. J. Serpell (Cambridge, UK: Cambridge University Press, 1995), 21~47. Chapter 4: Clever as a Fox (pages 63~94).

4 여우처럼 영리한

1. Kuromiya, H., *Stalin: Profiles in Power* (Harlow, UK, and New York: Pearson/Longman, 2005).

2. Zimmer, C., *Evolution: The Triumph of an Idea* (New York: Harper, 2001).

3. Henig, R. M. *The Monk in the Garden: The Lost and Found Genius of Gregor Mendel*, the Father of Genetics (New York: Houghton Mi in, 2000).

4. de Beer, G., "Mendel, Darwin, and Fisher (1865~1965)", *Notes and Records of the Royal Society of London* 19, no. 2 (1964), 192~226.

5. 다음을 보라. de Beer, "Mendel, Darwin, and Fisher".

6. 다음을 보라. Zimmer, Evolution.

7. Bidau, C., "Domestication through the centuries: Darwin's ideas and Dmitry Belyaev's long-term experiment in silver foxes", *Gayana* 73 (2009): 55~72.

8. Medvedev, Z. A., *The Rise and Fall of T. D. Lysenko*, trans. I. M. Lerner (New York: Columbia University Press, 1969).

9. 다음을 보라. Ibid.

10. Soyfer, V. N., "The Consequences of Political Dictatorship for Russian Science", *Nature Reviews Genetics* 2, no. 9 (2001): 723~729.

11. 다음을 보라. Ibid.

12. 다음을 보라. Soyfer, "The Consequences of Political".

13. 다음을 보라. Ibid.

14. 다음을 보라. Kuromiya, Stalin.

15. 다음을 보라. Ibid.

16. 다음을 보라. Medvedev, *The Rise and Fall of T. D. Lysenko*.

17. 다음을 보라. Ibid.

18. Gershenson, S., "Difficult Years in Soviet Genetics", *Quarterly Review of Biology* 65, no. 4 (1990): 447~456.

19. 다음을 보라. Soyfer, "The Consequences of Political". and Gershenson, "Difficult Years in Soviet", and Medvedev, *The Rise and Fall of T. D. Lysenko*.

20. Argutinskaya, S., "In Memory of D. K. Belyaev. Dmitrii Konstantinovich Belyaev: A Book of Reminescences (V. K. Shumnyi, P. M. Borodin, A. L. Markel', and S. V. Argutinskaya, eds., Novosibirsk: Sib. Otd. Ros. Akad. Nauk, 2002)", *Russian Journal of Genetics* 39, no. 7 (2003): 842~843.

21. Trut, L. N., et al., "To the 90th Anniversary of Academician Dmitry Konstantinovich Belyaev (1917~1985)", *Russian Journal of Genetics* 43, no. 7 (2007): 717~720.

22. 다음을 보라. Argutinskaya, "In Memory of D. K. Belyaev".

23. 다음을 보라. Kuromiya, *Stalin*

24. 다음을 보라. Ibid.

25. 다음을 보라. Ibid.

26. Applebaum, A., Gulag: A History (New York: Doubleday, 2003).

27. 다음을 보라. Bidau, "Domestication   rough the Centuries".

28. 다음을 보라. Trut, "Early Canid Domestication".

29. 다음을 보라. Medvedev, *The Rise and Fall of T. D. Lysenko*.

30. 다음을 보라. Ibid.

31. 다음을 보라. Darwin, The Variation of Animals and Plants under Domestication.

32. 다음을 보라. Bidau, "Domestication Through the Centuries".

33. 다음을 보라. Trut, "Early Canid Domestication".

34. Martin, J., *Treasure of the Land of Darkness: The Fur Trade and Its Significance for Medieval Russi*a (Cambridge, UK: Cambridge University Press, 2004).

35. Baker, P. J., and Harris, S. "Red foxes: The Behavioural Ecology of Red Foxes in Urban Bristol". In The Biology and Conservation of *Wild Canids*, eds. D. W. Macdonald and C. Sillero-Zubiri (Oxford, UK: Oxford University Press, 2004), 207~216.

36. Cross, E. C., "Colour Phases of the Red Fox (Vulpes fulva) in Ontario", *Journal of Mammalogy* 22, no. 1 (1941): 25~39.

37. Belyaev, D., "Domestication of Animals", *Science Journal* 5, no. 1 (1969): 47~52.

38. 다음을 보라. Ibid.

39. 감금된 케이비에서도 이 현상이 관찰되어왔다. 케이비는 기니피그가 가축화되어 갈라져 나온 종이다. 케이비는 30세대에 걸쳐 감금된 상태로 살아도 여전히 서로를 공격하고 사람에게 낯을 가린다. 감금된 생활만으로는 겁이 없고 친근한 케이비 집단이 만들어지지 않는다. 유전적으로 유순한 성향을 가진 개체들을 교배시켜야만 그렇게 된다. (Künzl, C., et al., "Is a Wild Mammal Kept and Reared in Captivity Still a Wild Animal?", *Hormones and Behavior* 43, no. 1 [2003]: 187~196)

40. 다음을 보라. Trut, "Early Canid Domestication".

41. 다음을 보라. Ibid.

42. 다음을 보라. Belyaev, "Domestication of Animals".

43. Belyaev, D., "Destabilizing Selection as a Factor in Domestication", *Journal of Heredity* 70, no. 5 (1979): 301~308.

44. 다음을 보라. Applebaum, *Gulag*.

45. 다음을 보라. Ibid.

46. Trut, L. N., et al., "Morphology and Behavior: Are They Coupled at the Genome Level?" *In The Dog and Its Genome*, eds. E. A. Ostrander, U. Giger, and K. Lindblad-Toh (Woodbury, NY: Cold Spring Harbor Laboratory Press, 2006): 81~93. and Kukekova, A. V., et al., "Mapping Loci for Fox Domestication: Deconstruction/ Reconstruction of a Behavioral Phenotype", *Behavior Genetics* 41, no. 4 (2011): 593~606. and Gogoleva S. S., et al., "The Sustainable Effect of Selection for Behaviour on Vocalization in the Silver Fox", *VOGiS Herald* 12 (2008): 24~31. and Gogoleva, S. S., et al., "Vocalization toward Conspecifics in Silver Foxes (*Vulpes vulpes*) Selected for Tame or aggressive Behavior toward Humans", *Behavioural Processes* 84, no. 2 (2010): 547~554.

47. Daniels, T. J., and M. Beko, "Feralization: The Making of Wild Domestic Animals", Behavioural Processes 19, nos. 1~3 (1989): 79~94. and Fox, M. W., The Dog: Its *Domestication and Behavior* (New York: Garland Publishing, 1978).

48. 다음을 보라. Trut, "Early Canid Domestication"

49. 다음을 보라. Ibid.

50. 다음을 보라. Hare, et al., "Social Cognitive Evolution".

51. 다음을 보라. Ibid.

52. 다음을 보라. Trust, Oskina, and Kharlamove, "Animal Evolution during Domestication".

53. 다음을 보라. Trut, "Early Canid Domestication" and Gulevich, R. G., et al., "Effect of Selection for Behavior on Pituitary-Adrenal

Axis and Proopiomelanocortin Gene Expression in Silver Foxes (*Vulpes vulpes*)", *Physiology & Behavior* 82, no. 2 (2004): 513~518.

54. 다음을 보라. Trut, "Early Canid Domestication" and Popova, N., et al., "Effect of Domestication of the Silver Fox on the Main Enzymes of Serotonin Metabolism and Serotonin Receptors", *Genetika* 33, no. 3 (1997): 370~304.

55. 다음을 보라. Trut, Oskina, and Kharlamova, "Animal Evolution During Domestication".

56. 다음을 보라. Trut, "Early Canid Domestication". and Trut, et al., "Morphology and Behavior".

57. 다음을 보라. Trut, Oskina, and Kharlamova, "Animal Evolution During Domestication".

58. 다음을 보라. Trut, "Early Canid Domestication".

59. 다음을 보라. Hare, et al. "Social Cognitive Evolution".

60. 다음을 보라. Hare, et al., "The Domestication of Social Cognition". and Hare, et al., "Social Cognitive Evolution".

61. 여우가 두 장난감 중 하나를 건드린 시행의 수를 비교했을 때, 실험군과 대조군 사이에 차이는 전혀 없었다. 대조군 여우들은 몸짓 테스트와 깃털 테스트에서 실험군 여우만큼 많이 선택했다. 장난감 선호 면에서 우리가 본 그 어떤 차이도 대조군 여우의 두려움 때문에 생긴 결과가 아니었다(다음을 보라. Ibid.).

62. 직접 비교했을 때 대조군 여우보다 실험군 여우가 내가 몸짓으로 가리킨 장난감을 더 좋아했다. 하지만, 그렇다고 해서 대조군 여우들이 내가 건드린 장난감을 피한 건 아니다. 대조군 여우들은 단지 무작위로 선택했다. 깃털 테스트에서 두 집단의 선택을 직접 비교했을 때, 실험군 여우보다 대조군 여우가 깃털이 건드린 장난감을 더 많이 선호했다. 실험군 여우들이 깃털이 건드린 장난감을 피한 건 아니었다. 몸짓 테스트에서 대조군 여우들이 그랬던 것처럼 단지 무작위로 선택했다(다음을 보라. Ibid.).

63. 우리의 여우들은 인간에 대한 사회화 때문에 인간을 두려워하지 않았지

만, 나이가 들어 성체의 두려움 반응이 발달하자 곧 인간과 상호작용하기를 어려워했다. 바로 이 두려움 반응이 실험군 여우에겐 발달하지 않는다.

64. 다음을 보라. Hare, et al., "Social Cognitive Evolution".
65. Diamond, J., "Evolution, Consequences and Future of Plant and Animal Domestication", *Nature* 418, no. 6898 (2002): 700~707.
66. 다음을 보라. Morey, D. F., "The Early Evolution of the Domestic Dog: Animal Domestication, Commonly Considered a Human Innovation Can Also Be Described as an Evolutionary Process", *American Scientist* 82, no. 4 (1994): 140~151. and Zeuner, F. E., *A History of Domesticated Animals* (London: Hutchinson and Co., 1963).
67. Salvador, A., and P. Abad, "Food Habits of a Wolf Population (*Canis lupus*) in León Province, Spain", *Mammalia* 51, no. 1 (1987): 45~52. and Boitani, L., "Wolf Research and Conservation in Italy", *Biological Conservation* 61, no. 2 (1992): 125~132.
68. 조건이 맞으면 종들은 아주 빠르게 진화할 수 있다. 예를 들어, 시클리드 한두 종이 동아프리카 빅토리아 호수에 100만~200만 년 전에 침입했는데, 지금은 500종으로 폭발적으로 증가했다. (다음을 보라. Kocher, T. D., "Adaptive Evolution and Explosive Speciation: The Cichlid Fish Model", *Nature Reviews Genetics* 5, no. 4 [2004]: 288~298)
69. 다음을 보라. Trut, Oskina, and Kharlamova, "Animal Evolution during Domestication".
70. 에티오피아를 비롯한 많은 개발도상국에서 사람과 '동네 개'의 관계는 이런 식이다. (다음을 보라. Ortolani, A., H. Vernooij, and R. Coppinger, "Ethiopian Village Dogs: Behavioural Responses to a Stranger's Approach", *Applied Animal Behaviour Science* 119, nos. 3~4 [2009]: 210~218; and Pal, S. K., "Maturation and Development of social Behaviour during Early Ontogeny in Free-Ranging Dog Puppies in West Bengal, India", *Applied Animal Behaviour Science* 111, nos. 1~2 [2008]: 95~107)

71. 반면에 지난 200년 이내에 인간이 애완동물로 키우기 위해 의도적으로 번식시킨 가정견만이 이러한 특이한 기술을 보이는 것일지도 모른다. (다음을 보라. Parker, H. G., et al., "Genetic Structure of the Purebred Domestic Dog", *Science* 304, no. 5674 (2004): 1160~1164) 그렇다면 개가 스스로 가축화했다는 생각은 무너지게 된다. 실험군 여우에게서 관찰되었듯이 두 가지 특성이 결부되어야 하기 때문이다.

72. Spotte, S., *Societies of Wolves and Free-Ranging Dogs* (Cambridge, UK: Cambridge University Press, 2012).

73. 다음을 보라. Daniels and Beko , "Feralization".

74. Boitani, L., and P. Ciucci, "Comparative Social Ecology of Feral Dogs and Wolves", *Ethology Ecology & Evolution* 7 (1995): 49~72.

75. Savolainen, P., et al., "A Detailed Picture of the Origin of the Australian Dingo, Obtained from the Study of Mitochondrial DNA", *Proceedings of the National Academy of Sciences* 101, no. 33 (2004), 12387~12390.

76. Koler-Matznick, "The Origin of the Dog Revisited". and Koler-Matznick, J., et al., "An Updated Description of the New Guinea Singing Dog (*Canis hallstromi*, Troughton 1957)", *Journal of Zoology* 261 (2003): 109~118. and Vilà, C., et al., "Multiple and Ancient Origins of the Domestic Dog", *Science* 276, no. 5319 (1997): 1687~1689. and Purcell, B., *Dingo* (Collingwood: Csiro Publishing, 2010).

77. 다음을 보라. Keler-Matznick, et al., "An Updated Description". and Savolainen, et al., "A Detailed Picture of the Origin". and Smith, B. P., and C. A. Litch eld, "A Review of the Relationship Between Indigenous Australians, Dingoes (*Canis dingo*) and Domestic Dogs (*Canis familiaris*)", *Anthrozoös* 22, no. 2 (2009): 111~128.

78. Spotte, *Societies of Wolves*.

79. 다음을 보라. Koler-Matznick, et al., "An Updated Description of the New Guinea Singing Dog".

80. 다음을 보라. Ibid.

81. 다음을 보라. Wobber, V., et al., "Breed Differences in Domestic Dogs' (*Canis familiaris*) Comprehension of Human Communicative Signals". *Interaction Studies* 10, no. 2 (2009): 206~224.

82. Smith, B. P., and C. A. Litchfield, "Dingoes (Canis dingo) Can Use Human Social Cues to Locate Hidden Food", *Animal Cognition* 13, no. 2 (2010): 367~376.

83. Clutton-Brock, J., and N. Hammond, "Hot dogs: Comestible Canids in Preclassic Maya Culture at Cuello, Belize". *Journal of Archaeological Science* 21, no. 6 (1994): 819~826.

84. Heinrich, B., *Mind of the Raven: Investigations and Adventures with Wolf-Birds* (New York: Perennial, 2007).

85. Marlowe, F., *The Hadza: Hunter-Gatherers of Tanzania*, vol. 3 (Berkeley: University of California Press, 2010). and Wrangham, R. *Honey and Fire in Human Evolution*. At press.

86. Koster, J., "The Impact of Hunting with Dogs on Wildlife Harvests in the Bosawas Reserve, Nicaragua", *Environmental Conservation* 35, no. 3 (2008): 211~220. and Koster, J. M., "Hunting with Dogs in Nicaragua: An Optimal Foraging Approach", *Current Anthropology* 49, no. 5 (2008): 935~944.

87. Gácsi, et al., "Species-Specific Differences". and Topál, J., et al., "Attachment Behavior in Dogs (*Canis familiaris*): A New Application of Ainsworth's (1969) Strange Situation Test", *Journal of Comparative Psychology* 112, no. 3 (1998): 219~229. and Topál, J., et al., "Attachment to Humans: A Comparative Study on Hand-Reared Wolves and Differently Socialized Dog Puppies", *Animal Behaviour* 70 (2005): 1367~1375.

88. Corballis, M. C., and S. E. G. Lea, *The Descent of Mind: Psychological Perspectives on Hominid Evolution* (Oxford, UK: Oxford University Press, 1999). and Byrne, R., and A. Whiten, *Machiavellian Intelligence: Social Expertise and the Evolution of Intellect in Monkeys, Apes, and Humans* (New York: Oxford

University Press, 1989). and Barkow, J. H., L. Cosmides, and J. Tooby, *The Adapted Mind: Evolutionary Psychology and the Generation of Culture* (New York: Oxford University Press, 1995).

5 다정한 것이 살아남는다

1. Johannes, J., "Basenji Origin and Migration: Into the Heart of Africa", *Official Bulletin of the Basenji Club of America* 39, no. 4 (2005): 60~62.
2. 다음을 보라. Parker, "Genetic Structure".
3. 콩고민주주의공화국(DRC)에 있는 콩고 분지는 인접 국가들에 비해 사람 손이 거의 닿지 않은 채 남아 있다. 위성사진을 보면 DRC의 숲 중 98퍼센트가 원시림이다. (다음을 보라. Laporte, N. T., et al., "Expansion of Industrial Logging in Central Africa", *Science* 316, no. 5830 [2007]: 1451) 이런 이유로 이 숲들은 가장 우선적인 보존 지역이 되었다. 지구온난화를 누그러뜨리는 데 중요한 탄소 흡수원 역할을 하기 때문이다. (다음을 보라. Gibbs, H. K., et al., "Monitoring and Estimating Tropical Forest Carbon Stocks: Making REDD a Reality", *Environmental Research Letters* 2, 045023, 2007).
4. Myers Thompson, J., "A Model of the Biogeographical Journey from Proto-pan to Pan Paniscus", *Primates* 44, no. 2 (2003): 191~197.
5. 다음을 보라. Ibid.
6. 클로딘은 값진 노력의 결과로 벨기에와 프랑스의 최고 시민상을 포함하여 명망 있는 상들을 수상했다. 2011년 프랑스에서는 고아가 된 보노보를 구조해서 야생으로 되돌려 보내는 내용의 특집 장편영화가 개봉되었다.
7. André, C., *Une Tendresse Sauvage* (Paris: Calmann-Lévy, 2006).
8. André, C., et al., "The Conservation Value of Lola ya Bonobo Sanctuary". In *The Bonobos: Behavior, Ecology, and Conservation*, eds. T. Furuishi and J. Thompson (New York: Springer, 2008), 303~322.
9. 카사켈라 무리가 사냥하고 죽인 많은 개체가 과거에 이 무리에 속해 있

었다는 사실도 공포스러웠다. 카사켈라의 수컷들은 다른 집단으로 들어 간 과거의 동료를 죽이겠다고 마음먹고 있었다(다음을 보라. Goodall, *The Chimpanzees of Gombe*).

10. 다음을 보라. Ibid.

11. R. W., M. L. Wilson, and M. N. Muller, "Comparative Rates of Violence in Chimpanzees and Humans", *Primates* 47, no. 1 (2006): 14~26. and Mitani, J. C., and D. P. Watts, "Correlates of Territorial Boundary Patrol Behaviour in Wild Chimpanzees", *Animal Behaviour* 70, no. 5 (2005): 1079~1086. and Wilson, M. L., and R. W. Wrangham, "Intergroup Relations in Chimpanzees", *Annual Review of Anthropology* 32 (2003): 363~392. and Mitani, J. C., D. P. Watts, and S. J. Amsler, "Lethal Intergroup Aggression Leads to Territorial Expansion in Wild Chimpanzees", *Current Biology* 20, no. 12 (2010): R507~R508. 가장 주의 깊게 묘사된 사례는 우간다 키 발레 국유림에서 응고 침팬지(The Ngogo Chimpanzee) 무리가 10년 동안 이웃으로 살아온 무리 중 28마리를 조직적으로 죽인 사건이었다. 이 기간이 끝났을 때 그들은 과거의 이웃이 소유했던 땅의 많은 부분을 자신의 영토로 흡수했다.

12. Muller, M. N., "Chimpanzee Violence: Femmes Fatales", *Current Biology* 17, no. 10 (2007): R365~R366.

13. 다음을 보라. Wrangham, Wilson, and Muller, "Comparative Rates of Violence".

14. 다음을 보라. Goodall, *The Chimpanzees of Gombe*.

15. Boesch, C., and H. Boesch-Achermann, *The Chimpanzees of the Taï Forest: Behavioural Ecology and Evolution* (New York: Oxford University Press, 2000).

16. Muller, M. N., et al., "Male Coercion and the Costs of Promiscuous Mating for Female Chimpanzees", *Proceedings of the Royal Society B: Biological Sciences* 274, no. 1612 (2007): 1009~1014.

17. De Waal, F. B. M., and F. Lanting, Bonobo: *The Forgotten Ape* (Berkeley: University of California Press, 1997). and Prüfer, K., et

al., "The Bonobo Genome Compared".

18. Kano, T., *The Last Ape: Pygmy Chimpanzee Behavior and Ecology* (Ann Arbor: University Micro lms, 1992). and Furuichi, T., "Female Contributions to the Peaceful Nature of Bonobo Society", *Evolutionary Anthropology: Issues, News, and Reviews* 20, no. 4 (2011): 131~142. and Gerlo , U., et al., "Intracommunity Relationships, Dispersal Pattern and Paternity Success in a Wild Living Community of Bonobos (*Pan paniscus*) Determined from DNA Analysis of Faecal Samples", *Proceedings of the Royal Society of London. Series B: Biological Sciences* 266, no. 1424 (1999): 1189~1195. and Hohmann, G., and B. Fruth, "Intra- and Inter-Sexual Aggression by Bonobos in the Context of Mating", *Behaviour* 140, no. 1424 (1999): 1389~1413.

19. 다음을 보라. Kano, *The Last Ape*. and Furuichi, "Female Contributions to the Peaceful Nature of Bonobo Society". and Surbeck, M., R. Mundry, and G. Hohmann, "Mothers Matter!: Maternal Support, Dominance Status and Mating Success in Male Bonobos (Pan paniscus)", *Proceedings of the Royal Society B: Biological Sciences* 278, no. 1705 (2011): 590~598.

20. 할 쿨리지는 세계야생기금(WWF)과 국제자연 및 자연자원보존 연맹(IUCN)의 창립 이사였다. 현재 이 두 단체는 전 세계에서 멸종위기종과 자연 지역을 보호하는 주요 국제단체다.

21. Coolidge, H., "*Pan paniscus*: Pygmy Chimpanzee from South of the Congo River", *American Journal of Physical Anthropology* 18, no. 1 (1933): 1~57.

22. Cramer, D. L., "Craniofacial Morphology of *Pan paniscus*: A Morphometric and Evolutionary Appraisal", *Contributions to Primatology* 10 (1977): 1.

23. Shea, B. T., "Paedomorphosis and Neoteny in the Pygmy Chimpanzee", *Science* 222, no. 4623 (1983): 521~522. and Lieberman, D. E., et al., "A Geometric Morphometric Analysis of

Heterochrony in the Cranium of Chimpanzees and Bonobos", Journal of Human Evolution 52, no. 6 (2007): 647~662. and Durrleman, S., et al., "Comparison of the Endocranial Ontogenies Between Chimpanzees and Bonobos Via Temporal Regression and Spatiotemporal Registration", *Journal of Human Evolution* 62, no. 1 (2011): 74~88.

24. Kruska, D. C. T., "On the Evolutionary Signi cance of Encephalization in some Eutherian Mammals: Effects of Adaptive Radiation, Domestication, and Feralization", *Brain, Behavior and Evolution* 65, no. 2 (2005): 73~108. and Wayne, R. K., "Consequences of Domestication: Morphological Diversity of the Dog". In E. Ostrander and A. Ruvinsky, eds., *The Genetics of the Dog* (Oxfordshire: CABI, 2002), 43~60.

25. Mech, L., et al., *The Wolves of Denali* (Minneapolis: University of Minnesota Press, 1998).

26. Derix, R., et al., "Male and Female Mating Competition in Wolves: Female Suppression vs. Male Intervention", *Behaviour* 127, nos. 1/2(1993): 141~144.

27. McLeod, P., "Infanticide by Female Wolves", *Canadian Journal of Zoology* 68, no. 2 (1990): 402~404.

28. Lwanga, J., et al., "Primate Population Dynamics over 32.9 Years at Ngogo, Kibale National Park, Uganda", *American Journal of Primatology* 73, no. 10 (2011): 997~1011.

29. Boitani and Ciucci, "Comparative Social Ecology". and Pal, S. K., B. Ghosh, and S. Roy, "Agonistic Behaviour of Free Ranging Dogs (Canis familiaris) in Relation to Season, Sex and Age", *Applied Animal Behaviour Science* 59, no. 4 (1998): 331~348. and Macdonald, D. W., and G. M. Carr, "Variation in Dog Society: Between Resource Dispersion and Social Flux". In *The Domestic Dog*, 199~216. and Bonanni, R., et al., "Free-Ranging Dogs Assess the Quantity of Opponents in Intergroup Con icts", *Animal*

Cognition 14, no. 1 (2011): 103~115.and Pal, S. K., "Parental Care in Free-Ranging Dogs, Canis familiaris", *Applied Animal Behaviour Science* 90, no. 1 (2005): 31~47.

30. Bradshaw, J. W. S., and H. M. R. Nott, "Social and Communication Behavior of Companion Dogs". In *The Domestic Dog*, 115~130.

31. Míklósi, *Dog Behaviour, Evolution, and Cognition*. and Koler-Matznick, et al., "An Updated Description of the New Guinea Singing Dog". and Pal, S. K., "Play behaviour During Early Ontogeny in Free-Ranging Dogs (Canis familiaris)", *Applied Animal Behaviour Science* 126, nos. 3~4 (2010): 140~153.

32. Palagi, E., "Social Play in Bonobos (Pan paniscus) and Chimpanzees (*Pan troglodytes*): Implications for Natural Social Systems and Interindividual Relationships", *American Journal of Physical Anthropology* 129, no. 3 (2006): 418~426. and Wobber, V., R. Wrangham, and B. Hare, "Bonobos Exhibit Delayed Development of Social Behavior and Cognition Relative to Chimpanzees", *Current Biology* 20, no. 3 (2010): 226~230.

33. 다음을 보라. Koler-Matznick, et al., "An Updated Description of the New Guinea Singing Dog". and Pal, S., B. Ghosh, and S. Roy. "Inter- and Intra-Sexual Behaviour of Free-Ranging Dogs (Canis familiaris)", *Applied Animal Behaviour Science* 62, nos. 2~3 (1999): 267~278.

34. 다음을 보라. De Waal and Lanting, Bonobo: *The Forgotten Ape*. and Kano, *The Last Ape. and Savage-Rumbaugh*, E. S., and B. J. Wilkerson, "Socio-Sexual Behavior in Pan paniscus and Pan troglodytes: A Comparative Study", *Journal of Human Evolution* 7, no. 4 (1978): 327~344. and Woods, V., and B. Hare, "Bonobo but Not Chimpanzee Infants Use Socio-Sexual Contact with Peers", *Primates* 52, no. 2 (2011): 111~116.

35. Surbeck, M., et al., "Evidence for the Consumption of Arboreal, Diurnal Primates by Bonobos (*Pan paniscus*)", *American Journal*

of Primatology 71, no. 2 (2009): 171~174.

36. Ihobe, H., "Non-Antagonistic Relations Between Wild Bonobos and Two Species of Guenons", *Primates* 38, no. 4 (1997): 351~357.

37. B., V. Wobber, and R. Wrangham, "The Self-Domestication Hypothesis: Evolution of Bonobo Psychology Is Due to Selection Against Aggression", *Animal Behaviour* 83, no. 3 (2012): 573~585.

38. 다음을 보라. Ibid.

39. 다음을 보라. Ibid.

40. 다음을 보라. Wrangham and Pilbeam, "African Apes as Time Machines".

41. 다음을 보라. Zeuner, *A History of Domesticated Animals.* and Morey, D. F., "The Early Evolution of the Domestic Dog" and Coppinger, R., and L. Coppinger, *Dogs: A New Understanding of Canine Origin, Behavior, and Evolution* (Chicago: University of Chicago Press, 2002).

42. Furuichi, "Female Contributions". and Malenky, R. K., and R. W. Wrangham, "A Quantitative Comparison of Terrestrial Herbaceous Food Consumption by *Pan paniscus* in the Lomako Forest, Zaire, and *Pan troglodytes* in the Kibale Forest, Uganda", *American Journal of Primatology* 32, no. 1 (1994): 1~12. 이 생각을 평가하기 어려운 것은 각기 다른 보노보 서식지와 침팬지 서식지에서 과일 가용율의 편차가 아주 크기 때문이다(다음을 보라. Hohmann, G., et al., "Plant Foods Consumed by Pan: Exploring the Variation of Nutritional Ecology across Africa", *American Journal of Physical Anthropology* 141, no. 3 [2010]: 476~485). 게다가 현재의 식량 가용성이 과거의 가용성과 같다고 가정해서도 안 된다. 과일 생산성 가설에 의문을 제기하거나 그에 대해 논쟁하기는 쉽지만, 보노보의 숲에 고릴라가 없다는 점에 대한 논란의 여지가 거의 없다. 106마리의 암컷 보노보가 그들보다 덜 사회적인 침팬지 암컷에게서는 볼 수 없는 강한 유대를 형성하고 있다. 다음을 보라. Wrangham and Peterson, *Demonic Males.* and Furuichi, "Female Contributions".

43. 다음을 보라. Wrangham and Peterson, Demonic Males. and Furuichi, "Female Contribution".

44. 다음을 보라. Kano, *The Last Ape.* and Furuichi, "Female Contributions". and Surbeck, Mundry, and Hohmann, "Mothers Matter!" and Hare, et al., "The Self-Domestication Hypothesis".

45. 보노보를 비폭력적인 유인원으로 규정하기는 무리가 있다. 보노보 암컷들이 연대를 해서 너무 공격적으로 변한 수컷을 막을 때는 수컷에게 심각한 상해를 입힌다. 보노보가 침팬지에 비해 상대적으로 평화로운 것은 죽을 때까지 공격하는 경우가 한 번도 목격되지 않았고(하지만 잠재적인 예외로서 다음을 보라. Hohmann, G., and B. Fruth, "Is Blood Thicker Than Water?" In *Among African Apes*, eds. M. Robbins and C. Boesch [Berkeley: University of California at Berkeley Press, 2011]), 암컷들이 짝짓기 중에 강요당하지 않으며, 영아 살해가 없기 때문이다.

46. 이 때문에 작은 이빨과 두개골처럼 설명하기 어려웠던 특성들이 공격성에 반하는 선택의 부산물이라고 쉽게 설명된다(다음을 보라. Hare, Wobber, and Wrangham, "The Self-Domestication Hypothesis").

47. 다음을 보라. André, C., *Une Tendresse Sauvage.*

48. 우리는 롤라 야의 보노보와 부시미트 거래로 고아가 된 침팬지를 비교했다. 침팬지도 똑같은 문제로 위협받고 있다. 롤라 야 보노보는 세계에서 하나뿐인 보노보보호소지만, 침팬지보호소는 12개 이상 있다(www. pasaprimates.org를 보라). 우리는 이 침팬지보호소 중 두 곳, 응감바 아일랜드 침팬지보호소와 침풍가 침팬지 재활센터에서 연구했다. 우리는 또한 이 보호소에서 대단히 흥미롭게 연구했다. 우리의 노력이 보호소에 도움이 되는 동시에 야생의 보노보와 침팬지를 보호하는 데 일조하길 바랐기 때문이다.

49. Hare, B., et al., "Tolerance Allows Bonobos to Outperform Chimpanzees on a Cooperative Task", *Current Biology* 17, no. 7 (2007): 619~623.

50. 후에 우리는 인지기능의 지연 발달을 뒷받침하는 증거도 발견했다(다음을 보라. Wobber, Wrangham, and Hare, "Bonobos Exhibit Delayed Development").

51. Wobber, V., et al., "Differential Changes in Steroid Hormones

before Competition in Bonobos and Chimpanzees", *Proceedings of the National Academy of Sciences* 107, no. 28 (2010): 12457~12462.

52. Hare, B., and S. Kwetuenda, "Bonobos Voluntarily Share Their Own Food with Others", *Current Biology* 20, no. 5 (2010): R230~R231. and Tan, J., and B. Hare, "Bonobos Share with Strangers", unpublished data.

53. 이 독창적인 실험을 처음 발명한 사람은 교토대학교의 시토시 히라타이다. 다음을 보라. Hirata, S., and K. Fuwa, "Chimpanzees [Pan troglodytes] Learn to Act with Other Individuals in a Cooperative Task", *Primates* 48 [2007]: 13~21).

54. Melis, A. P., B. Hare, and M. Tomasello, "Chimpanzees Recruit the Best Collaborators", *Science* 311, 5765, (2006): 1297~1300. and Melis, A. P., B. Hare, and M. Tomasello, "Engineering Cooperation in Chimpanzees: Tolerance Constraints on Cooperation", *Animal Behaviour* 72, no. 2 (2006): 275~286. and Melis, A. P., B. Hare, and M. Tomasello, "Chimpanzees Coordinate in a Negotiation Game", *Evolution and Human Behavior* 30, no. 6 (2009): 381~392.

55. 이때 관찰된 관용성은 개체들이 아니라 그 쌍의 특성에 불과했다. 우리는 그 개체들을 다른 침팬지와 묶어서 음식을 나누게 했다. 관용적인 파트너와 맺어졌을 때 개체들은 자연발생적으로 협력 문제를 해결했다. 우리는 또한 자연발생적으로 협력하긴 하지만 참을성이 없는 파트너와 맺어졌을 땐 그 파트너와 협력하지 못하는 개체들을 발견했다. 그로부터 우리는 단지 잠재적 파트너와 음식을 나누는 능력에만 기초해서 침팬지들의 협력을 유도하거나 멈출 수 있었다(다음을 보라. Melis, Hare, and Tomasello, "Engineering Cooperation in Chimpanzees").

56. 개와 실험군 여우는 자기가축화의 결과로 사람의 사회적 몸짓을 더 능숙하게 사용한다. 보노보와 침팬지 사이에서도 그와 비슷한 차이를 볼 수 있다. 침팬지보다 보노보가 사람이 보고 있는 방향으로 눈길을 더 잘 돌린다. 보노보도 자기가축화의 부산물로서 인간의 사회적 정보에 더 민감한 것이다(Herrmann, E., et al., "Diffrences in the Cognitive

Skills of Bonobos and Chimpanzees", *PLoS ONE* 5, no. 8 [2010], e12438). 하지만 보노보는 침팬지보다 더 민감하긴 해도, 개들이 쉽게 성공하는 음식 찾기 게임에서는 실패한다(Maclean, E., and B. Hare, unpublished data).

57. Hare, B., "From Hominoid to Hominid Mind".

58. Ditchko , S. S., S. T. Saalfeld, and C. J. Gibson, "Animal Behavior in Urban Ecosystems: Modi cations Due to Human-Induced Stress", *Urban Ecosystems* 9, no. 1 (2006): 5~12.

59. Harveson, P. M., et al., "Impacts of Urbanization on Florida Key Deer Behavior and Population Dynamics", *Biological Conservation* 134, no. 3 (2007): 321~331. and Peterson, M., et al., "Wildlife Loss Through Domestication: The Case of Endangered Key Deer", *Conservation Biology* 19, no. 3 (2005): 939~944.

60. Gehrt, S. D., S. P. D. Riley, and B. L. Cypher, *Urban Carnivores: Ecology, Conflict, and Conservation* (Baltimore: Johns Hopkins University Press, 2010).

61. 다음을 보라. Herrmann, et al., "Humans Have Evolved". and Tomasello, et al., "Understanding and Sharing Intentions".

62. Warneken, F., et al., "Spontaneous Altruism by Chimpanzees and Young Children", *PLOS Biology* 5, no. 7 (2007): e184. and Warneken, F., and M. Tomasello, "Varieties of altruism in children and chimpanzees", *Trends in Cognitive Sciences* 13, no. 9 (2009): 397~402.

63. 다음을 보라. Herrmann, et al., "Humans Have Evolved". and Herrmann, et al., "Differences in the Cognitive Skills".

64. Hrdy, S. B., *Mothers and Others: The Evolutionary Origins of Mutual Understanding* (Cambridge, Mass.: Belknap Press, 2009).

65. 다음을 보라. Melis, Hare, and Tomasello, "Chimpanzees Recruit". and Melis, Hare, and Tomasello, "Engineering Cooperation in Chimpanzees".

66. 언제 이런 일이 벌어졌을까? 그 일은 우리의 마지막 조상과 마찬가지로

보노보와 침팬지에게도 일어났다. 만일 우리 조상이 보노보와 더 비슷했다면, 인류의 계통은 처음부터 비교적 관용적이었던 성향의 이득을 보았을 것이다. 그러나 우리 조상이 편협한 침팬지와 더 비슷했다면 관용성에 훨씬 더 극단적인 변화가 일어났을 것이다. 어느 쪽이든 인간의 협력은 관용성의 큰 변화 없이는 진화할 수 없었다. 보노보는 대단히 관용적이지만, 인간은 집단 구성원에게 보노보보다 훨씬 더 관대하다. 적어도 우리의 논쟁은 물리적 폭력으로 끝나지 않는다.

67. 폭력성에 반한 선택이 발생하자 인간은 과거에는 불가능했을 새로운 형태의 상호작용으로 평화롭게 교류할 수 있었다. 이런 유형의 사회적 행동과 관련된 인지적 기술의 미리 존재했다면 그런 기술은 직접 선택될 수 있었다. 자연은 더 영리하고, 더 협력적인 인간을 선호할 수 있었다. 인지 증가는 새롭고 더 융통성 있는 협력의 성과물을 공유할 수 있는 관용적인 집단에 보상을 주기 때문이다. 더 영리한 사람들에게 진화할 필요가 있었을 최초의 인지기능 중 하나는 배신자를 탐지하고 회피할 때의 융통성일 것이다. 그래야만 협력의 증가가 진화적으로 안정된 전략이 될 수 있기 때문이다(다음을 보라. Stevens, J. R., F. A. Cushman, and M. D. Hauser, "Evolving the psychological Mechanisms for Cooperation", *Annual Review of Ecology, Evolution, and Systematics* 36 [2005]: 499~518; and Richerson, P. J., and R. Boyd, "The Evolution of Human Ultra-Sociality". In *Indoctrinability, Ideology, and Warfare: Evolutionary Perspectives*, eds. I. Eibl-Eibesfeldt and F. K. Salter [New York: Berghahn Books, 1998], 71~95; and Barrett, H. C., L. Cosmides, and J. Tooby, "Coevolution of Cooperation, Causal Cognition and Mindreading", *Communicative & Integrative Biology* 3, no. 6 [2010]: 522).

68. 다음을 보라. Coppinger and Schneider, "Evolution of Working Dogs".

69. 다음을 보라. Johannes, "Basenji Origin and Migration".

70. Koster, J. M., and K. B. Tankersley, "Heterogeneity of Hunting Ability and Nutritional Status Among Domestic Dogs in Lowland Nicaragua", *Proceedings of the National Academy of Sciences* 109,

no. 8 (2012): E463~E470.

71. Scott, J. P., and J. L. Fuller, *Genetics and the Social Behavior of the Dog* (Chicago: University of Chicago Press, 1965).

72. 우리는 또한 이 결과에 대한 대안적인 설명, 즉 작업견이 일반적으로 더 많이 가축화되었기 때문이라는 설명을 배제할 수 있었다. 작업견 그룹과 비작업견 그룹 모두에서 유전적으로 더 늑대와 비슷하다고 확인된 종을 포함시켰기 때문이다(Parker, et al., "Genetic Structure"). 이는 일단 개가 자기가축화되면 사람의 몸짓을 사용할 수 있게 하는 인지 특성의 유전적 변이가 직접 선택을 통해 발생할 수 있음을 가리킨다.

73. Leach, H. M., "Human Domestication Reconsidered", *Current Anthropology* 44, no. 3 (2003): 349~368. and Hawks, J., "Selection for Smaller Brains in Holocene Human Evolution", arXiv: 1102. 5604 (2011).

74. Allman, J., Evolving Brains (New York: Scienti c American Library, 1999). and Lahr, M. M., *The Evolution of Modern Human Diversity: A Study in Cranial Variation* (Cambridge, UK: Cambridge University Press, 1996). 하지만 다음을 보라. Kappelman, J., "The Evolution of Body Mass and Relative Brain Size in Fossil Hominids", *Journal of Human Evolution* 30, no. 3 (1996): 243~276.

75. Barker, G., *The Agricultural Revolution in Prehistory: Why Did Foragers Become Farmers?* (New York: Oxford University Press, 2009).

76. 다음을 보라. Marlowe, *The Hadza*.

77. 다음을 보라. Ibid. and Hill, K., and A. M. Hurtado, *Ache Life History: The Ecology and Demography of a Foraging People* (New York: Aldine de Gruyter, 1996). and Shostak, M., Nisa: *The Life and Words of a !Kung Woman* (Cambridge, Mass.: Harvard University Press, 2000). and Ellison, P. T., *On Fertile Ground: A Natural History of Human Reproduction* (Cambridge, Mass.: Harvard University Press, 2003).

78. Boehm, C., *Hierarchy in the Forest: The Evolution of Egalitarian Behavior* (Cambridge, Mass.: Harvard University Press, 2001).

79. Kline, M. A., and R. Boyd, "Population Size Predicts Technological Complexity in Oceania", *Proceedings of the Royal Society B: Biological Sciences* 277, no. 1693 (2010): 2559~2564.

80. Groves, C., "Tje Advantages and Disadvantages of Being Domesticated", *Perspectives in Human Biology* 4, no. 1 (1999): 1~12.

81. 다음을 보라. Heinrich, *Mind of the Raven*.

82. 다음을 보라. Koster and Tankersley, "Heterogeneity of Hunting".

83. Ruusila, V., and M. Pesonen, "Interspecific Cooperation in Human (*Homo sapiens*) Hunting: The Benefits of a Barking Dog (*Canis familiaris*)", *Annales Zoologici Fennici* 41, no. 4 (2004): 545~549.

84. 다음을 보라. Clutton-Brock and Hammond, "Hot Dogs".

85. 다음을 보라. Koster and Tankersley, "Heterogeneity of Hunting".

2부 개는 영리하다

6 개는 말한다

1. 오레오는 완벽하지 않았다. 우리 신문이 수풀 속에 떨어져 있거나 나뭇잎에 덮여 있는 날에는 이웃집 신문을 가져왔다.

2. 다음을 보라. Kaminski, Call, and Fisher, "Word Learning in a Domestic Dog". and Pilley and Reid, "Border Collie Comprehends Object Names".

3. 다음을 보라. Pilley and Reid, "Border Collie Comprehends Object Names". 그리고 체이스는 24시간 지연 후와 4주 지연 후에 비슷한 방법으로 테스트를 받았으나, 새로운 장난감으로 적어도 몇 번은 가져와를 연습하지 않으면 새로운 이름을 전혀 기억하지 못했다. 어떤 학자들은 그러므로 '단순한' 연합으로 설명될 수 있는 여지가 남는다고 지적한다(다음을 보라. Markman, E. M. and M. Abelev, "Word Learning in Dogs?" *Trends in Cognitive Sciences* 8, no. 11 [2004]: 479~481).

하지만 나는 그렇게 보지 않는다. 쌍 결합의 최초 학습은 배제에 의한 추론의 결과로 발생했기 때문이다. 최초 학습은 추론을 통해 발생하고, 학습된 정보가 소량의 연습을 통해 유지된다(사회적 칭찬을 제외하고 어떤 보상도 없이). 이것은 유아와 개의 장기기억에는 유아가 체이서보다(그리고 아마 리코보다) 더 능숙하게 단어를 기억하게 하는 차이들이 있음을 더 강하게 가리킨다. 만일 체이서가 필리와 상호작용하는 동안이 아니라 녹음기를 틀었을 때도 동일한 수의 새로운 단어를 빨리 학습한다면 나는 '더 단순한' 연합에 의한 설명을 믿을 것이다.

4. 많은 유인원이 언어 기술을 가르치는 집중 훈련을 받았다. 몇몇 유인원은 몸짓 몇 개를 이용해서 수화로 이야기하는 법을 배웠고, 다른 유인원은 미국 영장류학의 창시자인 로버트 여키스(Robert Yerkes)의 이름을 딴 '여키시(Yerkish)'라는 인공 언어를 배웠다. 보노보와 침팬지는 단어문자(단일 어의(語義)를 나타내는 도형.) 키보드를 사용해서 사람과 소통했다. 하지만 그들의 생산성은 아이들에 비하면 제한적이다. 대개 유인원들은 요구만 할 줄 안다. 내가 이것을 처음 경험한 것은 언어 훈련을 받은 찬텍이라는 이름의 우랑우탄을 연구할 때였다. 당시에 찬텍은 더 이상 언어 연구에 적극적으로 참여하지 않았지만 여전히 몇 가지 기호를 사용하고 있었고, 특히 '사탕'과 '주스'를 가리키는 기호를 좋아했다. 칸지라는 이름의 보노보는 언어 학습 실험의 챔피언이다. 칸지는 구어를 이해하는 능력이 뛰어나다. 이 능력이 드러난 것은 수많은 단어를 그가 들어보지 못한 방식으로 재조합해서 새로운 요구를 많이 한 실험에서였다(다음을 보라. Savage-Rumbaugh, "Language Comprehension in Ape and Child"). 실험자가 칸지에게 "냉장고 맨 위 칸에 있는 큰 그릇 안에 농구공을 넣어"라고 하자, 그는 이 요구를 완수했다(비록 그는 왜 그렇게 어이없는 요구를 하는지 이해하지 못했지만). 그러나 언어 훈련을 받은 유인원들이 그런 기술을 정확히 어떻게 습득하는지에 대해서는 보고된 바가 없다. 리코와 체이스에 대한 연구가 특별한 것은 두 개가 단어를 학습하고 있는 메커니즘을 분명히 보여주기 때문이다.

5. Bloom, P., "Can a Dog Learn a Word?" *Science* 304, no. 5677 (2004): 1605~1606.

6. 다음을 보라. Pilley and Reid, "Border Collie Comprehends".

7. 장난감과 비장난감을 구별하는 체이서의 수행은 리코의 단어 학습을 설명하기 위해 Markman and Abelev(2004)에서 제시한 가설을 재확산시켰다. 체이서는 익숙한 장난감들로 구성된 두 세트를 자연발생적으로 구분함으로써, 그 모든 현상이 새로운 장난감의 매력 때문에 일어난다는 생각을 배제했다.

8. 이와 매우 비슷한 실험에서 어미가 양육한 유인원들에게 '상징적' 기호에 대한 이해를 시험했다. 이해하지 못하거나 제한적인 기술만 보였다. 다음을 보라. Tomasello, M., J. Call, and A. Gluckman, "Comprehension of Novel Communicative Signs by Apes and Human Children", *Child Development* 68, no. 6 (1997): 1067~1080. and Herrmann, E., A. Melis, and M. Tomasello, "Apes' Use of Iconic Cues in the Object-Choice Task", *Animal Cognition* 9, no. 2 (2006): 118~130.

9. Tomasello, Call, Gluckman, "Comprehension of Novel Communicative Signs".

10. Kaminski, J., et al., "Domestic Dogs Comprehend Human Communication with Iconic Signs", *Developmental Science* 12, no. 6 (2009): 831~837.

11. 다음을 보라. Aust, et al., "Inferential Reasoning by Exclusion".and Erdőhegyi, Á., et al., "Doggy-Computer: Recognizing the Pointing Cue in Two- and Three-Dimension", *Journal of Veterinary Behavior: Clinical Applications and Research* 4, no. 2 (2009): 57.

12. 다음을 보라. Kupán, K., et al., "Why Do Dogs (*Canis familiaris*) Select".

13. 유명한 아프리카앵무새를 훈련시킬 때 사용하는 모형-경쟁자 방법을 따랐다(Pepperberg, I. M., "Cognitive and Communicative Abilities of Grey Parrots", *Applied Animal Behaviour Science* 100, no. 1~2 [2006]: 77~86). 개들도 일련의 새로운 물체를 가리키는 입말 이름을 훈련받았다.

14. McKinley, S., and R. J. Young, "The Efficacy of the Model-Rival Method When Compared with Operant Conditioning for Training Domestic Dogs to Perform a Retrieval-Selection Task", *Applied*

Animal Behaviour Science 81, no. 4 (2003): 357~365.

15. Coppinger, R., and M. Feinstein, "Hark! Hark! The Dogs Do Bark ⋯ And Bark ⋯ And Bark ⋯ And Bark", *Smithsonian* 21 (1991): 119~129.

16. Lord, K., M. Feinstein, and R. Coppinger, "Barking and Mobbing", *Behavioural Processes* 81, no. 3 (2009): 358~368.

17. Schassburger, R. M., *Vocal Communication in the Timber Wolf, Canis lupus, Linnaeus: Structure, Motivation, and Ontogeny* (Berlin: P. Parey, 1993).

18. Gogoleva, et al., "The Sustainable Effect of Selection". and Gogoleva, S. S., et al., "Kind Granddaughters of Angry Grandmothers: The Effect of Domestication on Vocalization in Cross-Bred Silver Foxes", *Behavioural Processes* 81, no. 3 (2009): 369~375.

19. Fitch, W. T., "The Phonetic Potential of Nonhuman Vocal Tracts: Comparative Cineradiographic Observations of Vocalizing Animals", *Phonetica* 57, nos. 2~4 (2000): 205~218.

20. Feddersen-Petersen, D. U., "Vocalization of European Wolves (*Canis lupus lupus L.*) and Various Dog Breeds (*Canis lupus f. fam.*)", *Archiv für Tierzucht* 43, no. 4 (2000): 387~398.

21. Yin, S., "A New Perspective on Barking in Dogs (*Canis familiaris*)", *Journal of Comparative Psychology* 116, no. 2 (2002): 189~193. and Yin, S., and B. McCowan, "Barking in Domestic Dogs: Context Specificity and Individual Identification", *Animal Behaviour* 68, no. 2 (2004): 343~355.

22. Faragó, T., et al., "Dogs' Expectation about Signalers' Body Size by Virtue of Their Growls", *PLoS ONE* 5, no. 12 (2010): e15175.

23. Maros, K., et al., "Dogs Can Discriminate Barks from Different Situations", *Applied Animal Behaviour Science* 114, no. 1~2 (2008): 159~167.

24. Pongrácz, P., et al., "Human Listeners Are Able to Classify Dog (*Canis familiaris*) Barks Recorded in Different Situations", *Journal*

of Comparative Psychology 119, no. 2 (2005): 136~144. 이와 비슷한 실험 환경에서 가장 노련한 묘주들만 각기 다른 종류의 고양이 울음소리를 구별했다(Nicastro, N. and M. J. Owren, "Classification of Domestic Cat (*Felis catus*) Vocalizations by Naive and Experienced listeners", *Journal of Comparative Psychology* 117, no. 1 (2003): 44~52.

25. Molnár, C., et al., "Can Humans Discriminate Between Dogs on the Base of the Acoustic Parameters of Barks?" *Behavioural Processes* 73, no. 1 (2006): 76~83.

26. Kundey, S., et al., "Domesticated Dogs (*Canis familiaris*) React to What Others Can and Cannot Hear", *Applied Animal Behaviour Science* 126, no. 1~2 (2010): 45~50.

27. Carpenter, et al., "Social Cognition, Joint Attention".

28. Bekoff, M., "Play Signals as Punctuation: The Structure of Social Play in Canids", *Behaviour* 132, no. 5~6 (1995): 419~429.

29. 다음을 보라. Ibid. and Bauer, E. B., and B. B. Smuts, "Cooperation and Competition During Dyadic Play in Domestic Dogs, *Canis familiaris*", *Animal Behaviour*

30. 다음을 보라. Hare, Call, and Tomasello, "Communication of Food Location".

31. Gaunet, F., "How Do Guide Dogs and Pet Dogs (*Canis familiaris*) Ask Their Owners for Their Toy and for Playing?" *Animal Cognition* 13, no. 2 (2010): 311~323.

32. 다음을 보라. Miklósi, Á., et al., "Intentional Behaviour in Dog-Human Communication".

33. Rossi, A. P., and C. Ades, "A Dog at the Keyboard: Using Arbitrary Signs to Communicate Requests", *Animal Cognition* 11, no. 2 (2008): 329~338.

34. 다음을 보라. Ibid.

35. 다음을 보라. Hare, Call, and Tomasello, "Communication of Food Location".

36. Horowitz, A., "Disambiguating the 'Guilty Look': Salient Prompts to a Familiar Dog Behaviour", *Behavioural Processes* 81, no. 3 (2009): 447~452.

37. Gaunet, F., "How Do Guide Dogs of Blind Owners and Pet Dogs of Sighted Owners (*Canis familiaris*) Ask Their Owners for Food?" *Animal Cognition* 11, no. 3 (2008): 475~483.

38. Virányi, Z., et al., "Dogs Respond Appropriately to Cues of Humans' Attentional Focus", *Behavioural Processes* 66, no. 2 (2004): 161~172. and Gácsi, M., et al., "Are Readers of Our Face Readers of Our Minds? Dogs (*Canis familiaris*) Show Situation-Dependent Recognition of Human's Attention", *Animal Cognition* 7, no. 3 (2004): 144~153. and Fukuzawa, M., D. S. Mills, and J. J. Cooper, "More Than Just a Word: Non-Semantic Command Variables Affect Obedience in the Domestic Dog (*Canis familiaris*)", *Applied Animal Behaviour Science* 91, no. 1~2 (2005): 129~141. and Schwab, C., and L. Huber, "Obey or Not Obey? Dogs (*Canis familiaris*) Behave Differently in Response to Attentional States of Their Owners", *Journal of Comparative Psychology* 120, no. 3 (2006): 169~175.

39. 한 연구에 따르면 개들은 심지어 당신이 눈을 떴는지 감았는지도 안다고 한다(다음을 보라. Call, J., et al., "Domestic Dogs [Canis familiaris] Are Sensitive to the Attentional State of Humans", *Journal of Comparative Psychology* 117, no. 3 [2003]: 257~263), 또 다른 연구에 따르면 개들은 몇몇 상황에서 당신이 그들의 소리를 들을 수 있는 때와 없는 때를 안다고 한다. (Kundey, et al., "Domesticated Dogs [*Canis familiaris*] React") 두 연구는 10장에서 검토할 것이다.

40. Kaminski, J., et al., "Domestic Dogs Are Sensitive to a Human's Perspective", *Behaviour* 146, no. 7 (2009): 979~998.

41. Liszkowski, U., et al., "12- and 18-Month-Olds Point to Provide Information for Others", *Journal of Cognition and Development* 7, no. 2 (2006): 173~187.

42. 다음을 보라. Hare, "From Hominoid to Hominid Mind".

43. Topál, J., et al., "Reproducing Human Actions and Action Sequences: 'Do as I do!' in a Dog", *Animal Cognition* 9, no. 4 (2006): 355~367.

44. Virányi, Z., et al., "A Nonverbal Test of Knowledge Attribution: A Comparative Study on Dogs and Children", *Animal Cognition* 9, no. 1 (2006): 13~26.

45. 다음을 보라. Kaminski, "Domestic Dogs Are Sensitive".

46. 다음을 보라. Gaunet, "How Do Guide Dogs and Pet Dogs". and Kaminski, J., et al., "Dogs, *Canis familiaris*, Communicate with Humans to Request but Not to Inform". *Animal Behaviour* 82, no. 4 (2011): 651~658.

47. 다음을 보라. Cheney and Seyfarth, *Baboon Metaphysics*.

7 길 잃는 개

1. Frank, H., "Evolution of Canine Information Processing under Conditions of Natural and Artificial Selection", *Zeitschrift für Tierpsychologie* 53, no. 4 (1980): 389~399. and Fox, M., and D. Stelzner, "Behavioural Effects of Differential Early Experience in the Dog", *Animal Behaviour* 14, no. 2~3 (1966): 273~281.

2. 다음을 보라. Ibid. and Cattet, J., and A. S. Etienne, "Blindfolded Dogs Relocate a Target Through Path Integration", *Animal Behaviour* 68, no. 1 (2004): 203~212. and Séguinot, V., J. Cattet, and S. Benhamou, "Path Integration in Dogs", *Animal Behaviour* 55, no. 4 (1998): 787~797. and Chapuis, N., and C. Varlet, "Short Cuts by Dogs in Natural Surroundings", *Quarterly Journal of Experimental Psychology* 39, no. 1 (1987): 49~64.

3. Osthaus, B., D. Marlow, and P. Ducat, "Minding the Gap: Spatial Perseveration Error in Dogs", *Animal Cognition* 13, no. 6 (2010): 881~885.

4. 첫 번째 시행에서는 바센지가 가장 잘했고, 전체적으로는 비글이 가장

잘했다. 그 성적은 약간 덜 재능 있는 강아지들과 비슷했다. and Elliot, O., and J. P. Scott, "The Analysis of Breed Differences in Maze Performance in Dogs", *Animal Behaviour* 13, no. 1 (1965): 5~18.

5. 다음을 보라. Ibid.

6. 다른 연구(Macpherson, K., and W. A. Roberts, "Spatial Memory in Dogs [*Canis familiaris*] on a Radial Maze", *Journal of Comparative Psychology* 124, no. 1 [2010]: 47)는 똑같은 여덟 가지 미로를 사용해서 개들이 전에 방문했던 장소 네 곳을 기억하는지를 테스트했다. 처음에 개들은 가지 중 네 곳은 방문하지 못하고, 나머지 네 곳만 방문할 수 있었다. 지연 시간을 가진 뒤 개들은 미로로 돌아왔는데, 개들이 방문할 수 없었던 가지에는 여전히 음식이 들어 있었다. 쥐들이 개보다 큰 차이로 좋은 성적을 보였다.
지금까지 쥐와 새 같은 다른 동물이 보인 것과 대등한 성적으로 숨겨진 물건을 기억한 개는 리코뿐이다(다음을 보라. Kamil, A. C., R. P. Balda, and D. J. Olson, "Performance of Four Seed-Caching Corvid Species in the Radial-Arm Maze Analog", *Journal of Comparative Psychology* 108, no. 4 [1994]: 385; and Bird, L. R., et al., "Spatial Memory for Food Hidden by Rats [*Rattus norvegicus*] on the Radial Maze: Studies of Memory for Where, What, and When", *Journal of Comparative Psychology* 117, no. 2 [2003]: 176). 리코는 방마다 각기 다른 장난감이 놓여 있는 것을 기억하고 명령을 내릴 때 그 장난감을 물어오는 능력이 거의 완벽했다(다음을 보라. Kaminski, J., J. Fischer, and J. Call, "Prospective Object Search in Dogs: Mixed Evidence for Knowledge of What and Where", *Animal Cognition* 11, no. 2 [2008]: 367~371).

7. Johnston, L., "Missing dog finds way home after 5 years—even to owners' new house", *New York Daily News*, January 19, 2011, http://articles.nydailynews.com/2011-01-19/entertainment/27088069_I_missing-dog-children-prince.

8. West, K., "Mason the 'Tornado Dog' Finds His Way Home on Two Legs", *People*, June 13, 2011; http://www.peoplepets.com/people/

pets/article/0,20502339,00.html.

9. 인간은 누군가에게 길을 가르쳐줄 때 두 가지 방법을 사용한다. 방향을 지시해서(가령, 왼쪽이나 오른쪽) 현재 위치를 기준으로 그 장소가 어디 있는지 설명하기도 하고, 잘 알려진 랜드마크를 기준으로 목적지를 설명 하기도 한다. 이 두 가지 전략은 길을 찾는 동물에게서 관찰되는 전략과 비슷하다. 많은 동물이 자기 자신의 위치를 사용해서 다른 물체의 위치를 기억하고(**그 밤톨은 내 왼쪽에 있다**), 몇몇 종은 랜드마크를 이용해서 길을 찾는다(**그 밤톨은 전나무 옆에 있다**).

10. Fiset, S., "Landmark-Based Search Memory in the Domestic Dog (*Canis familiaris*)", *Journal of Comparative Psychology* 121, no. 4 (2007): 345~353. and Milgram, N. W., et al., "Landmark Discrimination Learning in the Dog: Effects of Age, an Antioxidant Forti ed Food, and Cognitive Strategy", *Neuroscience & Biobehavioral Reviews* 26, no. 6 (2002): 679~695. and Milgram, N. W., et al., "Landmark Discrimination Learning in the Dog", Learning & Memory 6, no. 1 (1999): 54~61.

11. Fiset, S., S. Gagnon, and C. Beaulieu, "Spatial Encoding of Hidden Objects in Dogs (*Canis familiaris*)", *Journal of Comparative Psychology* 114, no. 4 (2000): 315~324.

12. Miklósi, *Dog Behavior, Evolution and Cognition*.

13. Herrmann, et al., "Humans Have Evolved Specialized". and Spelke, E. S., et al., "Origins of Knowledge", *Psychological Review* 99, no. 4 (1992): 605.

14. Hood, B. M., L. Santos, and S. Fieselman, "Two-Year-Olds' Naive Predictions for Horizontal Trajectories", *Developmental Science* 3, no. 3 (2000): 328~332.

15. Hood, B., S. Carey, and S. Prasada, "Predicting the Outcomes of Physical Events: Two-Year-Olds Fail to Reveal Knowledge of Solidity and Support", *Child Development* 71, no. 6 (2000): 1540~1554.

16. Herrmann, et al., "Humans Have Evolved Specialized".

17. Frank, H., and M. G. Frank, "Comparative Manipulation-Test Performance in Ten-Week-Old Wolves (Canis lupus) and Alaskan Malamutes (*Canis familiaris*): A Piagetian Interpretation", *Journal of Comparative Psychology* 99, no. 3 (1985): 266~274.

18. Osthaus, B., S. E. G. Lea, and A. M. Slater, "Dogs (Canis lupus familiaris) Fail to Show Understanding of Means-End Connections in a String-Pulling Task", *Animal Cognition* 8, no. 1 (2005): 37~47.

19. 다음을 보라. Ibid.

20. 다음을 보라. Herrmann, et al., "The Structure of Individual Differences". and Herrmann, et al., "Differences in the Cognitive Skills". and Heinrich, B., and T. Bugnyar, "Testing Problem Solving in Ravens: String-Pulling to Reach Food", *Ethology* 111, no. 10 (2005): 962~976. and Santos, L. R., et al., "Means-Means-End Tool Choice in Cotton-Top Tamarins (*Saguinus oedipus*): Finding the Limits on Primates' Knowledge of Tools", *Animal Cognition* 8, no. 4 (2005): 236~246.

21. Range, F., M. Hentrup, and Z. Virányi, "Dogs Are Able to Solve a Means-End Task", *Animal Cognition* 14, no. 4 (2011): 575~583.

22. Whitt, E., et al., "Domestic cats (*Felis catus*) do not show causal understanding in a string-pulling task", *Animal Cognition* 12, no. 5 (2009): 739~743.

23. 다음을 보라. Bräuer, et al., "Making Inferences About".

24. 개들이 단지 기울어지게 연출된 판자에 마음이 끌릴 가능성은 제어를 통해 배제되었다. 개들이 기울어진 판자를 항상 선호하진 않았다. 기울어진 판자를 선택해서 보상받을 때 그 보상이 음식이 아닌 나뭇조각이라는 것을 알고 있는 시행에서는 기울어진 판자를 선택하지 않았다. 또한 그 실험 조건에서 나온 긍정적인 결과가 판자를 건드리는 실험 단서 때문에 나왔을 가능성도 배제되었다. 유인 절차는 두 가지 조건에서 모두 동일했기 때문이다. and Bräuer, et al., "Making Inferences About".

25. Kundey, S. M. A., et al., "Domesticated Dogs' (*Canis familiaris*) Use of the Solidity Principle", *Animal Cognition* 13, no. 3 (2010): 497~505.

26. Osthaus, B., A. M. Slater, and S. E. G. Lea, "Can Dogs Defy Gravity? A Comparison with the Human Infant and a Non-Human Primate", *Developmental Science* 6, no. 5 (2003): 489~497.

27. 이 실험은 비판받았다. 개들이 결정을 내릴 때 최초의 낙하 지점 위로 사람 손이 움직이는 것을 단서로 이용했을 수도 있다는 사실 때문이다. 게다가 중력 편향을 보이려면, 그 장치가 평평하게 놓여 있을 때 음식이 수직의 관에서 나올 거라고 개들이 예측할 수 있어야 한다는 것을 입증하는 것도 중요하다(다음을 보라. Hood, Santos, and Fieselman, "Two-Year-Olds' Naive Predictions").

28. Bräuer, J., and J. Call, "The Magic Cup: Great Apes and Domestic Dogs (Canis familiaris) Individuate Objects According to Their Properties", *Journal of Comparative Psychology* 125, no. 3 (2011): 353~361.

29. Míklósi, Á., et al., "A Simple Reason for a Big Difference: Wolves Do Not Look ack at Humans, But Dogs Do", *Current Biology* 13, no. 9 (2003): 763~766.

30. Call, J., and M. Carpenter, "Do Apes and Children Know What They Have Seen?" *Animal Cognition* 3, no. 4 (2001): 207~220.

31. Bräuer, J., J. Call, and M. Tomasello, "Visual Perspective Taking in Dogs (*Canis familiaris*) in the Presence of Barriers", *Applied Animal Behaviour Science* 88, no. 3~4 (2004): 299~317. and McMahon, S., K. Macpherson, and W. A. Roberts, "Dogs Choose a Human Informant: Metacognition in Canines", *Behavioural Processes* 85, no. 3 (2010): 293~298.

32. 다음을 보라. Udell, Giglio, and Wynne, "Domestic Dogs (*Canis familiaris*) Use Human Gestures". 또한 개들은 자기가 모른다는 것을 암묵적으로 알고 있으면서도 두 연구에서 이해를 측정하기 위해 사용했던 성찰 행동을 보여주기에는 너무 참을성이 없었을지도 모른다(즉, 미래

의 보상을 너무 많이 할인하는 것이다). 미래의 연구에서 인내심을 줄이고 선택을 명시적으로 한다면 개의 암묵적인 자기 인식이 밝혀질지도 모른다.

33. 다음을 보라. Tomasello and Call, Primate Cognition. and Zazzo, R., "Des Enfants, Des Singes et Des Chiens Devant le Miroir", *Revue de Psychologie Appliquée* 29, no. 2 (1979): 235~246. and Howell, T. J., and P. C. Bennett, "Can Dogs (*Canis familiaris*) Use a Mirror to Solve a Problem?" *Journal of Veterinary Behavior: Clinical Applications and Research* 6, no. 6 (2011): 306~312.

34. Bekoff, M., "Observations of Scent-Marking and Discriminating Self from Others by a Domestic Dog (*Canis familiaris*): Tales of Displaced Yellow Snow", *Behavioural Processes* 55, no. 2 (2001): 75~79.

35. 이 연구 분야가 얼마나 새로운지를 고려할 때 개들이 그들 자신을 얼마나 잘 이해하는지를 확실히 알기까지는 앞으로 많은 연구가 필요할 것이다. 이 분야는 동물 연구의 가장 도전적인 분야 중 하나다. 미래에 개가 우리를 놀라게 한다면 그 일은 이 분야에서 일어날 거라고 생각한다. 그 이유는 주로, 배제를 통한 추론은 기초적인 형태의 자기 인식이나 메타 인식을 필요로 할 수 있기 때문이다. (어쩌면 리코가 낯선 소리와 낯선 장난감을 자연발생적으로 짝지을 수 있었던 것은 자기가 어느 장난감을 아는지 혹은 어느 장난감의 이름을 모르는지를 알고 있기 때문인지 모른다.)

36. 다음을 보라. Frank, "Evolution of Canine Information Processing".

37. 다음을 보라. Frank, et al., "Motivation and Insight in Wolf". and Frank, H., "Wolves, Dogs, Rearing and Reinforcement: Complex Interactions Underlying Species Differences in Training and Problem-Solving Performance", *Behavior Genetics* 41, no. 6 (2011): 830~839.

38. 그전에 프랭크는 맬러뮤트 강아지의 성적과 어미에게 자라서 사람과 거의 접촉하지 않은 새끼 늑대의 성적을 비교했다. 그 늑대들은 사실 강아지들을 능가하지 못했다. 프랭크는 늑대들의 성적이 다른 원인이 양육 역사에 따른 동기 부여의 차이에 있다고 본다. 분명 그는 어미에게 자란 새

끼 늑대들이 사람 손에서 자란 새끼 늑대들보다 음식에 대한 의욕이 적은 것을 관찰하고, 사람 손에서 자란 늑대 새끼들이 왕성한 식욕을 보인다고 보고했다(다음을 보라. Frank, et at., "Motivation and Insight in Wolf").

39. Wobber, V., and B. Hare, "Testing the Social Dog Hypothesis: Are Dogs Also More Skilled Than Chimpanzees in Non Communicative Social Tasks?" *Behavioural Processes* 81, no. 3 (2009): 423~428.

8 무리 동물

1. Kuan, L., and R. M. Colwill, "Demonstration of a Socially Transmitted Taste Aversion in the Rat", *Psychonomic Bulletin & Review* 4, no. 3 (1997): 374~377.

2. Lupfer-Johnson, G., and J. Ross, "Dogs Acquire Food Preferences from Interacting with Recently Fed Conspecifics", *Behavioural Processes* 74. no. 1 (2007): 104~106.

3. Ross, S., and J. G. Ross, "Social Facilitation of Feeding Behavior in Dogs: I. Group and Solitary Feeding", *The Pedagogical Seminary and Journal of Genetic Psychology* 74, no. 1 (1949): 97~108.

4. 다음을 보라. Frank, et al., "Motivation and Insight in Wolf".

5. Pongrácz, P., et al., "Social Learning in Dogs: The Effect of a Human Demonstrator on the Performance of Dogs in a Detour Task", *Animal Behaviour* 62, no. 6 (2001): 1109~1117. and Pongrácz, P., et al., "Interaction Between Individual Experience and Social Learning in Dogs", *Animal Behaviour* 65, no. 3 (2003): 595~603. and Pongrácz, P., et al., "Preference for Copying Unambiguous Demonstrations in Dogs (Canis familiaris)", *Journal of Comparative Psychology* 117, no. 3 (2003): 337~343. and Pongrácz, P., et al., "Verbal Attention Getting as a Key Factor in Social Learning Between Dog (Canis familiaris) and Human", *Journal of Comparative Psychology* 118, no. 4 (2004): 375~383.

6. 다음을 보라. Miller, Rayburn-Reeves, and Zentall, "Imitation and

Emulation by Dogs". 12마리 중 11마리가 첫 번째 시행에서 시범견이 사용한 방향을 그대로 사용했다. 이 수치는 대단히 유의미하다. 반면에 인간 시범자가 사용한 방향을 따른 개는 12마리 중 9마리로, 이 수치는 통계적으로 우연 이상이 아니다. 개들이 다른 개를 모방할 때 조금 더 나은 능력을 보이는 것일 수 있지만, 이 가능성을 테스트하는 특별한 연구가 미래에 고안될 필요가 있다.

7. Kubinyi, E., et al., "Dogs (Canis familiaris) Learn from Their Owners Via Observation in a Manipulation Task", *Journal of Comparative Psychology* 117, no. 2 (2003): 156~165.

8. 한 연구에서 개들은 관찰을 통해 손잡이를 눌러 장난감이 나오게 하는 법을 금세 학습한 반면, 시범 중에 관찰한 움직임의 방향은 모방하지 못했다(다음을 보라, Ibid.; and Mersmann, D., et al., "Simple Mechanisms Can Explain Social Learning in domestic dogs [*Canis familiaris*]", *Ethology* 117, no. 8 [2011]: 675~690). 하지만 개들이 아주 간단한 목표 행동(즉, 움직임의 방향)을 항상 따라 하진 못한다는 것을 보여주는 엇갈린 결과들이 있다. 이것으로 보아, 우리가 일상에서 부딪히는 아주 간단한 문제를 해결하는 데 필요한 새로운 행동들을 복잡하게 연결해서 실행하는 것을 개들이 사회적으로 학습할 줄 안다고 보기는 어려울 듯하다.

9. Range, F., L. Huber, and C. Heyes, "Automatic Imitation in Dogs", *Proceedings of the Royal Society B: Biological Sciences* 278, no. 1703 (2011): 211~217.

10. 다음을 보라. Topál, et al., "Reproducing Human Actions".

11. 다음을 보라. Ibid.

12. Gergely, G., H. Bekkering, and I. Király, "Rational Imitation in Preverbal Infants", *Nature* 415, no. 6873 (2002): 755.

13. 이 방법으로 발달심리학자들은 다음과 같은 사실을 입증할 수 있었다. 어린 유아는 타인의 행동을 의도적인 것으로 이해할 뿐 아니라, 그들이 목표 달성을 위해 각기 다른 행동을 선택할 수도 있다(예를 들어, 환경의 제약에 따라)는 것을 말이다.

14. Range, F., Z. Viranyi, and L. Huber, "Selective Imitation in

Domestic Dogs", *Current Biology* 17, no. 10 (2007): 868~872.

15. 연구자들이 괄목할만한 발견을 했을 때는 다른 팀들이 그 발견을 재현하는 것이 중요하다. 이 발견은 현재 논쟁 중이다. 새로운 연구가 원래의 방법을 정확히 재현했지만(다음을 보라. Range, et al., "Selective Imitation") 합리적 모방의 증거를 발견하지 못했기 때문이다(Kaminski, J., et al., "Do Dogs Distinguish Rational from Irrational Acts?" *Animal Behaviour* 81, no. 1 〔2011〕: 195~203). 훨씬 더 큰 표본이 참가했지만 시범견의 입에 공이 있을 때와 없을 때에 근거해서 시범의 방법을 모방하지는 않았다. 카민스키와 동료들(이하, 카민스키)은 또한 다른 방법을 통해서, 개들이 다른 개의 행동 뒤에 놓인 이유를 추론하는 듯하다고 가리키는 비슷한 발견(Hauser, et al., "What Experimental Experience")을 재현하는 것도 실패했다.

16. 우회 테스트를 사회적으로 학습하는 개의 능력에는 한계가 있음이 후속 연구들을 통해 입증되었다. 개들은 한 번의 시범으로 우회하는 법을 학습한 반면에, 시범자가 장벽 뒤에서 돌아올 때 처음에 장벽 뒤로 들어갔던 곳과 같은 곳에서 나올 때만 시범자의 방향을 모방했다. 또한 Mersmann, et al., ("Simple Mechanisms") 연구는 그 실험 절차를 재현했지만, 아주 단순한 사회적 학습 메커니즘을 뒷받침하는 약간 다른 결과를 발견했다.

17. 지금까지 관찰된 것처럼 딩고는 호주의 오지에서 인간과 완전히 독립해서 살기 때문에, 일부 과학자는 딩고를 떠돌이개로 봐서는 안 된다고 믿는다(다음을 보라. Koler-Matznick, "The Origin of the Dog Revisited"). 우리가 여기에서 딩고를 떠돌이개로 보는 이유는 딩고가 가정견과 똑같다는 것이 유전자 연구로 입증되었기 때문이다. 딩고는 인간에게 완전히 의존하는 생활방식을 채택하지 않았을 것이다(다음을 보라. Spotte, *Societies of Wolves*).

18. 다음을 보라. Ibid.

19. Boitani, L., P. Ciucci, and A. Ortolani, "Behaviour and Social Ecology of Free-Ranging Dogs". In *The Behavioural Biology of Dogs*, ed. P. Jensen (Wallingford, UK: CAB International, 2007), 147~165.

20. Daniels and Bekoff, "Feralization". and Boitani and Ciucci, "Comparative Social Ecology". and Purcell, *Dingo*. and Bonanni, et al., "Free-Ranging Dogs". and Pal, S., B. Ghosh, and S. Roy, "Dispersal Behaviour of Free-Ranging Dogs (*Canis familiaris*) in Relation to Age, Sex, Season and Dispersal Distance", *Applied Animal Behaviour Science* 61, no. 2 (1998): 123~132. and Cafazzo, S., et al., "Dominance in Relation to Age, Sex, and Competitive Contexts in a Group of Free-Ranging Domestic Dogs", *Behavioral Ecology* 21, no. 3 (2010): 443~455.
21. 떠돌이개를 연구하는 모든 과학자가 떠돌이개 무리에 확실한 위계 구조가 있다는 생각에 동의하진 않는다. 어떤 무리에서는 위계 구조가 관찰되지 않았다(다음을 보라. Boitani, Ciucci, and Ortolani, "Behaviour and Social Ecology"; and Bradshaw, J. W. S., E. J. Blackwell, and R. A. Casey, "Dominance in Domestic Dogs—Useful Construct or Bad Habit?" *Journal of Veterinary Behavior: Clinical Applications and Research* 4, no. 3 [2009]: 135~144). 하지만 최근에 신중하게 고안된 한 연구에서는 위계 구조가 탐지되었다(다음을 보라. Cafazzo, et al., "Dominance in Relation to Age"). 이 그룹에서 젊은 개들은 성견에게 복종 행동을 보였고, 수컷들은 대개(항상은 아니지만) 각 연령 범주에서 암컷을 지배했다. 지배신호와 반대되는 복종 행동은 육식동물과 영장류 같은 포유동물 안에 지배 위계가 있음을 가리키는 가장 확실한 지표로 여겨진다. 늑대 무리에는 지배종속 관계를 과시하는 공식적인 지배 행동이 있다(그 행동은 놀이나 그 밖의 상호작용을 개시하는 데 절대로 사용되지 않는다). 젊은 개체들은 나이 든 개체 아래로 절을 하고, 그들의 주둥이를 재빠르게 핥는다. 인사할 때나 잠시 헤어진 후 무리가 재결합할 때 친목을 다지는 상황에서 늑대들이 사용하는 행동이다. 떠돌이개들도 이와 똑같은 공식적인 종속신호를 주고받지만, 모든 개체가 그러지 않고 빈도도 매우 낮다. 이렇게 빈도가 낮다는 것은, 떠돌이개 무리에서 관찰되는 지배 위계가 늑대 무리에서 관찰되는 것만큼 절대적이지 않으며, 그 이유는 지배 복종 관계를 과시하는 측면에서 개들이 더 느긋하기 때문이라는 것을 가리킨다. 또한 개가 우리 얼굴을 핥는 것이 친화성의 표시인

지 복종의 표시인지도 흥미로운 의문이다. 이를 알아내기 위해서는 영리한 실험이 필요할 것이다.

22. Aureli, F., *Natural Conflict Resolution* (Berkeley: University of California Press, 2000).

23. 딩고는 예외일 수도 모른다. 몇몇 경우에는 늑대와 매우 흡사한 사회구조를 보이기 때문이다(다음을 보라. Purcell, *Dingo*).

24. 다음을 보라. Derix, et al., "Male and Female Mating Competition".

25. 극단적인 경우에 암컷의 억압은 영아살해의 형태로 나타난다. 이때 번식하는 쌍은 무리 내의 다른 암컷이 낳은 새끼를 모두 죽인다(다음을 보라. Ibid.; and McLeod, "Infanticide by Female Wolves"). 이 법칙의 예외가 관찰된 적이 있다. 어미가 딸의 자식들에게 관용을 베푼 것이다 (Mech and Boitani, *Wolves*).

26. 다음을 보라. Derix, et al., "Male and Female Mating Competition". and McLeod, "Infanticide by Female Wolves". and McLeod, P. J., et al., "The Relation Between Urinary Cortisol Levels and Social Behaviour in Captive Timber Wolves", *Canadian Journal of Zoology* 74, no. 2 (1996): 209~216. and Sands, J., and S. Creel, "Social Dominance, Aggression and Faecal Glucocorticoid Levels in a Wild Population of Wolves, *Canis lupus*", *Animal Behaviour* 67, no. 3 (2004): 387~396.

27. 다음을 보라. McLeod, "Infanticide by Female Wolves".

28. 다음을 보라. Ibid.

29. 다음을 보라. Mech and Boitani, *Wolves*.

30. 수렵채집인들은 중심부에서 식량을 공급한다고 알려져 있다. 모든 사람이 매일 수확물을 야영지로 가져와 나누기 때문이다(다음을 보라. Marlowe, *The Hadza*). 늑대도 매일 중심부에 있는 굴로 돌아와서 무리의 가장 어린 구성원들—대개 그해에 태어난 새끼들—과 먹이를 나눈다 (다음을 보라. Mech and Boitani, *Wolves*). 이 점에서 인간은 다른 영장류보다 늑대와 더 비슷하다. 늑대의 이 특성 때문에 원시개는 쉽게 굴을 버리고 인간 정착지 근처나 그 내부에서 살기 시작했을 것이다.

31. 다음을 보라. Ibid.

32. 다음을 보라. Cafazzo, et al., "Dominance in Relation".

33. 다음을 보라. Ibid. and Boitani and Ciucci, "Comparative Social Ecology". and Pal, "Parental Care in Free-Ranging Dogs".

34. Bonanni, R., et al., "Effect of A liative and Agonistic Relationships on Leadership Behaviour in Free-Ranging Dogs", *Animal Behaviour* 79, no. 5 (2010): 981~991.

35. 예외일 수 있는 경우가 뉴기니싱잉독과 딩고다. 이들 개체군에서 협력적인 공동 육아가 발생했을 가능성이 있지만, 아직은 연구를 통해 입증되지 않았다(see Purcell, *Dingo*).

36. 다음을 보라. Boitani and Ciucci, "Comparative Social Ecology". and Pal, S. K., "Reproductive Behaviour of Free-Ranging Rural Dogs in West Bengal, India", *Acta Theriologica* 48, no. 2 (2003): 271~281.

37. 큰 수컷 개들이 이제 막 번식 연령에 도달한 어린 암컷들을 "힘으로 범한" 몇몇 사례를 보고했다(see Ghosh, B., D. K. Choudhuri, and B. Pal, "Some Aspects of the Sexual Behaviour of Stray Dogs, *Canis familiaris*", *Applied Animal Behaviour Science* 13, no. 1 [1984]: 113~127). 분명히 강압적인 행동이지만, 그렇다고 해서 암컷들이 자식을 낳지 못하게 한다기보다는 오히려 정반대라는 것을 의미한다. 따라서 칭찬할만한 행동은 아니지만, 번식을 억압하는 행동으로 보이진 않는다.

38. Mech, et al., *The Wolves of Denali*. and Spotte, *Societies of Wolves*.

39. 다음을 보라. Pal, "Maturation and Development". and Boitani and Ciucci, "Comparative Social Ecology". 그리고 예외가 목격되었다. 한 사례에서는 떠돌이개 어미 한 쌍이 서로의 새끼를 공동 수유했다. 다른 사례에서는 어미가 먹이를 구하러 떠난 사이에 수컷이 자식으로 추정되는 생후 10일 된 새끼에게 음식을 토해 먹었다(see Pal, "Parental Care in Free-Ranging Dogs").

40. Jenks, S. M., *Behavioral Regulation of Social Organization and Mating in a Captive Wolf Pack* (Storrs, Conn.: University of Connecticut, 1988).

41. 개를 관찰하는 어떤 연구도 성견들의 연합 행동을 보고하지 않았다. 아마 떠돌이개 무리 안에서 공격이 극히 드물기 때문일 것이다.

42. 싸움의 목표인 음식이나 발정기 암컷이 없을 때 24마리 이상의 떠돌이개를 관찰한 장기 연구에서 공격 사례는 0으로 관찰되었다(see Cafazzo, et al., "Dominance in Relation to Age"). 늑대의 연합 행동은 번식하는 암컷에 접근하려는 분쟁 때문이다. 개는 난잡하고, 무리 안에 번식하는 암컷이 다수 있으며, 이 때문에 연합 공격이 적게 유발될 수도 있다.

43. 떠돌이개 성체들이 연합성 지원을 보이지 않는 이유는 미래 연구를 기다리는 흥미로운 주제다. 더 많이 관찰하면 갈등 중에 낮은 비율의 연합성 지원이 나타날 수 있고, 몇 가지 맥락에서는 높은 수준의 연합성 지원이 나타날 수 있다. 반면에, 성체 떠돌이개들은 이런 종류의 연합생 행동을 아예 표출하지 않을 수 있으며 그 이유는 아마도 감정 반응이나 사회 조직에 발생한 변화 때문일지 모른다. 반려견들이 자유롭게 뛰어다닐 수 있는 공원에서 내가 직접 관찰한 바에 기초해볼 때, 신중한 관찰 연구를 진행한다면, 자연발생적인 개싸움 중에 연합성 지원이 목격될 수도 있다. 또한 주인이 가까운 곳에 있을 때 다른 개를 더 자주 공격하는 것이 개들은 인간 파트너의 지원을 기대하기 때문일 수도 있다. 또한 흥미로운 견종 차이가 있을 수도 있다. 이것도 분명 미래의 연구를 기다리는 흥미로운 주제다.

44. Wrangham, R. W., "Evolution of Coalitionary Killing", *American Journal of Physical Anthropology supplement* 29 (1999): 1~30.

45. Murray, D. L., et al., "Death from Anthropogenic Causes Is Partially Compensatory in Recovering Wolf Populations", *Biological Conservation* 143, no. 11 (2010): 2514~2524.

46. 다음을 보라. Mech, et al., *The Wolves of Denali*. and Murray, et al., "Death from Anthropogenic". and Mech, L. D., "Buffer Zones of Territories of Gray Wolves as Regions of Intraspecific Strife", *Journal of Mammalogy* 75, no. 1 (1994): 199~202.

47. 비록 의심스러운 사례가 관찰되기도 했지만(다음을 보라. Macdonald and Carr, "Variation in Dog Society").

48. 다음을 보라. Bonanni, et al., "Free-Ranging Dogs".

49. 몇몇 연구팀은 떠돌이개 무리들 사이에서 공격 행동을 관찰했다(see Boitani and Ciucci, "Comparative Social Ecology"; Pal, Ghosh, and

Roy, "Agonistic Behaviour"; Bonanni and Ciucci, "Free-Ranging Dogs"; Bonanni, R., P. Valsecchi, and E. Natoli, "Pattern of Individual Participation and Cheating in Con icts Between Groups of Free-Ranging Dogs", *Animal Behaviour* 79, no. 4 [2010], 957~968). 보나니와 동료들은 (Bonanni and Ciucci, "Free Ranging Dogs"; and Bonanni, Valsecchi, and Natoli, "Pattern of Individual Participation") 거의 200회에 달하는 분쟁을 관찰했는데 그중 5퍼센트 미만에서 무는 공격을 포함하는 물리적 싸움을 목격했다.

50. 다음을 보라. Bonanni and Ciucci, "Free-Ranging Dogs".
51. 다음을 보라. Mech, *The Wolf.* and Stander, P., "Cooperative Hunting in Lions: The Role of the Individual", *Behavioral Ecology and Sociobiology* 29, no. 6 (1992): 445~454. 비록 늑대들은 사냥하는 중에 행동을 조율할 가능성이 있지만, 이 생각을 테스트하는 실험은 이루어지지 않았다. 하이에나와 침팬지도 야생에서 집단 사냥을 할 때 행동을 조율하는 것으로 추측된다. 실험 결과에 따르면 그들은 서로 노력을 조율해서 새로운 음식 획득 게임을 해결할 줄 안다(Melis, Hare, and Tomasello, "Chimpanzees Recruit the Best"; Melis, Hare, and Tomasello, "Chimpanzees Coordinate"; Melis, A. P., B. Hare, and M. Tomasello, "Do Chimpanzees Reciprocate Received Favours?" *Animal Behaviour* 76, no. 3 [2008]: 951~962.; Drea, C. M. and A. N. Carter, "Cooperative Problem Solving in a Social Carnivore", *Animal Behaviour* 78, no. 4 [2009]: 967~977). 늑대가 사냥할 때 단지 함께 행동하는지, 아니면 공격을 적극적으로 조율하는지를 알기 위해서는 위와 같은 실험이 필요할 것이다.
52. 다음을 보라. Boitani and Ciucci, "Comparative Social Ecology".
53. 다음을 보라. Coppinger and Coppinger, Dogs: *A New Understanding.* and Spotte, *Societies of Wolves.* 딩고(그리고 뉴기니싱잉독)는 이 법칙의 중요한 예외다. 딩고는 과육식성(hypercarnivorous)이라는 표현이 가장 적절하다. "무리를 지어 살고, 70퍼센트 이상의 척추동물을 먹으며, 자기 평균 체중보다 더 무거운 동물을 사냥"하기 때문이다(see Purcell, Dingo). 분명 딩고는 인간에게 의존하지 않으며, 몇 가지 이유에서 떠

돌이개로 간주하기도 어렵다. 일부 학자는 호주에서 딩고는 북미의 코요테와 똑같은 생태지위를 점했다고 말한다(see Spotte, Societies of Wolves).

54. 다음을 보라. Boitani and Ciucci, "Comparative Social Ecology".

55. 다음을 보라. Purcell, *Dingo*. and Kruuk, H., and H. Snell, "Prey Selection by Feral Dogs from a Population of Marine Iguanas (Amblyrhynchus cristatus)", *Journal of Applied Ecology* 18 (1981): 197~204.

56. 다음을 보라. Mech, *The Wolf*. and Lwanga, et al., "Primate Population Dynamics". and Stander, "Cooperative hunting in Lions". and Drea and Carter, "Cooperative Problem Solving". 하지만 예외가 있을 수 있다. 딩고가 월러비(wallaby)와 캥거루를 잡는 경우다. 두 동물은 딩고의 식사에서 작은 부분을 차지하지만, 성체가 되면 딩고보다 더 크고 도망치기도 잘한다. 따라서 이 동물을 잡을 땐 여러 개체의 조율이 필요할 수 있다. 하지만 딩고가 어떻게 자기보다 큰 동물을 잡는지를 조사하는 체계적인 연구는 수행된 적이 없다(see Purcell, *Dingo*).

57. Chowdhury, B., et al., *Behavioral Genetic Characterization of Hunting in Domestic Dogs, Canis familiaris* (Bowling Green, Ohio: Bowling Green State University, 2011).

58. 다음을 보라. Koster, "Hunting with Dogs in Nicaragua". and Koster, "The Impact of Hunting with Dogs".

59. 다음을 보라. Townshend, *Darwin's Dogs*.

60. Hepper, P. G., "Long-Term Retention of Kinship Recognition Established During Infancy in the Domestic Dog", *Behavioural Processes* 33, nos. 1~2 (1994): 3~14.

61. Adachi, I., H. Kuwahata, and K. Fujita, "Dogs Recall Their Owner's Face Upon Hearing the Owner's Voice", *Animal Cognition* 10, no. 1 (2007): 17~21.

62. Kundey, S. M. A., et al., "Reputation-like Inference in Domestic Dogs (*Canis familiaris*)", *Animal Cognition* 14, no. 2 (2010): 291~302.

63. 다음을 보라. Bonanni, Valsecchi, and Natoli, "Pattern of Individual Participation".

64. Miklósi, et al., "A Simple Reason for a Big Difference".

65. 다음을 보라. Hare, Call, and Tomasello, "Communication of Food Location". and Miklósi, et al., "Intentional Behaviour". and Gaunet, "How Do Guide Dogs and Pet Dogs".

66. Horn, L., et al., "Domestic Dogs (Canis familiaris) Flexibly Adjust Their Human-Directed Behavior to the Actions of Their Human Partners in a Problem Situation", *Animal Cognition* 15,

67. Wynn, K., "Addition and Subtraction by Human Infants", *Nature* 358, no. 6389 (1992): 749~750.

68. West, R. E., and R. J. Young, "Do Domestic Dogs Show Any Evidence of Being Able to Count?" *Animal Cognition* 5, no. 3 (2002): 183~186.

69. 개들은 1 대 4, 1 대 3, 2 대 5, 1 대 2, 2 대 4, 3 대 5를 구별한다. 하지만 2 대 3이나 3 대 4는 구분하지 못한다. 두 수량의 비가 작을 때(작은 수량을 큰 수량으로 나눈 수)와 두 수의 격차가 클 때 개들이 더 큰 수량을 정확히 선택하는 경향을 보였다는 점에서 이 개들의 수행은 베버의 법칙을 따랐다. (see Ward, C., and B. B. Smuts, "Quantity-Based Judgments in the Domestic Dog [Canis lupus familiaris]", *Animal Cognition* 10, no. 1 [2007]: 71~80)

70. 이 모든 연구에서 그룹 통계를 사용했다는 점이 언급될 필요가 있다. 더 큰 수량과 작은 수량을 구별하는 개체들의 능력을 조사하기 위해 테스트를 고안할 때, 우리는 개체 수준에서 우연 이상의 성적을 거의 보지 못했다. 그렇다면 개들은 이 환경에서 수량을 판별하는 능력이 매우 약하다고 볼 수 있다.

71. 다음을 보라. Bonanni, et al., "Free-Ranging Dogs".

72. 다음을 보라. Ibid.

73. Morris, P. H., C. Doe, and E. Godsell, "Secondary Emotions in Non-Primate Species? Behavioural Reports and Subjective Claims by Animal Owners", *Cognition and Emotion* 22, no. 1 (2008): 3~20.

74. 다음을 보라. Horowitz, "Disambiguating the 'Guilty Look.'"

75. 영장류에게 형평 의식이 있는지를 테스트하는 것은 지난 10년에 걸쳐 동물심리학 분야에서 가장 논쟁적인 주제 중 하나였다. 영장류의 형평 의식에 유리하게 해석될 수 있는 증거가 있긴 하지만, 대다수의 연구는 형평 의식이 없다고 주장한다(하지만 다음을 보라. De Waal, F. B. M., "Putting the Altruism Nack into Altruism: The Evolution of Empathy", *Annual Review of Psychology* 59 [2008]: 279~300). 개의 형평 의식을 계속 인정하는 연구가 단 하나 있긴 하지만, 영장류에 대한 연구 결과가 엇갈리는 점을 고려할 때 신중하게 바라볼 필요가 있다. 개의 형평 의식에 관한 이 연구(see Range, F., et al., "The Absence of Reward Induces Inequity Aversion in Dogs", *Proceedings of the National Academy of Sciences* 106, no. 1 [2009]: 340~346)는 다른 실험실에서 재현되어야만 모든 동물심리학자에게 폭넓게 인정받을 것이다. 내가 알기로, 이 책을 쓸 때까지 어떤 재현 연구도 발표되지 않았다.

76. Singer, T., et al., "Empathy for Pain Involves the Affective but Not Sensory Components of Pain", *Science* 303, no. 5661 (2004): 1157~1162. and Jackson, P. L., P. Rainville, and J. Decety, "To What Extent Do We Share the Pain of Others? Insight from the Neural Bases of Pain Empathy", *Pain* 125, no. 1~2 (2006): 5~9.

77. Langford, D., et al., "Social Modulation of Pain as Evidence for Empathy in Mice", *Science* 312, no. 5782 (2006): 1967~1970.

78. 다음을 보라. De Waal, "Putting the Altruism". and Palagi, E., and G. Cordoni, "Postconflict Third-Party A liation in Canis lupus: Do Wolves Share Similarities with the Great Apes?" *Animal Behaviour* 78, no. 4 (2009): 979~986.

79. 다음을 보라. Aureli, *Natural Conflict Resolution*. and Koski, S. E., and E. H. M. Sterck, "Triadic Postconflict A liation in Captive Chimpanzees: Does Consolation Console?" *Animal Behaviour* 73, no. 1 (2007): 133~142.

80. 다음을 보라. Palagi and Cordoni, "Postconflict Third-Party". and Cools, A. K. A., A. J.-M. Van Hout, and M. H. J. Nelissen, "Canine

Reconciliation and Third-Party-Initiated Postconflict Affiliation: Do Peacemaking Social Mechanisms in Dogs Rival Those of Higher Primates?" *Ethology* 114, no. 1 (2008): 53~63.

81. Nagasawa, M., et al., "Dogs Can Discriminate Human Smiling Faces from Blank Expressions", *Animal Cognition* 14, no. 4 (2011): 525~533.

82. Platek, S. M., et al., "Contagious Yawning: The Role of Self-Awareness and Mental State Attribution", *Cognitive Brain Research* 17, no. 2 (2003): 223~227. and Senju, A., et al., Absence of Contagious Yawning in Children with Autism Spectrum Disorder. *Biology Letters* 3, no. 6 (2007): 706~708.

83. Joly-Mascheroni, R. M., A. Senju, and A. J. Shepherd, "Dogs Catch Human Yawns", *Biology Letters* 4, no. 5 (2008): 446~448.

84. 개들이 전염성 하품을 하는 현상을 재현 확인하기 위해 지금까지 3번의 연구가 시도되었다. 두 번은 최초의 결과를 재현하지 못했다. 한 연구는 15마리 사이에서 전염성 하품을 발견하지 못했지만, 비디오 형태로만 하품 자극을 주었다(see Harr, A. L., V. R. Gilbert, and K. A. Phillips, "Do Dogs [Canis Familiaris] Show Contagious Yawning?" *Animal Cognition* 12, no. 6 [2009]: 833~837). 인간 시범자를 사용한 다른 연구팀도 전염성 하품을 입증하지 못했다. (see O'Hara, S. J., and A. V. Reeve, "A Test of the Yawning Contagion and Emotional Connectedness Hypothesis in Dogs, *Canis familiaris*", *Animal Behaviour* 81, no. 1 [2010]: 335~340) 게다가 전염성 하품을 공감의 기준으로 해석하는 관점에는 아무도 동의하지 않는다(see Yoon, J. M. D., and C. Tennie, "Contagious Yawning: A Reflection of Empathy, Mimicry, or Contagion?" *Animal Behaviour* 79, no. 5 [2010], e1~e3). 하지만 가장 최근에 이 결과를 재현한 연구에서는 사람의 하품 소리를 들었고, 모르는 사람이 아닌 친숙한 사람의 소리에 반응하여 개들이 전염성 하품을 한다는 것을 발견했다. 이 결과는 개의 전염성 하품에 대한 공감 이론과 일치한다(see Silva, K., J. Bessa, and L. de Sousa, "Auditory Contagious Yawning in Domestic Dogs

[*Canis familiaris*]: First Evidence for Social Modulation", *Animal Cognition* 15, no. 4 [2012]: 721~724). 분명 현재까지 분명한 문헌이 없는 것을 고려할 때 이 문제도 미래의 연구를 기다리는 자극적인 주제일 것이다. 지금 시점에서 확실히 말할 수 있는 것은 다음과 같다. 개들은 우리의 감정에 반응하지만, 개들이 타인에게 공감적으로 반응하기 때문에 그러는 것인지는 알 수 없다는 것이다.

3부 당신의 개

9 최고의 견종

1. Galibert, F., et al., "Toward Understanding Dog Evolutionary and Domestication History", *Biological Psychology* 74, no. 2 (2011): 263~285.
2. Ritvo, H., "Pride and Pedigree: The Evolution of the Victorian Dog Fancy", *Victorian Studies* 29, no. 2 (1986): 227~253.
3. 다음을 보라. Gregory and Grandin, *Animal Welfare and Meat Science*.
4. 다음을 보라. Ritvo, "Pride and Pedigree".
5. 다음을 보라. Ibid.
6. Darwin, C., *On the Origin of Species by Means of Natural Selection, or The Preservation of Favoured Races in the Struggle for Life* (New York: D. Appleton, 1860).
7. www.measuringworth.com/ppoweruk.
8. 다음을 보라. Wayne and Ostrander, "Lessons Learned".
9. 노벨상을 받은 콘라드 로렌츠(Kinrad Lorenz)는 한동안 개는 자칼의 후손이라고 믿었다(see Lorenz, K., Man Meets Dog, trans. M. K. Wilson [London: Methuen, 1954]. 다윈은 모든 품종은 아니더라도 일부 품종은 늑대의 후손이라고 생각했다(see Darwin, *The Variation of Animals and Plants under Domestication*).
10. 다음을 보라. Parker, H. G., et al., "Genetic Structure", *Science* 304, no. 5674 (2004): 1160~1164.

11. 이 결과는 개는 여러 늑대 개체군으로부터 여러 시기에 진화했다는 이론을 뒷받침할 수 있다. 최근에 시베리아의 동굴에서 발견된 개처럼 생긴 3만 3000년 전의 두개골은 이 가설을 지지한다(Ovodov, N. D., et al., "A 33,000-Year-Old Incipient Dog from the Altai Mountains of Siberia: Evidence of the Earliest Domestication Disrupted by the Last Glacial Maximum", *PLoS ONE* 6, no. 7 [2011], e22821), 3만 3000년 전은 개의 개축화를 입증하는 증거 중에서 그다음으로 오래된 증거를 훨씬 앞서는 연대다. 이 저자들은 이 원시개가 자기가축화를 겪고 있던 늑대 같은 개들의 멸종된 계통이라고 말한다. 또한 그 두개골들이 개는 야생 늑대로부터 여러 지역에서 여러 시대에 진화했다는 생각을 뒷받침한다고 주장한다(Coppinger and Coppinger, Dogs: *A New Understanding*).

12. 다음을 보라. vonHoldt, "Genome-wide SNP".

13. 다음을 보라. Ibid.

14. 고려해야 할 그룹이 훨씬 더 많을 수 있었지만, 유럽인이 세계를 식민지로 만들 때 개를 데리고 가서 각 나라에 있던 유전적으로 독특한 개들을 멸종시켰다. 예를 들어, 아메리카 토종개의 유전자는 현재 미국에 있는 개에게서 거의 발견되지 않는다. 유럽인들이 자신의 개의 '순수한' 혈통으로 지키기 위해서 틀림없이 이종교배를 적극적으로 막았을 것이다. 따라서 개도 인종차별로 고통받았을 것이다(다음을 보라. Castroviejo-Fisher, S., et al., "Vanishing Native American Dog Lineages", *BMC Evolutionary Biology* 11, no. 1 [2011]: 73).

15. 다음을 보라. Parker, et al., "Genetic Structure".

16. Cadieu, E., et al., "Coat Variation in the Domestic Dog Is Governed by Variants in Three Genes", *Science* 326, no. 5949 (2009): 150~153.

17. Parker, et al., "Genetic Structure".

18. Saint Bernards Parker, H. G., et al., "Breed Relationships Facilitate Fine-Mapping Studies: A 7.8-kb Deletion Cosegregates with Collie Eye Anomaly Across Multiple Dog Breeds", *Genome Research* 17, no. 11 (2007): 1562~1571.

19. 다음을 보라. vonHoldt, "Genome-wide SNP".

20. 고등학교 생물 시간을 기억해보자. 몸속 모든 세포 안에 있는 이중가 닥 DNA는 지퍼처럼 갈라지고 합쳐진다. 지퍼의 이빨은 서로 맞아야 하 는데, 뉴클리오티드라는 지퍼 머리는 네 종류가 있다. 뉴클리오티드 아 데닌은 항상 티민과 맞물리고, 시토신은 항상 구아닌과 맞물린다. 약자 GGT는 DNA 지퍼의 한쪽에 있는 뉴클레오티드 서열이다. 이 경우에는 서열이 구아닌, 구아닌, 티민인 것이다. 만일 다른 개체나 다른 종이 유전 체의 그 자리에 다른 조합을 갖고 있다면, 그건 유전자 암호가 다르다는 뜻이다.

21. Glass, Ira, "Witness for the Poo-secution". *This American Life*, November 19, 2010, www.thisamericanlife.org/radio-archives/ episode/420/neighborhood-watch?act=3.

22. Scott and Fuller, *Genetics and the Social Behavior of the Dog*.

23. 다음을 보라. Ibid.

24. 다음을 보라. Ibid.

25. 다음을 보라. Ibid.

26. 다음을 보라. Ibid.

27. 다음을 보라. Ibid.

28. George, W. C., *The Biology of the Race Problem*, http://www. thechristianidentityforum.net/downloads/Biology-Problem.pdf (1962).

29. Moon-Fanelli, A., *Canine Compulsive Behavior: An Overview and Phenotypic Description of Tail Chasing in Bull Terriers*, http://btca.com/cms_btca/images/documents/updates/canine_ compulsive_behavior_fanelli.pdf (1999).

30. Wiggins, J. S., *The Five-Factor Model of Personality: Theoretical Perspectives* (New York: Guilford Press, 1996). and John, O. P., and S. Srivastava, "The Big-Five Trait Taxonomy: History, Measurement, and Theoretical Perspectives". In *Handbook of Personality: Theory and Research*, 2nd ed., eds. L. A. Pervin and O. P. John (New York: Guilford Press, 1999), 102~138.

31. McCrae, R. R., and O. P. John, "An Introduction to the Five-Factor Model and Its Applications", *Journal of Personality* 60, no. 2 (1992): 175~215.

32. 다음을 보라. John and Srivastava, "The Big-Five".

33. Kubinyi, E., B. Turcsán, and Á. Miklósi, "Dog and Owner Demographic Characteristics and Dog Personality Trait Associations", *Behavioural Processes* 81, no. 3 (2009): 392~401.

34. Svartberg, K., and B. Forkman, "Personality Traits in the Domestic Dog (*Canis familiaris*)", *Applied Animal Behaviour Science* 79, no. 2 (2002): 133~155.

35. Svartberg, K., "Shyness-Boldness Predicts Performance in Working Dogs", *Applied Animal Behaviour Science* 79, no. 2 (2002): 157~174.

36. Kagan, J., J. S. Reznick, and N. Snidman, "Biological Bases of Childhood Shyness", *Science* 240, no. 4849 (1988): 167~171.

37. Fox, M. W., "Socio-ecological Implications of Individual Differences in Wolf Litters: A Developmental and Evolutionary Perspective", *Behaviour* 41, nos. 3~4 (1972): 298~313.

38. 다음을 보라. Kubinyi, Turcsán, and Miklósi, "Dog and Owner". and Turcsán, B., E. Kubinyi, and Á. Miklósi, "Trainability and Boldness Traits Differ Between Dog Breed Clusters Based on Conventional Breed Categories and Genetic Relatedness", *Applied Animal Behaviour Science* 132, no. 1~2 (2011): 61~70.

39. Bini, J. K., et al., "Mortality, Mauling, and Maiming by Vicious Dogs", *Annals of Surgery* 253, no. 4 (2011): 791~797

40. Hussain, S. G., "Attacking the Dog-Bite Epidemic: Why Breed-Specific Legislation Won't Solve the Dangerous-Dog Dilemma", *Fordham Law Review* 74, no. 5 (2005): 2847~2887.

41. Peters, V., et al., "Posttraumatic Stress Disorder After Dog Bites in Children", *Journal of Pediatrics* 144, no. 1 (2004): 121~122.

42. 다음을 보라. Hussain, "Attacking the Dog". and Bini, et al.,

"Mortality, Mauling, and Maiming".

43. 다음을 보라. Hussain, "Attacking the Dog".

44. 다음을 보라. Bini, et al., "Mortality, Mauling, and Maiming".

45. *US Dog Bite Fatalities January 2006 to December 2008*, April 22, 2009, www.dogsbite.org.

46. 다음을 보라. Bini, et al., "Mortality, Mauling, and Maiming".

47. Overall, K. L., and M. Love, "Dog Bites to Humans-Demography, Epidemiology, Injury, and Risk", *Journal of the American Veterinary Medical Association* 218, no. 12 (2001): 1923~1934.

48. 핏불을 금지시켜야 한다는 요구가 커진 것은 2009년 4월 텍사스주 샌안토니오에서 핏불 두 마리가 아기를 난폭하게 다뤄 상처를 입힌 사고 때문이다. 할머니가 11개월 된 손자 이지아를 돌보던 중 아기를 침실에 놔두고 우유병을 데우기 위해 주방으로 갔다. 침실로 돌아와보니 핏불 두 마리가 아기를 공격하고 있었다. 할머니는 개들을 떼어놓으려고 애를 썼지만 소용없었다. 할머니는 주방으로 달려가 칼을 가져와서는 개들을 찌르기 시작했다. 그러자 개들이 아기를 놓아주고 그녀에게 달려들었다. 응급의료팀이 도착했을 때 집은 피투성이였지만, 개들을 지나쳐 아기에게 다가갈 수가 없었다. 몇 분 후 도착한 경찰도 개를 사살하고 나서야 들어갈 수 있었다(see Bini, et al., "Mortality, Mauling, and Maiming"). 아기는 병원으로 옮겨졌다. 두피가 군데군데 물려 뼈가 드러났고, 목 부위에 깊은 구멍이 나 있었으며 머리에서 엉덩이까지 물린 상처가 많았다. 아기는 병원에서 치료받던 중 숨졌다. 할머니도 심각한 상처를 입고 입원했다. 할머니는 형사고발에 직면했지만 재판이 열리기 전에 눈을 감았다.

49. www.understand-a-bull.com/BSL/Locations/USLocations.htm.

50. http://sconet.state.oh.us/rod/docs/pdf/0/2007/2007-ohio-3724.pdf.

51. McNicholas, J., and G. M. Collis, "Dogs as Catalysts for Social Interactions: Robustness of the Effect", *British Journal of Psychology* 91, no. 1 (2000): 61~70.

52. Monroy, A., et al., "Head and Neck Dog Bites in Children", *Otolaryngology-Head and Neck Surgery* 140, no. 3 (2009):

354~357.

53. Brogan, T. V., et al., "Severe Dog Bites in Children", *Pediatrics* 96, no. 5 (1995): 947~950.

54. Reisner, I. R., F. S. Shofer, and M. L. Nance, "Behavioral Assessment of Child-Directed Canine Aggression", *Injury Prevention* 13, no. 5 (2007): 348~351.

55. Du y, D. L., Y. Hsu, and J. A. Serpell, "Breed Differences in Canine Aggression", *Applied Animal Behaviour Science* 114, nos. 3~4 (2008): 441~460.

56. 다음을 보라. Hussain, "Attacking the Dog".

57. www-fars.nhtsa.dot.gov/Main/index.aspx. and www.bts.gov/publications/national_transportation_statistics/html/table_01_11.html.

58. www.weather.gov/om/lightning/medical.htm.

59. 다음을 보라. Overall and Love, "Dog Bites to Humans".

60. 다음을 보라. Brogan, et al., "Severe Dog Bites".

61. 다음을 보라. Reisner, Shofer, and Nance, "Behavioral Assessment".

62. 다음을 보라. Monroy, et al., "Head and Neck Dog".

63. 다음을 보라. Reisner, Shofer, and Nance, "Behavioral Assessment".

64. 다음을 보라. Brogan, et al., "Severe Dog Bites". and Overall and Love, "Dog Bites to Humans".

65. Helton, W. S., "Does Perceived Trainability of Dog (*Canis lupus familiaris*) Breeds Reflect Differences in Learning or Differences in Physical Ability?" *Behavioural Processes* 83, no. 3 (2010): 315~323.

66. Pongrácz, P., et al., "The Pet Dogs Ability for Learning from a Human Demonstrator in a Detour Task Is Independent from the Breed and Age", *Applied Animal Behaviour Science* 90, nos. 3~4 (2005): 309~323.

67. Dorey, N. R., M. A. R. Udell, and C. D. L. Wynne, "Breed Differences in Dogs Sensitivity to Human Points: A Meta-Analysis",

Behavioural Processes 81, no. 3 (2009): 409~415.

68. 다음을 보라. Hare, et al., "The Domestication Hypothesis". and Smith and Litch eld, "Dingoes(*Canis dingo*)". and Wobber, V., et al., "Breed Differences in Domestic".

69. 다음을 보라. Ibid.

70. Jakovcevic, A., et al., "Breed Differences in Dogs' (*Canis familiaris*) Gaze to the Human Face", *Behavioural Processes* 84, no. 2 (2010): 602~607.

71. 다음을 보라. Wobber, et al., "Breed Differences in Domestic".

72. Helton, W. S., and N. D. Helton, "Physical Size Matters in the Domestic Dog's (*Canis lupus familiaris*) Ability to Use Human Pointing Cues", Behavioural Processes 85, no. 1 (2010): 77~79.

73. 다음을 보라. Míklósi, *Dog Behaviour, Evolution, and Cognition.* and Helton, W. S., "Cephalic Index and Perceived Dog Trainability", *Behavioural Processes* 82, no. 3 (2009): 355~358.

74. 다음을 보라. Helton and Helton "Physical Size".

75. 다음을 보라. Helton, "Does Perceived Trainability of Dog".

76. 다음을 보라. Helton, "Cephalic Index".

10 천재 교육

1. 다음을 보라. vonHoldt, "Genome-wide SNP".

2. 나도 한동안 의심스럽게 생각했다. 밀로가 '앉아'와 '기다려'를 의미하는 내 언어 및 몸짓 명령을 이해하지는 못하지만 내 가리키기 몸짓을 이용해서 숨겨진 음식을 찾는 데는 아주 뛰어났기 때문이다.

3. 밀로와 나는 운이 좋았다. 밀로가 중성화 수술을 받을 당시까지 발표된 연구에서는 성체 수컷이 중성화 수술을 받은 결과로 큰 행동적 변화가 일어날 가능성은 높지 않다고 보고 있었다. 몇몇 연구에서는 수컷을 중성화시키면 고환에서 생산되는 테스토스테론 같은 안드로겐이 감소해서 냄새 맡기, 마킹, 주의산만 경향이 감소할 수 있다고 말하고 있었다. 성체는 중성화를 시켜도 행동의 큰 변화가 항상 나타나진 않는다. 하지만 어쨌든 개의 난소를 제거하거나 중성화 수술을 하는 건 항상 좋은 생

각이다. 밥 바커(Bob Barker, 은퇴한 미국 TV 프로그램 진행자이자 유명한 애견인)가 뿌듯해할 일이다!

4. Baars, B. J., *The Cognitive Revolution in Psychology* (New York: Guilford Press, 1986).

5. 인지주의 혁명을 이끈 사람 중 한 명인 조지 밀러(George Miller)는 이렇게 말했다. "나는 행동을 연구하기 위해 교육받았고, 내 생각을 행동주의의 새로운 용어로 번역하는 법을 배웠다. 나의 가장 큰 관심사는 말과 듣기였기 때문에, 그 번역은 이따금 까다로워졌다. 하지만 과학자로서의 평판은 그 묘기를 얼마나 잘 부리는가에 달려 있었다." (see Miller, G. A., "The Cognitive Revolution: A Historical Perspective", *Trends in Cognitive Sciences* 7, no. 3 [2003]: 141~144)

6. Freud, S., "The Passing of the Oedipus Complex", *International Journal of Psycho-Analysis* 5 (1924): 419~424.

7. 행동주의의 창시자 중 한 명인 J. B. 왓슨(Watson)은 이렇게 말했다. "심리학이 양심에 관한 모든 언급을 버려야 할 때가 온 것 같다. 마음 상태를 관찰의 대상으로 삼고 있다고 생각하는 자기기만은 이제 불필요하다."

8. Watson, "Psychology as the Behaviorist Views It".

9. Mooney, C. and S. Kirshenbaum, *Unscientific America: How Scientific Illiteracy Threatens Our Future* (New York: Basic Books, 2009).

10. B. F. Skinner O'Donohue, W. T. and K. E. Ferguson, *The Psychology of B. F. Skinner* (Thousand Oaks, Calif.: Sage, 2001).

11. Rutherford, A., *Beyond the Box: B. F. Skinner's Technology of Behavior from Laboratory to Life, 1950s~1970s* (Toronto: University of Toronto Press, 2009).

12. Bjork, D. W., *B. F. Skinner: A Life* (New York: Basic Books, 1993).

13. 다음을 보라. Rutherford, *Beyond the Box*.

14. 다음을 보라. Bjork, *B. F. Skinner*.

15. 다음을 보라. Ibid.

16. Hothersall, D., *History of Psychology* (New York: Random House, 1984).

17. 다음을 보라. Bjork, *B. F. Skinner*.

18. 다음을 보라. Hunt, *The Story of Psychology*

19. Shettleworth, *Cognition, Evolution, and Behavior*.

20. 다음을 보라. Hothersall, *History of Psychology*.

21. 다음을 보라. O'Donohue, *The Psychology of B. F. Skinner*.

22. 다음을 보라. Ibid.

23. 다음을 보라. Ibid.

24. 다음을 보라. Rutherford, *Beyond the Box*.

25. 다음을 보라. Ibid.

26. 다음을 보라. Ibid.

27. 토큰 경제학에 대한 환자의 반응을 살펴본 연구는 단 하나다. 비클렌 (Biklen)은 환자 한두 명만이 그 프로그램의 긍정적으로 반응했고, 나 머지는 분노와 자포자기 사이에서 오락가락했다고 보고했다(Biklen D. P., "Behavior Modi cation in a State Mental Hospital", *American Journal of Orthopsychiatry* 46, no. 1 [1976]: 53~61). 프로그램의 결과로 환자들의 행동에서 바라던 변화를 이끌어냈을진 몰라도 비클렌 은 그 자신과 프로그램을 진행하는 학생들에게 묵시적인 분노가 쏟아지 는 것을 목격하고 경험했다. 환자 한 명은 이렇게 말했다. "나로 말하자 면, 그렇게 하면 모든 게 뒤죽박죽이 될 거야." 다른 여자는 담배 대신 별 을 모으라고 제안하는 학생에게 이렇게 말했다. "별은 너나 갖고 당장 꺼 져." 환자들은 그가 프로그램과 무관하고 좋은 행동의 대가로 별을 나 눠줄 권한이 없다는 것을 깨닫자 그때부터 그에게 친절해졌다. 환자들은 의자에 앉아 입원하기 전의 삶, 개인적인 좌절, 퇴원에 대한 갈망을 털어 놓았다(see Ibid). 그 행동 교정 프로그램은 환자와 직원들의 삶을 개선 해야 했지만, 아이러니하게도 생각과 감정에 대한 솔직한 이야기가 그들 에게 더 큰 만족을 주었다.

28. 다음을 보라. O'Donohue, *The Psychology of B. F. Skinner*.

29. 다음을 보라. Ibid.

30. 다음을 보라. Rutherford, *Beyond the Box*.

31. 다음을 보라. Hothersall, *History of Psychology*.

32. Chomsky, N., "A Review of B. F. Skinner's *Verbal Behavior*",

Language 35, no. 1 (1959): 26~58. and Watson, "Psychology as the Behaviorist Views It".

33. Dreschel, N. A. and D. A. Granger, "Physiological and Behavioral Reactivity to Stress in Thunderstorm-Phobic Dogs and Their Caregivers", *Applied Animal Behaviour Science* 95, nos. 3~4 (2005): 153~168.

34. Rogerson, J., "Canine Fears and Phobias: A Regime for Treatment Without Recourse to Drugs", *Applied Animal Behaviour Science* 52, nos. 3~4 (1997): 291~297.

35. 다음을 보라. Baars, "The Cognitive Revolution". and Chomsky, "A Review".

36. 다음을 보라. Tomasello and Call, "Primate Cognition". and Shettleworth, *Cognition, Evolution, and Behavior.*

37. Tomasello, M., *Constructing a Language: A Usage-Based Theory of Language Acquisition* (Cambridge, Mass.: Harvard University Press, 2005).

38. Thorn, J. M., et al., "Conditioning Shelter Dogs to Sit", *Journal of Applied Animal Welfare Science* 9, no. 1 (2006): 25~39.

39. Rooney, N. J., and J. W. S. Bradshaw, "An Experimental Study of the Effects of Play Upon the Dog-Human Relationship", *Applied Animal Behaviour Science* 75, no. 2 (2002): 161~176.

40. Deci, E. L., R. Koestner, and R. M. Ryan, "A Meta-Analytic Review of Experiments Examining the Effects of Extrinsic Rewards on Intrinsic Motivation", *Psychological Bulletin* 125, no. 6 (1999): 627~668. and Warneken, F., and M. Tomasello, "Extrinsic Rewards Undermine Altruistic Tendencies in 20-Month-Olds". *Developmental Psychology* 44, no. 6 (2008): 1785~1788.

41. Bentosela, M., et al., "Incentive contrast in domestic dogs (Canis familiaris)", *Journal of Comparative Psychology* 123, no. 2 (2009): 125~130.

42. Meyer, I., and J. Ladewig, "The Relationship Between Number

of Training Sessions Per Week and Learning in Dogs", *Applied Animal Behaviour Science* 111, nos. 3~4 (2008): 311~320.

43. Demant, H., et al., "The Effect of Frequency and Duration of Training Sessions on Acquisition and Long-Term Memory in Dogs", *Applied Animal Behaviour Science* 133, nos. 3~4 (2011): 228~234.

44. Pryor, K., *Don't Shoot the Dog!* (California: Ringpress Books, 1999). and Pryor, K., *Getting Started: Clicker Training for Dogs* (Waltham, Mass.: Sunshine, 2002).

45. Smith, S. M., and E. S. Davis, "Clicker Increases Resistance to Extinction but Does Not Decrease Training Time of a Simple Operant Task in Domestic Dogs *(Canis familiaris)*", *Applied Animal Behaviour Science* 110, no. 3 (2008): 318~329.

46. 다음을 보라. Frank, et al., "Motivation and Insight in Wolf".

47. 게다가 견종 사이에 훈련성이나 학습 속도의 주요한 차이가 있다는 증거는 발표된 적이 거의 없다. 이와 관련된 유일한 데이터 세트는 몇십 년 전에 나온 것이고, 사용된 학습 과제에 따라 견종 차이도 들쑥날쑥이다(see Scott and Fuller, *Genetics and the Social Behaviour*). 다양한 학습 연구에 걸쳐 한 가지 주된 요인이 일관되게 중요한 역할을 하는 것으로 보인다. 어린 개들이 학습 속도와 음식이 숨겨진 장소를 기억하는 능력에 있어서 나이 든 개들보다 뛰어난 경향이 있다는 것이다(예를 들어 다음을 보라. Marshall-Pescini, S., et al., "Does Training Make You Smarter? The Effects of Training on Dogs' Performance [Canis familiaris] in a Problem Solving Task", *Behavioural Processes* 78, no. 3 [2008]: 449~454: and Milgram, N., et al., "Learning Ability in Aged Beagle Dogs Is Preserved by Behavioral Enrichment and Dietary Forti cation: A Two-Year Longitudinal Study", *Neurobiology of Aging* 26, no. 1 [2005]: 77~90). 하지만 각기 다른 견종이 훈련성에서 일관된 차이를 보인다는 증거는 거의 없다. 이 연령 효과를 나이 든 개는 새로운 기술을 수 없다는 의미로 해석해서는 안 된다. 단지 일반적으로 어린 개가 더 잘 받아들인다는 것을 의미한다. 밀로에 대한 개인적인 경험에 비

추어 볼 때, 각기 다른 견종이 학습하는 방식의 일관된 차이가 미래의 연구를 통해 밝혀질 수 있다고 쉽게 상상할 수 있다. 다만 지금과 같은 경우에 차이에 대한 증거 부재를 해석할 때는 조심해야 한다. 그에 관한 연구가 거의 이루어지지 않았기 때문이다.

48. 다음을 보라. McKinley and Sambrook, "Use of Human-Given Cues". and Wobber and Hare, "Testing the Social Dog Hypothesis".

49. 다음을 보라. Ibid. and Smith, B. P., and C. A. Litchﬁeld, "How Well Do Dingoes, *Canis dingo*, Perform on the Detour Task?" *Animal Behaviour* 80, no. 1 (2010): 155~162. and Hare, et al., "The Domestication Hypothesis". but, Udell, Dorey, and Wynne, "The Performance of Stray Dogs".

50. 다음을 보라. Téglás, et al., "Dogs' Gaze Following Is Tuned". and 다음을 보라. Kaminski, Schulz, and Tomasello, "How Dogs Know When".

51. 다음을 보라. Ibid.

52. Pettersson, H., et al., "Understanding of Human Communicative Motives in Domestic Dogs", *Applied Animal Behaviour Science* 133, no. 3 (2011): 235~245.

53. Scheider, L., et al., "Domestic Dogs Use Contextual Information and Tone of Voice When Following a Human Pointing Gesture", *PLoS ONE* 6, no. 7 (2011): e21676.

54. Pongrácz, et al., "Social Learning in Dogs". and Pongrácz, et al., "Verbal Attention Getting".

55. Braem, M. D., and D. S. Mills, "Factors Affecting Response of Dogs to Obedience Instruction: A Field and Experimental Study", *Applied Animal Behaviour Science* 125, no. 1 (2010): 47~55.

56. 다음을 보라. Miklósi, "A Simple Reason for a Big".

57. Slabbert, J., and O. A. E. Rasa, "Observational Learning of an Acquired Maternal Behaviour Pattern by working Dog Pups: An Alternative Training Method?" *Applied Animal Behaviour Science* 53, no. 4 (1997): 309~316.

58. 다음을 보라. Miller, Rayburn-Reeves, and Zentall, "Imitation and Emulation". and Pongrácz, et al., "Social Learning in Dogs". and Frank, et al., "Motivation and Insight in Wolf".

59. 다음을 보라. Hare, Call, and Tomasello, "Communication of Food". and Kaminski, Schulz, and Tomasello, "How Dogs Know". and Virányi, et al., "Dogs Respond Appropriately". and Gácsi, et al., "Are Readers of Our Face". and Fukuzawa, Mills, and Cooper, "More Than Just a Word". and Schwab and Huber, "Obey or Not Obey?"

60. 다음을 보라. Schwab and Huber, "Obey or Not Obey?" and Virányi, et al., "Dogs Respond Appropriately". and Call, et al., "Domestic dogs (*Canis familiaris*)".

61. 다음을 보라. Osthaus, Marlow, and Ducat "Minding the Gap".

62. 다음을 보라. Szetei, et al., "When Dogs Seem to Lose Their Nose".

63. Lit, L., J. B. Schweitzer, and A. M. Oberbauer, "Handler Beliefs Affect Scent Detection Dog Outcomes", *Animal Cognition* 14, no. 3 (2011): 387~394.

64. Wells, D. L., "Lateralised Behaviour in the Domestic Dog, Canis familiaris", *Behavioural Processes* 61, nos. 1~2 (2003): 27~35. and Poyser, F., C. Caldwell, and M. Cobb, "Dog Paw Preference Shows Lability and Sex Diffrences", *Behavioural Processes* 73, no. 2 (2006): 216~221.

65. Siniscalchi, M., et al., "Dogs Turn Left to Emotional Stimuli", *Behavioural Brain Research* 208, no. 2 (2010): 516~521. and Siniscalchi, M., A. Quaranta, and L. J. Rogers, "Hemispheric Specialization in Dogs for Processing Different Acoustic Stimuli", *PLoS ONE* 3, no. 10 (2008): e3349.

66. Horowitz, A., *Inside of a Dog: What Dogs See, Smell, and Know* (New York: Scribner, 2009).

67. Jones, A. C., and R. A. Josephs, "Interspecies Hormonal Interactions Between Man and the Domestic Dog (*Canis familiaris*)", *Hormones*

and Behavior 50, no. 3 (2006): 393~400.

68. 다음을 보라. Kaminski, "Dogs, *Canis familiaris*". 하지만 다음을 보라. Topál, J., Á. E. R. Mányik, and Á. Miklósi, "Mindreading in a Dog: An Adaptation of a Primate 'Mental Attribution' Study", *International Journal of Psychology and Psychological Therapy* 6, no. 3 (2006): 365~379.

69. 다음을 보라. Ortolani, Vernooij, and Coppinger, "Ethiopian Village Dogs". and Bonanni, et al., "Free-Ranging Dogs".

70. Macpherson, K., and W. A. Roberts, "Do Dogs (*Canis familiaris*) Seek Help in an Emergency?" *Journal of Comparative Psychology* 120, no. 2 (2006): 113~119.

71. 다음을 보라. Kaminski, Call, and Fisher, "Word Learning". and Pilley and Reid, "Border Collie Comprehends".

72. 다음을 보라. Miklósi and Soproni, "A Comparative Analysis". and Hare, B., and M. Tomasello, "Human-like Social Skills in Dogs?" *Trends in Cognitive Sciences* 9, no. 9 (2005): 439~444.

73. 다음을 보라. Marshall-Pescini, et al., "Does Training Make You Smarter?"

74. 다음을 보라. Miller, Rayburn-Reeves, and Zentall, "Imitation and Emulation". and Pongrácz, et al., "Social Learning in Dogs". 결정적으로 단순한 조건화 학습, 추론능력 또는 사회적 학습 메커니즘이 개의 행동에 대한 설명으로서 서로 경쟁할 필요는 없다. 수행이 향상되었다는 증거가 있다고 해서 반드시 고도의 인지능력이나 추론능력의 사용 가능성을 배제해야 하는 건 아니다. 마찬가지로 추론능력이 있다고 해서 시행착오를 통한 추가 학습의 가능성을 배제할 필요도 없다. (see Hare, et al., "The Domestication Hypothesis"; and Call, J., "Chimpanzee Social Cognition", *Trends in Cognitive Sciences* 5, no. 9 [2001]: 388~393) 만약 개들이 한 가지 문제를 학습하긴 하지만 그 학습을 약간 다른 상황에 일반화하지 못한다면 조작적·고전적 조건 형성 같은 보다 융통성 없는 학습 과정에 대한 증거가 발견될지 모른다. 만약 이전에 학습했던 게임을 약간 변형했을 때 개들이 수십 번이나 수백 번의 시행

을 통해 서서히 학습한다면, 융통성이 없는 형태의 조건화 학습을 사용하고 있을 수 있다.

75. Cohen, J. A., and M. W. Fox, "Vocalizations in Wild Canids and Possible Effects of Domestication", *Behavioural Processes* 1, no. 1 (1976): 77~92.

76. Yin, S., et al., "Efficacy of a Remote-Controlled, Positive-Reinforcement, Dog-Training System for Modifying Problem Behaviors Exhibited When People Arrive at the Door", *Applied Animal Behaviour Science* 113, nos. 1~3 (2008): 123~138.

77. Wells, D. L., "The E ectiveness of a Citronella Spray Collar in Reducing Certain Forms of Barking in Dogs", *Applied Animal Behaviour Science* 73, no. 4 (2001): 299~309.

78. Steiss, J. E., et al., "Evaluation of Plasma Cortisol Levels and Behavior in Dogs Wearing Bark Control Collars", *Applied Animal Behaviour Science* 106, nos. 1~3 (2007): 96~106.7

11 개를 사랑한다는 것

1. Herzog, H., Some We Love, Some We Hate, *Some We Eat: Why It's So Hard to think Straight About Animals* (New York: HarperCollins, 2010).

2. 다음을 보라. Ibid.

3. 다음을 보라. Morey, *Dogs*.

4. 다음을 보라. Ibid.

5. 다음을 보라. Coppinger and Coppinger, *Dogs*.

6. Alie, K., et al., "Attitudes Towards Dogs and Other 'Pets' in Roseau, Dominica", *Anthrozoös* 20, no. 2 (2007): 143~154. and Davis, B. W., et al., "Preliminary Observations on the Characteristics of the Owned Dog Population in Roseau, Dominica", *Journal of Applied Animal Welfare Science* 10, no. 2 (2007): 141~151.

7. Veldkamp, E., "The Emergence of 'Pets as Family' and the Socio-Historical Development of Pet Funerals in Japan", *Anthrozoös*

22, no. 4 (2009): 333~346.

8. French, H. W., "A Chinese Outcry: Doesn't a Dog Have Rights?" *The New York Times*, August 10, 2006, www.nytimes.com/2006/08/10/world/asia/10china.html.

9. Tang, X., et al., "Pivotal Role of Dogs in Rabies Transmission, China", *Emerging Infectious Diseases* 11, no. 12 (2005): 1970~1972.

10. Morgan, C., "Dogs and Horses in Ancient China", *Journal of the Royal Asiatic Society*, Hong Kong Branch 14 (1974): 58~68.

11. Collier, V. W. F., *Dogs of China and Japan in Nature and Art* (New York: Frederick A Stokes 1921).

12. 다음을 보라. Collier, *Dogs of China and Japan*.

13. Kinmond, W., *No Dogs in China: A Report on China Today* (New York: Thomas Nelson and Sons, 1957).

14. Beijing Wines, M., "Once Banned, Dogs Reflect China's Rise", *The New York Times*, October 24, 2010, www.nytimes.com/2010/10/25/world/asia/25dogs.html.

15. Li, Y., et al., "The Origin of the Tibetan Masti and Species Identi cation of *Canis* Based on Mitochondrial Cytochrome C Oxidase Subunit I (COI) Gene and COI Barcoding", *Animal* 5, no. 12 (2011): 1868~1873.

16. McGraw, S., "$1.5 Million Paid for World's Most Expensive Dog", *Today*, March 17, 2011, http://today.msnbc.msn.com/id/42128943/ns/today-today_pets_and_animals/t/million-paid-worlds-most-expensive-dog.

17. Wines, "Once Banned, Dogs Reflect".

18. 다음을 보라. Range, et al., "The Effect of Ostensive Cues".

19. Salman, M., et al., "Human and Animal Factors Related to Relinquishment of Dogs and Cats in 12 Selected Animal Shelters in the United States", *Journal of Applied Animal Welfare Science* 1, no. 3 (1998): 207~226.

20. New, J. C., et al., "Moving: Characteristics of Dogs and Cats and

those relinquishing them to 12 US Animal Shelters", *Journal of Applied Animal Welfare Science* 2, no. 2 (1999): 83~96.

21. Pacelle, W., *The Bond: Our Kinship with Animals, Our Call To Defend Them* (New York: William Morrow, 2011).

22. Fumarola, A. J., "With Best Friends Like Us Who Needs Enemies? The Phenomenon of the Puppy Mill, the Failure of Legal Regimes to Manage It, and the Positive Prospects of Animal Rights". *Buffalo Environmental Law Journal* 6, no. 2 (1999) 253.

23. 다음을 보라. Ibid.

24. 다음을 보라. Pacelle, *The Bond*.

25. Summers, K., manager, puppy mills campaign, Humane Society of the United States (personal communication, September 6, 2011).

26. Savino, S. K., "Puppy Lemon Laws: Think Twice Before Buying That Doggy in the Window", *Penn State Law Review* 114, no. 2 (2009): 643~666.

27. Schalke, E., et al., "Clinical Signs Caused by the Use of Electric Training Collars on Dogs in Everyday Life Situations", *Applied Animal Behaviour Science* 105, no. 4 (2007): 369~380.

28. Kalof, L., and C. Taylor, "The Discourse of Dog Fighting", *Humanity & Society* 31, no. 4 (2007): 319~333.

29. Gibson, H., "Dog Fighting Detailed Discussion", Animal Legal and Historical Center, Michigan State University College of Law, 2005, http://www.animallaw.info/articles/ddusdog ghting.htm.

30. 다음을 보라. Kalof and Taylor, "The Discourse".

31. 다음을 보라. Gibson, "Dog fighting".

32. 다음을 보라. Ibid.

33. 다음을 보라. Ibid.

34. www.purina.ca/about/halloff ame/inductee/2000/elmo.aspx. Purina Animal Hall of Fame, 2000.

35. Tuber, D. S., et al., "Behavioral and Glucocorticoid Responses of Adult Domestic Dogs (*Canis familiaris*) to Companionship and

Social Separation", *Journal of Comparative Psychology* 110, no. 1 (1996): 103~108.

36. Prato-Previde, E., S. Marshall-Pescini, and P. Valsecchi, "Is Your Choice My Choice? The Owners' Effect on Pet Dogs' (*Canis lupus familiaris*) Performance in a Food Choice Task", *Animal Cognition* 11, no.1 (2008): 167~174.

37. Szetei, et al., "When Dogs Seem to Lose Their Nose".

38. Bretherton, I., "The Origins of Attachment Theory: John Bowlby and Mary Ainsworth", *Developmental Psychology* 28, no. 5 (1992): 759~775.

39. Topál, J., et al., "Attachment Behavior in Dogs".

40. Prato-Previde, E., et al., "Is the Dog-Human Relationship an Attachment Bond? An Observational Study Using Ainsworth's Strange Situation", *Behaviour* 140, no. 2 (2003): 225~254.

41. Gácsi, M., et al., "Attachment Behavior of Adult Dogs (*Canis familiaris*) Living at Rescue Centers: Forming New Bonds", *Journal of Comparative Psychology* 115, no. 4 (2001): 423~431.

42. Du-Brown, B., "San Francisco Dog Owners Hope to Sway Mayoral Race", yourlife.usatoday.com/parenting-family/pets/dogs/story/2011-10-04/San-Francisco-dog-owners-hope-to-sway-mayoral-race/50655974/1.

43. Angantyr, M., J. Eklund, and E. M. Hansen, "A Comparison of Empathy for Humans and Empathy for Animals", *Anthrozoös* 24, no. 4 (2011): 369~377.

44. Milo's Kitchen Pet Parent Survey, conducted by Kelton Research, April 2011.

45. Guéguen, N., and S. Ciccotti, "Domestic Dogs as Facilitators in Social Interaction: An Evaluation of Helping and Courtship Behaviors", *Anthrozoös* 21, no. 4 (2008): 339~349.

46. 다음을 보라. McNicholas and Collis, *Dogs as Catalysts*.

47. Wells, D. L., "The Facilitation of Social Interactions by Domestic

Dogs", *Anthrozoös* 17, no. 4 (2004): 340~352.

48. Rossbach, K. A., and J. P. Wilson, "Does a Dog's Presence Make a Person Appear More Likable?: Two Studies", *Anthrozoös* 5, no. 1 (1992): 40~51.

49. 다음을 보라. Pacelle, *The Bond*.

50. Gilbey, A., J. McNicholas, and G. M. Collis, "A Longitudinal Test of the Belief that Companion Animal Ownership Can Help Reduce Loneliness", *Anthrozoös* 20, no. 4 (2007): 345~353. and Lynch, J. J., *The Broken Heart: The Medical Consequences of Loneliness* (New York: Basic Books, 1977).

51. Banks, M. R., and W. A. Banks, "The Effects of Animal-Assisted Therapy on Loneliness in an Elderly Population in Long-Term Care Facilities", *Journals of Gerontology Series A: Biological Sciences and Medical Sciences* 57, no. 7 (2002): M428~432. and Heath, D. T., and P. C. McKenry, "Potential Bene ts of companion Animals for Self-Care Children. Reviews of Research", *Childhood Education* 65, no. 5 (1989): 311~314. and Kehoe, M., "Loneliness and the aging Homosexual: Is Pet Therapy an Answer?" *Journal of Homosexuality* 20, nos. 3~4 (1991): 137~142. and Mader, B., L. A. Hart, and B. Bergin, "Social Acknowledgments for Children with Disabilities: Effects of Service Dogs", *Child Development* 60, no. 6 (1989): 1529~1534.

52. 다음을 보라. Gilbey, McNicholas, and Collis, "A Longitudinal Test".

53. Kurdek, L. A., "Young Adults' Attachment to Pet Dogs: Findings from Open-Ended Methods", *Anthrozoös* 22, no. 4 (2009): 359~369.

54. McConnell, A. R., et al., "Friends with Benefits: On the Positive Consequences of Pet Ownership", *Journal of Personality* 101, no. 6 (2011): 1239~1252.

55. Allen, K. M., et al., "Presence of Human Friends and Pet Dogs as Moderators of Autonomic Responses to Stress in Women", *Journal*

of Personality and Social Psychology 61, no. 4 (1991): 582~589.

56. Beck, L., and E. A. Madresh, "Romantic Partners and Four-Legged Friends: An Extension of Attachment Theory to Relationships with Pets", *Anthrozoös* 21, no. 1 (2008): 43~56.

57. Allen, K., B. E. Shyko , and J. L. Izzo, "Pet Ownership, but Not ACE Inhibitor Therapy, Blunts Home Blood Pressure Responses to Mental Stress", *Hypertension* 38, no. 4 (2001): 815~820.

58. Serpell, J. A., "Animal Companions and Human Well-Being: An Historical Exploration of the Value of Human-Animal Relationships". In *Handbook on Animal-Assisted Therapy: Theoretical Foundations and Guidelines for Practice*, 3rd ed., ed. A. H. Fine (New York, Academic Press, 2010), 3~19.

59. Friedmann, E., et al., "Animal Companions and One-Year Survival of Patients After Discharge from a Coronary Care Unit", *Public Health Reports* 95, no. 4 (1980): 307~312.

60. Friedmann, E., and S. A. Thomas, "Pet Ownership, Social Support, and One-Year Survival After Acute Myocardial Infarction in the Cardiac Arrhythmia Suppression Trial (CAST)", *American Journal of Cardiology* 76, no. 17 (1995): 1213~1217.

61. Allen, K., J. Blascovich, and W. B. Mendes, "Cardiovascular Reactivity and the Presence of Pets, Friends, and Spouses: The Truth About Cats and Dogs", *Psychosomatic Medicine* 64, no. 5 (2002): 727~739.

62. Siegel, J. M., "Stressful Life Events and Use of Physician Services Among the Elderly: The Moderating Role of Pet Ownership", *Journal of Personality and Social Psychology* 58, no. 6 (1990): 1081~1086.

63. Beck, A., and L. Glickman, "Future Research on Pet Facilitated Therapy: A Plea for Comprehension Before Intervention", *Technology Assessment Workshop*, 1987.

64. Parslow, R., and A. F. Jorm, "Pet Ownership and Risk Factors

for Cardiovascular Disease: Another Look", *Medical Journal of Australia* 179, no. 9 (2003): 466~468.

65. Parker, G., et al., "Survival Following an Acute Coronary Syndrome: A Pet theory Put to the Test", *Acta Psychiatrica Scandinavica* 121, no. 1 (2010): 65~70.

66. Sockalingam, S., et al., "Use of Animal Assisted Therapy in the Rehabilitation of an Assault Victim with a Concurrent Mood Disorder", *Issues in Mental Health Nursing* 29, no. 1 (2008): 73~84.

67. Kaminski, M., T. Pellino, and J. Wish, "Play and Pets: The Physical and Emotional Impact of Child-Life and Pet Therapy on Hospitalized Children", *Children's Health Care* 31, no. 4 (2002): 321~336.

68. Braun, C., et al., "Animal-Assisted Therapy as a Pain Relief Intervention for Children", *Complementary Therapies in Clinical Practice* 15, no. 2 (2009): 105~109.

69. Hansen, K. M., et al., "Companion Animals Alleviating Distress in Children", *Anthrozoös* 12, no. 3 (1999): 142~148.

70. Filan, S. L., and R. H. Llewellyn-Jones, "Animal-Assisted Therapy for Dementia: A Review of the Literature", *International Psychogeriatrics* 18, no. 4 (2006): 597~612. and Barker, S. B., and K. S. Dawson, "The Effects of Animal-Assisted Therapy on Anxiety Ratings of Hospitalized Psychiatric Patients", *Psychiatric Services* 49, no. 6 (1998): 797~801. and Johnson, R. A., et al., "Human-Animal Interaction: A Complementary/Alternative Medical (CAM) Intervention for Cancer Patients", *American Behavioral Scientist* 47, no. 1 (2003): 55~69.

71. 다음을 보라. McConnell, et al., "Friends with Benefits".

72. Moberg, K. U., *The Oxytocin Factor: Tapping the Hormone of Calm, Love, and Healing* (Boston: Merloyd Lawrence Books, 2003).

73. Nagasawa, M., et al., "Dog's Gaze at its Owner Increases Owner's

Urinary Oxytocin During Social Interaction", *Hormones and Behavior* 55, no. 3 (2009): 434~441.

74. Odendaal, J., and R. Meintjes, "Neurophysiological Correlates of Affiliative Behaviour Between Humans and Dogs", *Veterinary Journal* 165, no. 3 (2003): 296~301.

75. Miller, S. C., et al., "An Examination of Changes in Oxytocin Levels in Men and Women Before and After Interaction with a Bonded Dog", *Anthrozoös* 22, no. 1 (2009): 31~42.

76. 다음을 보라. Moberg, *The Oxytocin Factor*.

77. 다음을 보라. Jones and Joseph, "Interspecies Hormonal Interactions".

78. Wells, D. L., and P. G. Hepper, "Male and Female Dogs Respond Differently to Men and Women", *Applied Animal Behaviour Science* 61, no. 4 (1999): 341~349.

79. Hennessy, M. B., et al., "Plasma Cortisol Levels of Dogs at a County Animal Shelter", *Physiology & Behavior* 62, no. 3 (1997): 485~490.

80. M. B., et al., "Influence of Male and Female Petters on Plasma Cortisol and Behaviour: Can Human Interaction Reduce the Stress of Dogs in a Public Animal Shelter?", *Applied Animal Behaviour Science* 61, no. 1 (1998): 63~77.

찾아보기

옮긴이 **김한영**

서울대학교 미학과를 졸업하고 서울예술대학교에서 문예창작을 공부했다. 오랫동안 전문번역가로 일하며 문학과 예술의 곁자리를 지키고 있다. 대표적인 번역서로는 《빈 서판》《본성과 양육》《마음은 어떻게 작동하는가》《헨리 데이비드 소로》《언어본능》《갈리아 전쟁기》《사랑을 위한 과학》《알랭 드 보통의 영혼의 미술관》《미를 욕보이다》《무엇이 예술인가》《아이작 뉴턴》《진화심리학 핸드북》《빈센트가 사랑한 책》등이 있다. 제45회 한국백상출판문화상 번역 부문을 수상했다.

개는 천재다

1판 1쇄 찍음 2022년 5월 20일
1판 1쇄 펴냄 2022년 5월 30일

지은이   브라이언 헤어, 버네사 우즈
옮긴이   김한영
펴낸이   김정호

펴낸곳   디플롯
출판등록 2021년 2월 19일(제2021-000020호)
주소   10881 경기도 파주시 회동길 445-3 2층
전화   031-955-9503(편집) · 031-955-9514(주문)
팩스   031-955-9519
이메일   dplot@acanet.co.kr
페이스북 https://www.facebook.com/dplotpress
인스타그램 https://www.instagram.com/dplotpress

책임편집 김진형
디자인   박연미, 이대웅

ISBN   979-11-974130-8-7 03400

디플롯은 아카넷의 교양 · 에세이 브랜드입니다.